Chemische Technologie der Kunststoffe in Einzeldarstellungen

Herausgegeben von

Dipl.-Ing. Dr. techn. Franz Kainer

Polystyrol

Erster Teil

Herstellungsverfahren und Eigenschaften der Produkte

Von

Dr. phil. nat. Helmut Ohlinger

Chemiker und Betriebsgruppenleiter in der Badischen
Anilin- & Soda-Fabrik-AG., Ludwigshafen a. Rhein

Mit 22 Abbildungen

Springer-Verlag Berlin Heidelberg GmbH 1955

ISBN 978-3-642-49107-8   ISBN 978-3-642-87890-9 (eBook)
DOI 10.1007/978-3-642-87890-9

Vorwort zur Sammlung.

In den letzten Jahren hat die Kunststofftechnik nicht nur in Deutschland, sondern in einem vielleicht noch größeren Ausmaße im Ausland einen ungeheuren Aufschwung genommen.

Eine Vielzahl neuer Kunststoffklassen wurde erschlossen, eine ebenso große Anzahl von Verfahren zu ihrer Herstellung und Anwendung ausgearbeitet. Hand in Hand mit dieser Entwicklung haben Forscher den Aufbau dieser Kunststoffe und die Gesetzmäßigkeiten ihrer Bildung zu ergründen versucht.

Diese Fülle von Arbeiten und Veröffentlichungen wissenschaftlichen und technischen Inhaltes, die Unzahl von Patenten bedingen es, daß selbst dem Kunststoffchemiker immer mehr der Überblick über sein Arbeitsgebiet verlorengeht. Er bedarf einer Übersicht über die wichtigsten Fortschritte in den einzelnen Kunststoffzweigen, die ihn gleichzeitig über die wesentlichsten Fortschritte in der Technologie der Kunststoffe orientiert.

Andererseits wird auch der auf einem Spezialgebiet der Kunststoffe arbeitende Chemiker oder Ingenieur eine eingehende Darstellung seines Arbeitsgebietes vermissen, die ihm das langwierige und zeitraubende Studium der Kunststoffliteratur, die bis heute bereits ungeheure Ausmaße angenommen hat, erleichtert bzw. erspart.

Es erscheint somit gerechtfertigt, eine Sammlung zu schaffen, die neben einer guten Übersicht über das gesamte Gebiet noch eine eingehende Darstellung einzelner Kunststoffe bzw. Kunststoffklassen bringt. Sie soll sowohl dem forschenden als auch Betriebschemiker, aber auch dem in der Kunststoffindustrie tätigen Ingenieur einen Überblick über sein Arbeitsgebiet vermitteln und ihn dazu anregen, weiter in dieses überaus reizvolle und interessante Gebiet einzudringen.

Der Herausgeber.

Dipl.-Ing. Dr. techn. FRANZ KAINER
Patentanwalt.

Vorwort.

Styrol und sein Umwandlungsprodukt, das Polystyrol, sind vor ungefähr 120 Jahren bekanntgeworden. Bereits im vorigen Jahrhundert haben sich einige Chemiker mit der Herstellung dieser Substanzen und der Erforschung ihrer Eigenschaften beschäftigt. Trotzdem dauerte es bis in die zwanziger Jahre dieses Jahrhunderts, bis man sich an ihre technische Herstellung heranwagte. Das hat seinen Grund darin, daß das Styrol als ein für damalige Begriffe schwer zu handhabender Kohlenwasserstoff galt, der sich schon beim Destillieren oder Lagern veränderte und nach den bis da bekanntgewordenen Darstellungsmethoden sehr teuer zu stehen kam. Andererseits war sein Umwandlungsprodukt, das Polystyrol, als hochpolymerer Körper eine Substanz, für welche die klassische Chemie kein großes Interesse zeigte. Es war nicht kristallisierbar, ließ sich nicht destillieren und hatte keinen scharfen Schmelzpunkt. All diese Eigenschaften waren in der damaligen Chemie nicht geschätzt. Erst als die Technik sich ernsthaft mit diesem Problem befaßte und größere Mengen sowohl des Monomeren wie des Polymeren zugänglich waren, hat auch auf den Hochschulen ein intensives Forschen an diesen Objekten eingesetzt. Bis in die heutige Zeit ist eine große Zahl von Veröffentlichungen auf dem Styrol–Polystyrol-Gebiet erschienen, und man kann wohl sagen, daß das Styrol zu einem der meist untersuchten Körper der organischen Chemie geworden ist. Aber alle diese Arbeiten sind weit zerstreut in den verschiedenen Werken der in- und ausländischen chemischen Literatur, so daß es der an diesen Stoffen interessierte Leser schwer hat, einen einigermaßen geordneten Überblick über die Materie zu gewinnen. Ebenso wird es ihm kaum möglich sein, aus der großen Zahl der auf diesem Gebiet niedergelegten Patentschriften diejenigen herauszufinden, die in der Technik wirklich den Fabrikationsmethoden zugrunde liegen. In Deutschland war bereits vor dem Kriege die Erzeugungskapazität für Polystyrol auf 6500 t je Jahr angestiegen. Nach dem zweiten Weltkrieg wurde diese Zahl von den Vereinigten Staaten von Amerika weit übertroffen, indem man dort im Jahre 1949 rd. 90000 t Polystyrol fabrizierte. Daneben ist das *monomere* Styrol für die Herstellung des synthetischen Kautschuks neben Butadien die wichtigste Komponente geworden und zählte im Jahre 1945 mit einer Kapazität von 60000 t in Deutschland und rd. 270000 t in USA zu den wichtigsten chemischen Erzeugnissen. Diese Zahlen beleuchten die große Bedeutung der beiden Stoffe und rechtfertigen den vielerorts bestehenden Wunsch nach einer zusammenfassenden Darstellung

dieses neuen chemischen Gebietes. In der vorliegenden Abhandlung soll
daher versucht werden, eine objektive Beschreibung der in der Industrie
angewandten Arbeitsmethoden zu geben und die chemischen bzw. physikalischen Vorgänge bei diesen Prozessen an Hand der bis jetzt vorliegenden wissenschaftlichen Erkenntnisse näher zu erläutern. Zahlreiche
Bezeichnungen der erwähnten Produkte sind eingetragene Warenzeichen.

Ludwigshafen, im März 1955.   **Der Verfasser.**

Inhaltsverzeichnis.

Einleitung.

Aus der Vielzahl der in der Literatur bekanntgewordenen Darstellungsmethoden für Styrol hat sich ergeben, daß alle technisch beschrittenen Wege zur Auffindung der wirtschaftlich ergiebigsten und damit billigsten Verfahrensweise über das Vorprodukt *Äthylbenzol* führen. Dieser Kohlenwasserstoff ist ein Bestandteil des Steinkohlenteers. Sein Vorkommen in der Xylolfraktion des Teeres ist jedoch mengenmäßig gering und seine Isolierung aus den Begleitkohlenwasserstoffen schwierig, weshalb seine Herstellung aus den in der chemischen Industrie in großen Mengen verfügbaren Ausgangsstoffen *Benzol* und *Äthylen* auf synthetischem Wege durchgeführt wird.

Benzol und Äthylen sind Nebenerzeugnisse der Kokerei-Industrie. Daneben existieren für die Gewinnung von Äthylen noch andere verwertbare Quellen. In industriell aufgeschlossenen Ländern ist daher eine genügend breite Ausgangsbasis zur Erzeugung von Styrol und Polystyrol gegeben. Der Herstellungsgang ist gemäß folgendem Schema:

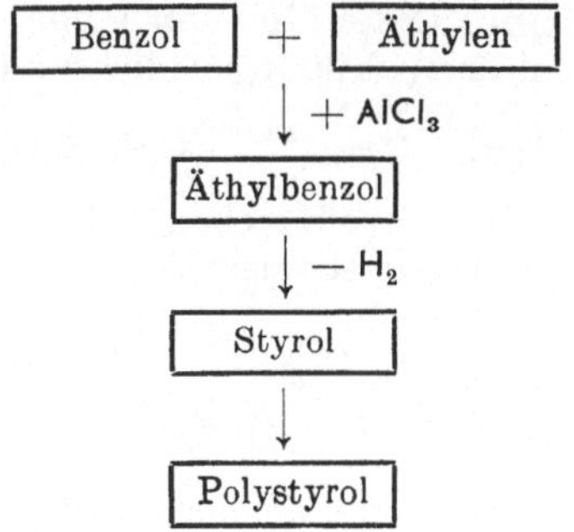

Dieser Verfahrensgang soll für den ersten Teil (A) der Abhandlung als Leitfaden dienen, so daß sich als Unterteilung folgende drei Hauptabschnitte ergeben:

I. Das Vorprodukt Äthylbenzol.
II. Monomeres Styrol aus Äthylbenzol.
III. Polystyrole und Mischpolymerisate des Styrols.

Im zweiten Teil des Buches wird die Anwendungstechnik der Polystyrole behandelt, wobei unter Berücksichtigung der speziellen Eigenschaften der Polymeren ihr zweckmäßigster Einsatz für die Herstellung von Gebrauchsgegenständen, die Art und Weise ihrer Verarbeitung sowie ihre Bedeutung in unserem heutigen wirtschaftlichen Leben erläutert werden.

I. Äthylbenzol (Vorprodukt).

1. Eigenschaften und Vorkommen.

Äthylbenzol, $C_6H_5 \cdot CH_2 \cdot CH_3$, Mol.-Gew. 106,16, ist ein aromatischer Kohlenwasserstoff von wasserhellem Aussehen, Sdp. 136,2° bei 760 mm Hg, Erstarrungspunkt — 93° C, spez. Gewicht 0,8669/20°, Refraktion n_D^{20} 1,4958, Viscosität 0,709 Cp/20°, Flammpunkt + 23° nach ABEL-PENSKY. Es stellt einen Bestandteil des Steinkohlenteers dar und erscheint bei dessen Destillation in der Xylolfraktion[1]. Auch bei der destruktiven Destillation des Braunkohlenteeröls entsteht Äthylbenzol[2]. Diese Vorkommen sind jedoch mengenmäßig nicht bedeutend. Zudem ist die Gewinnung des Äthylbenzols aus diesen Kohlenwasserstoffgemischen in der für die Styrolherstellung erforderlichen Reinheit wegen der nahe beieinanderliegenden Siedepunkte dieser Kohlenwasserstoffgemische schwierig.

2. Versuche zur Herstellung von Äthylbenzol.

Aus den Ausgangsstoffen Benzol und Äthylen hat erstmalig im Jahre 1879 M. BALSOHN[3] Äthylbenzol gewonnen, indem er in ein auf 70—80° erwärmtes Gemenge von Benzol und Aluminiumchlorid Äthylen einleitete. Neben Äthylbenzol hat er dabei auch bereits die höheralkylierten Benzole — Diäthylbenzol (Sdp. 179—185°) und Triäthylbenzol (Sdp. 214—218°) — erhalten, deren Bildung dadurch zu erklären ist, daß die Reaktion

$$C_6H_6 + C_2H_4 \xrightarrow{\;AlCl_3\;} C_6H_5 \cdot C_2H_5$$

nicht in der Monoäthylbenzolstufe stehenbleibt, sondern unter Bildung von di- und tri- und höhersubstituierten Benzolen weiterläuft:

$$C_6H_5 \cdot C_2H_5 + C_2H_4 \xrightarrow{\;AlCl_3\;} \underset{C_2H_5}{\bigcirc} C_2H_5 \text{ (Diäthylbenzol)}$$

Daneben sind noch andere Herstellungsmethoden bekanntgeworden, die jedoch für ein technisches Verfahren nicht in Betracht kommen, z. B. die Fittigsche Synthese[4] $C_6H_5 \cdot Br + 2\,Na + Br \cdot C_2H_5 \rightarrow C_6H_5 \cdot C_2H_5 + 2\,NaBr$ oder die Reaktion von Benzol und Äthylenbromid mittels $AlCl_3$[5].

Ausführlichere Untersuchungen über die Ausbeuten bei der Äthylierung des Benzols in Gegenwart von $AlCl_3$ unter Variation der Mengenverhältnisse der Komponenten haben C. H. MILLIGAN und E. E. REID[6]

[1] NOELTING, E., u. P. A. PALMAR: Ber. dtsch. chem. Ges. 24, 1955 (1891); — J. M. CRAFTS: Comptes Rendus 114, 1110 (1892); — J. MOSCHNER: Ber. dtsch. chem. Ges. 34, 1261 (1901).

[2] SCHULTZ, G., u. K. WÜRTH: Chem. Zbl. 1905 I, 1444.

[3] BALSOHN, M.: Bull. Soc. chim. [2] 31, 539 (1879).

[4] TOLLENS, B., u. R. FITTIG: Liebigs Ann. Chem. 131, 310 (1864).

[5] BÉHAL, A., u. E. CHOAY: Bull. Soc. chim. [3] 11, 207 (1894).

[6] MILLIGAN, C. H., u. E. E. REID: J. Amer. chem. Soc. 44, 206 (1922); — Ind. Engng. Chem. 15, 1048 (1923).

1922 durchgeführt. Sie fanden, daß intensives Rühren die Aufnahme von Äthylen in Benzol erheblich steigert und daß das Verhältnis von Monoäthylbenzol zu höheralkylierten Produkten am günstigsten ist, wenn die Umsetzung des Benzols möglichst niedrig gehalten wird. Bei hohem Umsatz, also großer Konzentration an alkyliertem Produkt, treten die höheralkylierten Benzole gegenüber Äthylbenzol immer mehr in den Vordergrund. Um eine möglichst gute Ausbeute an Äthylbenzol bezogen auf das eingesetzte Äthylen zu erhalten, muß man daher bei dem technischen Prozeß darauf achten, das günstigste Verhältnis von Mono- zu höheralkyliertem Produkt einzustellen, ohne daß zuviel unumgesetztes Benzol zurückgeführt werden muß. Die Tatsache, daß die höheralkylierten Benzole durch Erhitzen mit einem Überschuß von Benzol bei Gegenwart von Aluminiumchlorid unter Abspaltung von Äthylgruppen in Monoäthylbenzol umgewandelt werden können, ist dabei für die Ausbeuteerhöhung von wesentlicher Bedeutung. Dieser Vorgang — Umalkylierung genannt — wurde bereits 1885 von R. ANSCHÜTZ und H. IMMENDORFF[1] entdeckt und später noch mehrmals beschrieben[2].

3. Technische Verfahren.

a) Äthylbenzolfabrikation bei der Badischen Anilin- und Sodafabrik Ludwigshafen a. Rh.

α) Diskontinuierliche Alkylierung unter Druck. In den Jahren 1930 bis 1935 wurde die Alkylierung des Benzols mit Äthylen bei Gegenwart von Aluminiumchlorid diskontinuierlich durchgeführt. Zur Verfügung stand ein Äthylengas, das durch katalytische Dehydratation von Äthylalkohol gewonnen war. Der Gehalt an C_2H_4 betrug 97%. Von Wichtigkeit für die Alkylierung war, daß bei Verwendung dieses Äthylengases der Gehalt an Verunreinigungen (Aldehyd, Äther und Butylen) unter 0,5% lag, da bei größeren Mengen dieser Fremdstoffe die Alkylierung in Richtung der höheralkylierten Benzole verschoben wird.

Als Alkylierungsapparat diente ein 8 m³ fassender Rührautoklav aus Schmiedeeisen, der mit

2750 l Benzol und
80 kg Aluminiumchlorid

gefüllt wurde. Nach dem Aufheizen mit Dampf auf 80° wurden im Verlauf von 6 Stunden 290 m³ Äthylen eingepreßt. Der Anfangsdruck von 2—2½ atü und die Anfangstemperatur von 80—85° stiegen während der Äthylierung allmählich bis auf 7 atü bzw. auf 100° an. Anschließend wurde 1 Stunde lang auf 120° nacherhitzt.

Nach dem Abkühlen wurde der Alkylierungsaustrag mit Wasser zur Entfernung des $AlCl_3$ gewaschen und mit Natronlauge neutralisiert.

---

[1] ANSCHÜTZ, R., u. H. IMMENDORFF: Ber. dtsch. chem. Ges. 18, 657 (1885).
[2] RADZIEWANOWSKI, C.: Ber. dtsch. chem. Ges. 27, 3235 (1894) und 28, 1137 (1895); — E. BOEDTKER u. O. M. HALSE: Bull. Soc. chim. [4] 19, 446 (1916).

Beim Auseinanderfraktionieren erhielt man rd.

55% nicht umgesetztes Benzol,
35% Monoäthylbenzol,
10% höheralkylierte Benzole. Diese wurden einer Vakuumdestillation bei 20 mm
　　Hg unterworfen. Ein über 300°/760 mm siedender, für die Umalkylierung
　　nicht mehr verwertbarer Rückstand wurde ausgeschleust.

Die überdestillierten Polyäthylbenzole wurden mit der zweifachen Menge Benzol und 3% AlCl$_3$ bezogen auf das Gesamtgemisch unter Rückfluß 4 Stunden erhitzt, wonach das Umalkylierungsgemisch folgende Zusammensetzung aufwies:

49% Benzol,	15% Diäthylbenzol,
33% Monoäthylbenzol,	3% Rückstand.

Bei der laufenden Herstellung wurden die Umalkylierungsausträge mit den Alkylierungschargen vereinigt und gemeinsam aufdestilliert.

Durch diese Arbeitsmethode war man in der Lage, das Äthylen vollständig auf Äthylbenzol umzuarbeiten, ohne daß ein zusätzlicher Anfall von höheralkylierten Produkten entstand.

Als Nebenprodukt trat lediglich obenerwähnter Rückstand auf (etwa 3% bezogen auf produziertes Äthylbenzol).

β) Kontinuierliche Alkylierung ohne Druck. Laboratoriums- und Technikumsversuche, die im Zuge der modernen Arbeitsrichtung unternommen wurden, erbrachten das Ergebnis, daß die Anlagerung von Äthylen an Benzol auch kontinuierlich ohne Anwendung von Druck in rationeller Betriebsweise durchgeführt werden kann.

Als zweckmäßigste Apparatur für die kontinuierliche Herstellung von Äthylbenzol wurde ein langgestreckter, aufrecht stehender Turm gewählt. Das letzte Stadium der seit 1935 betriebenen und im Laufe der Jahre ständig weiterentwickelten Alkylierungsapparatur wird im folgenden an Hand der Abb. 1 beschrieben.

Als wichtigstes Ergebnis dieser Vervollkommnung des Verfahrens ist die gewonnene Erkenntnis zu betrachten, daß in ein und demselben Turm gleichzeitig sowohl die Alkylierung als auch die Umalkylierung ablaufen können. Weiterhin hat man gelernt, die Reaktion $C_6H_6 + C_2H_4$ weitgehend zu variieren und je nach Bedarf so zu steuern, daß ohne Schwierigkeiten wahlweise Monoäthylbenzol, Mono- und Diäthylbenzol oder ausschließlich Diäthylbenzol hergestellt werden können. Von diesen Reaktionen interessiert hier nur die erste.

Beschreibung der kontinuierlichen Apparatur (vgl. Abb. 1):

In den Alkylierungsturm (7 m hoch, 1 m Dmr.) aus Flußeisen *1*, innenseitig zum Schutz gegen Korrosion grün emailliert, wird Äthylen im Gleichstrom mit Benzol und im Gegenstrom zu Aluminiumchlorid eingeblasen. Das dabei angewandte Benzol ist eine reine destillierte thiophenhaltige Ware. Das Thiophen wird beim Prozeß durch die Einwirkung des Aluminiumchlorids unter Schwefelwasserstoffbildung zerstört. Die Alkylierung verläuft unter Beachtung der unten ausgeführten Bedingungen so, daß in überwiegendem Maße Monoäthylbenzol gebildet wird. Die daneben noch entstehenden höheralkylierten Benzole, hauptsächlich Diäthylbenzol, werden nach der Abtrennung in der Destillation wieder in den Alkylierungsprozeß zurückgeführt. Dadurch wird auf Grund der sich einstellenden Gleichgewichtsverhältnisse die Neubildung von höheralkylierten Produkten verhindert und das gesamte Äthylen in Richtung Monoäthylbenzol umgesetzt. Das Aluminiumchlorid verwandelt sich während der Alkylierung in eine teils gelöste, aber größtenteils suspendierte, ölige, braune Additionsverbindung, bestehend aus 40% Aluminiumchlorid und 60% organischen Kohlenwasserstoffen (Benzol, Äthyl-

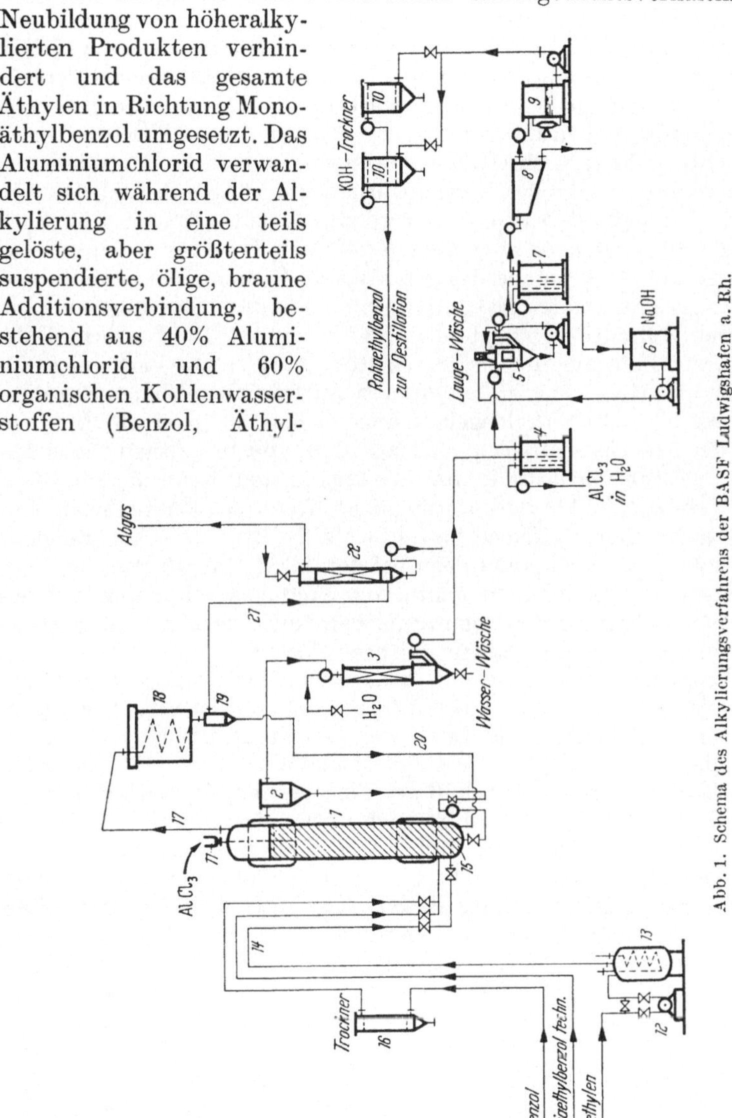

Abb. 1. Schema des Alkylierungsverfahrens der BASF Ludwigshafen a. Rh.

benzol und höhersiedende Kohlenwasserstoffe). Da diese Additionsverbindung bezüglich Alkylierung noch aktiv ist, wird der überwiegende Teil derselben aus dem den Turm seitlich oben verlassenden Alkylierungsaustrag in einem Abscheidegefäß 2 auf Grund des höheren spez. Gewichts abgetrennt und wieder unten in den Turm zurückgebracht. Der Alkylierungsaustrag mit der restlichen Komplexverbindung läuft aus dem Abscheider in eine kontinuierliche Waschanlage *3*, wo zuerst das $AlCl_3$ mit Wasser herausgewaschen wird. Das noch schwach saure Rohäthylbenzol wird in einer Florentiner Flasche *4* von der wäßrigen Aluminiumchloridlösung abgetrennt und mit Natronlauge neutralisiert (*5*). Die etwa 10—20%ige Natronlauge wird aus dem Vorratsbehälter *6* im Kreis gepumpt und in der Florentiner Flasche *7* vom Rohäthylbenzol abgetrennt. In einem Abscheider *8* werden die in dem neutralisierten Rohäthylbenzol in geringen Mengen vorhandenen festen Schwebeteilchen entfernt. Aus dem Niveaugefäß *9* wird das Rohäthylbenzol schließlich durch die mit Ätznatron oder Ätzkali gefüllten Trockner *10* zum Tanklager gepumpt. Die Zugabe des gepulverten Aluminiumchlorids in den Alkylierungsturm erfolgt diskontinuierlich alle zwei Stunden durch ein am oberen Turmdeckel angebrachtes Füllrohr mit Tauchverschluß *11*.

Für diesen kontinuierlichen Prozeß steht Äthylen zur Verfügung, das entweder aus Koksofengas stammt und mittels einer Lindezerlegungsanlage auf 97—99% Äthylengehalt angereichert ist, oder ein Äthylengas aus der Acetylenhydrierung mit 90% C_2H_4 und 10% Äthan. Nach den bisherigen Erfahrungen ist es am zweckmäßigsten, wenn die zur Alkylierung verwandten Äthylengase möglichst frei von irgendwelchen Verunreinigungen sind, da solche Stoffe, wie z. B. Bruchteile von Butylen, zu unerwünschten Komplikationen bei der Alkylierung führen, insofern die daraus entstehenden höheralkylierten Produkte sich in der im Kreis laufenden Diäthylbenzolfraktion anreichern und die Zusammensetzung des Alkylierungsaustrages ungünstig beeinflussen.

Das Äthylen strömt aus einem Gasometer einem Elmogebläse *12* zu, welches das Gas auf den zum Einfahren in den Turm notwendigen, durch den Flüssigkeitsstand im Turm bedingten Druck von 0,6 atü komprimiert und über ein Puffergefäß *13* und einen nach oben geführten Siphon *14* in den untersten Schuß des Turmes einbläst. Das seitlich eingeführte Gaseinleitungsrohr *15* ist nach unten abgekrümmt, so daß der Gasstrom die stets im unteren Turm infolge ihres höheren spez. Gewichts angesammelte Additionsverbindung aufwirbelt und im Turm mit emporträgt, wobei das Äthylen unter Bildung der alkylierten Benzole restlos von der flüssigen Phase aufgenommen wird. Zwecks Vermeidung eines erhöhten Aluminiumchloridverbrauchs ist es notwendig, daß die Ausgangsstoffe Benzol und Äthylen möglichst trocken in den Turm eintreten, weswegen in die Benzol-Zuführungsleitung ein Ätzkalitrockner *16* eingebaut ist. Eine Spur Feuchtigkeit ist jedoch bei der Aluminiumchlorid-Reaktion notwendig, da sonst keine Äthylenaufnahme erfolgt. Für den Fall, daß die Ausgangsmaterialien zu trocken sind, kann durch eine an die Äthylenleitung angeschlossene Dampfzufuhr eine geringe Befeuchtung des Äthylengases vorgenommen werden.

Die Reaktion ist stark exotherm und verläuft mit einer Wärmetönung von etwa 30 Cal je Mol Äthylbenzol. Aus diesem Grunde hält sich die Reaktion selbst in Gang, und die bei der Siedetemperatur des Alkylierungsgemisches verdampfenden, im Abgas *17* enthaltenen Kohlenwasserstoffe werden in einem Rückflußkühler *18* kondensiert und laufen über einen Abscheider *19* wieder in den Turm zurück (*20*). Das den Abscheider verlassende Restgas *21* ist vollständig äthylenfrei und enthält etwa 10% Chlorwasserstoff aus der Reaktion des Aluminiumchlorids mit eingebrachter Feuchtigkeit (Wasser). In einem Waschturm *22* wird der Chlorwasserstoff mit Wasser aus dem Abgas herausgewaschen. Außerdem ist in diesem Abgas noch eine gewisse Menge Schwefelwasserstoff enthalten, der von der Zersetzung des Thiophens herrührt.

Ein Alkylierungsaggregat der beschriebenen Art hat eine Leistung von 250 moto Äthylbenzol, entsprechend einer stündlichen Äthylenzufuhr von 120 kg. Ein Alkylierungsturm von 1,4 m Dmr. und 10 m Höhe liefert bei diesem Normaldruckverfahren 800—1000 t Äthylbenzol/ Monat. Solche Systeme sind in den deutschen Bunawerken aufgestellt.

Zusammensetzung des Alkylierungsgemisches. Wie bereits erwähnt, wird die Alkylierung des Benzols nicht auf vollständigen Umsatz gefahren, sondern man läßt 45% des zugeführten Benzols unverändert, wobei die Zusammensetzung des Alkylierungsaustrages ungefähr folgendermaßen aussieht:

45% Benzol,	2% höheralkylierte Benzole
37% Monoäthylbenzol,	(Siedepunkt 188—250°),
15% Diäthylbenzol,	1% Rückstand (über 250°).

Die als Nebenprodukte entstehenden, höheralkylierten Benzole wurden früher in einem besonderen Umalkylierungskessel auf Monoäthylbenzol umgearbeitet.

Es wurde jedoch gefunden, daß die Neubildung von höheralkylierten Benzolen beim Alkylierungsprozeß vermieden werden kann, wenn man dem in den Turm einlaufenden Benzol höheralkylierte Benzole in solcher Menge zusetzt, in der sie bei ihrer Abwesenheit entstehen würden. Nach unveröffentlichten Untersuchungen von S. STADELMANN[1] setzt sich das in der Diäthylbenzolfraktion vorliegende Isomerengemisch aus

65—70% m-Diäthylbenzol,
25—30% p-Diäthylbenzol und   5—7% o-Diäthylbenzol

zusammen. Die isomeren Diäthylbenzole wurden in Form der entsprechenden, durch alkalische Oxydation mit Permanganat gewonnenen Phthalsäuren bzw. deren Dimethylester charakterisiert.

Bei dieser Arbeitsweise rechnet man je 1 kg Äthylen mit etwa 6 l Benzol zusätzlich der doppelten Menge Benzol, bezogen auf die in den Turm eingebrachten höheralkylierten Produkte. Bei diesen Mengenverhältnissen kann die für die Alkylierung günstigste Temperatur von ungefähr 95—100° eingehalten werden.

Das Verfahren arbeitet mit über 90% Ausbeute, bezogen auf Äthylen oder Benzol. Der Verbrauch an Aluminiumchlorid liegt bei etwa 2%, berechnet auf produziertes Äthylbenzol.

γ) Alkylierung mit niedrigprozentigem Äthylen. Die Äthylierung des Benzols ist keineswegs auf solch hochkonzentriertes Äthylengas ange-

---

[1] Badische Anilin- und Sodafabrik.

wiesen, wie es bei obigen Äthylensorten vorliegt. Das Turmverfahren kann ebensogut auch mit niedrigprozentigem Äthylen betrieben werden, sofern als Verdünner indifferente Gase vorliegen (wie Wasserstoff, Stickstoff) oder gesättigte gasförmige Kohlenwasserstoffe (wie Methan, Äthan usw.). Selbst mit 20%igem Äthylen erfolgt eine restlose Anlagerung des Olefins. Der Grad der Verdünnung ist ohne Einfluß auf die Zusammensetzung des Alkylierungsaustrages. Die Reaktionstemperatur erniedrigt sich mit steigender Inertgasmenge. Die Wärmetönung reicht jedoch auch bei starker Verdünnung noch aus, um die Reaktion ohne Wärmezufuhr in Gang zu halten.

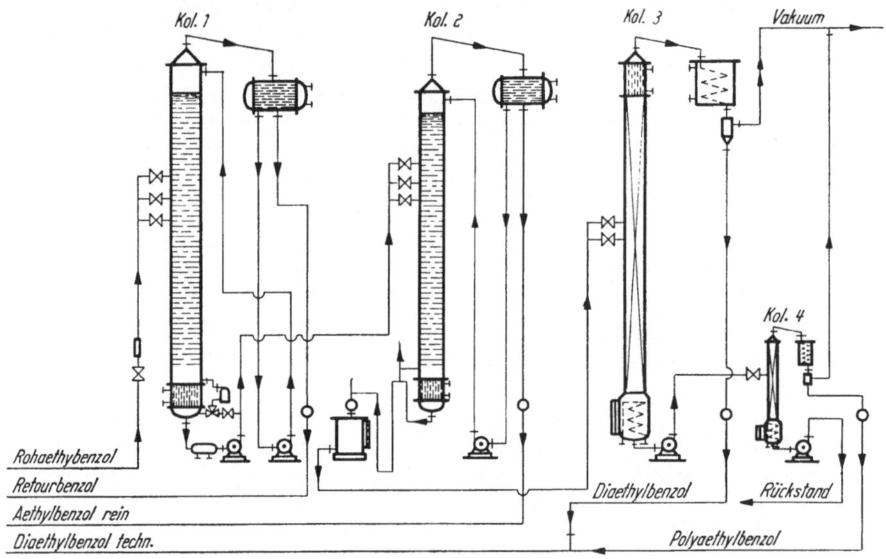

Abb. 2. Schema einer Äthylbenzol-Destillation der BASF Ludwigshafen a. Rh.

δ) Kontinuierliche Äthylbenzol-Destillation (Abb. 2). Zuerst wird aus dem Rohäthylbenzol das nichtalkylierte Benzol in Kolonne *1* (42 Glockenböden) unter Normaldruck abdestilliert und über entsprechende Vorratsbehälter wieder in die Alkylierung zurückgeführt. Der benzolfreie Sumpf der ersten Kolonne wird mittels Pumpe in die zweite Kolonne (50 Glockenböden) gefördert, wo ebenfalls unter Normaldruck Monoäthylbenzol mit einem sehr hohen Reinheitsgrad (Siedebereich einer normalen Laborsiedeanalyse: 0,3°) herausfraktioniert wird. Die im Sumpf der Kolonne *2* anfallenden höheralkylierten Benzole werden über eine Vorlage mittels des in Kolonne *3* (Raschig-Ringfüllung) herrschenden Vakuums eingesaugt, und am Kopf dieser Kolonne werden die Diäthylbenzole, Tri- und Tetraäthylbenzole überdestilliert. Der im Sumpf der Kolonne *3* anfallende Rückstand wird anschließend in einer kleinen Kolonne *4* im Vakuum so weit ausdestilliert, daß bei dem im Sumpf der vierten Kolonne enthaltenen Rückstand ein Siedebeginn (unter Normaldruck) von 250° erreicht ist. Das Destillat dieser Kolonne vereinigt sich mit den in Kolonne *3* überdestillierten Alkylbenzolen und kehrt in die Alkylierung zurück.

b) Amerikanische Alkylierungsmethoden.

Ähnlich dieser in Deutschland ausgeübten Methode wird in Amerika bei verschiedenen Firmen die Äthylierung des Benzols in flüssiger Phase unter Normaldruck in großtechnischen Anlagen durchgeführt. Daneben wurden auch Alkylierungsprozesse entwickelt, die unter Druck und in der Gasphase arbeiten. Die große Bedeutung, die das Äthylbenzol für die dort gewaltig gesteigerte Styrolerzeugung erlangt hat, geht aus zahlreichen Patentschriften neueren Datums sowie aus einem umfangreichen Schrifttum hervor.

A. W. Francis und E. E. Reid[1] veröffentlichten 1946 eine eingehende Abhandlung mit 104 Literaturzitaten über die Äthylierung des Benzols und die Umalkylierung der Polyäthylbenzole. Sechsundzwanzig dieser Zitate stammen allein aus dem Jahre 1945, und neunzig behandeln die Herstellung des Äthylbenzols durch Äthylierung von Benzol in Gegenwart von Aluminiumchlorid oder anderen Kontaktsubstanzen, wie Bortrifluorid, Schwefelsäure-Borfluorid, hydratisiertes wäßriges Borfluorid, Fluorwasserstoff, Phosphorsäure, Phosphorpentoxyd, Calciumoder Magnesiumphosphate, Kieselsäure-Aluminiumoxydmischungen, Zinkchlorid, amalgamiertes Aluminium und Chlorwasserstoff, Eisenchlorid u. a. m. Auf all diese Möglichkeiten einzugehen würde zu weit führen, zumal die meisten dieser Substanten für technische Verfahren nicht in Frage kommen.

A. W. Francis und E. E. Reid berichten auf Grund eigener Versuche mit Aluminiumchlorid als Katalysator, daß bei 100° C und einem Druck von 10—20 atü die Reaktionsgeschwindigkeit nahezu auf das Hundertfache der bei einigen technischen Prozessen gebräuchlichen Geschwindigkeit ansteigt. Da Äthylbenzol in der spezifisch schwereren und daher nach unten absinkenden Katalysatorschicht eine 2,5 mal größere Löslichkeit als Benzol besitzt, so ist, um eine bevorzugte Überalkylierung des Äthylbenzols zu vermeiden, für weitgehende Homogenisierung der Schichten Sorge zu tragen, wobei dann die Geschwindigkeitskonstanten der einzelnen Alkylierungsstufen ziemlich gleich werden. Die Autoren betrachten es als bewiesen, daß, im Gegensatz zur allgemeinen Auffassung, die Alkylierung des Benzols mit der gleichen Geschwindigkeit verläuft wie die des Äthylbenzols und der übrigen höheräthylierten Benzole.

Das erste amerikanische Patent, welches die Alkylierung des Benzols betrifft, wurde 1934 J. Davidson[2] erteilt. Das Verfahren schützt die Herstellung von alkylierten Benzolen (Äthylbenzol, Isopropylbenzol), die als Zusätze zu Motortreibstoffen eine bessere Antiklopfwirkung zeigen als Benzol, bei gewöhnlichen oder erhöhten Drucken in Gegenwart von Aluminiumchlorid oder aktivem Katalysatorschlamm. Es ist er-

---

[1] Francis, A. W., u. E. E. Reid: Ind. Engng. Chem. **38**, 1194 (1946).
[2] Davidson, J.: US.P. 1 953 702 (1934), Carbide & Carbon Chem. Corp.

wähnt, daß geringe Mengen Feuchtigkeit zum Ablauf des Prozesses notwendig sind und daß während der Reaktion eine vollständige Entschwefelung des Benzols eintritt. Die Bildung von Polyäthylbenzolen kann durch deren Rückführung auf Grund der sich einstellenden Gleichgewichtsverhältnisse verhindert werden.

α) Alkylierungsverfahren der Dow Chemical Comp. W. Dow[1] berichtet, daß in dem bei der Dow Chemical Comp. betriebenen Alkylierungsprozeß ein etwa 38%iges, praktisch propylenfreies Äthylengas bei einer Temperatur von 88° C und etwa 1 atü Druck in Anwesenheit von Aluminiumchlorid auf Benzol einwirkt.

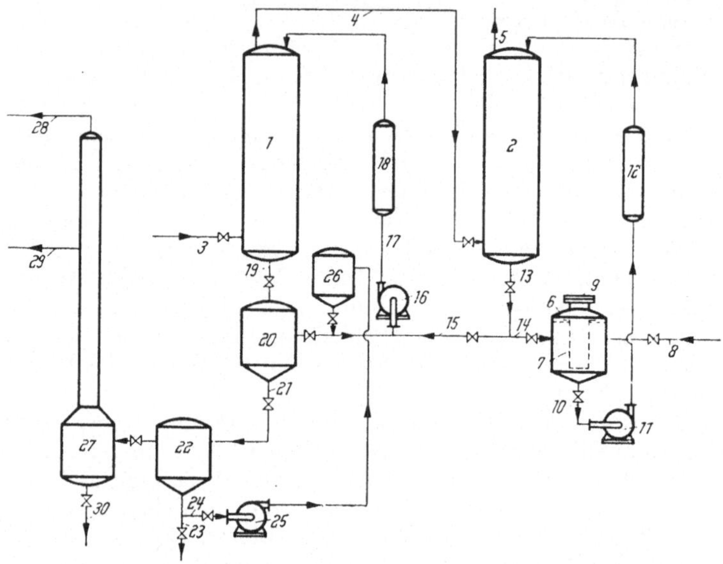

Abb. 3. Schema eines Alkylierungsverfahrens der Dow Chemical Comp., USA, gemäß U.S.P. 2 198 595.

Die Dow Chemical Comp. hat einige Verfahrenspatente für diesen Alkylierungsprozeß genommen, aus denen ebenfalls die Arbeitsweise nach dem Turmverfahren ersichtlich ist.

J. L. Amos u. Mitarb.[2] lassen die Äthylierung in zwei hintereinandergeschalteten Türmen *1* und *2* ablaufen (vgl. Abb. 3). Aus Turm *1* wird die Reaktionsflüssigkeit über den Sumpf *20* mittels Pumpe *16* über den Erhitzer *18* wieder oben in den Turm zurückgepumpt. Aus Turm *2* läuft die Reaktionsflüssigkeit teils durch *13* und *15* kontinuierlich nach Turm *1*, teils durch Rohr *14* über Behälter *6*, wo sie mit festem Aluminiumchlorid in Berührung kommt und dabei frische flüssige Komplexverbindung bildet, die als hochaktive Katalysatorverbindung durch *10* mittels Pumpe *11* über Erhitzer *12* nach Turm *2* gepumpt wird. Auf

---

[1] Dow, W.: Ind. Engng. Chem. **34**, 1267 (1942).
[2] Amos, J. L., R. R. Dreisbach u. J. L. Williams: U.S.P. 2 198 595 (1940), Dow Chemical Comp.

demselben Wege erfolgt durch Leitung *8* die Zufuhr von frischem Benzol. Das Äthylen tritt bei *3* in den Turm *1* ein, der nicht absorbierte Teil geht durch die Leitung *4* nach Turm *2*, wo die restlose Aufnahme des Äthylens erfolgt. Bei *5* entweicht das Abgas. Aus dem Turm *1* wird der Alkylierungsaustrag durch *21* über den Abscheider für Komplexverbindung *22* nach der Destillation *27* geleitet. Die abgeschiedene Additionsverbindung wird entweder durch Pumpe *25* nach Behälter *26* in den Alkylierungsprozeß zurückgefördert oder bei *23* ausgeschleust.

Die Herstellung der flüssigen Kontaktsubstanz aus festem Aluminiumchlorid ist Gegenstand eines weiteren Patentes[1]. Durch Anwendung einer aus Isopropylbenzol und Aluminiumchlorid hergestellten Komplexverbindung wird, wie J. L. Amos[2] gefunden hat, die Bildung von Monoäthylbenzol aus Benzol und Äthylen stark begünstigt, wobei weniger Polyäthylbenzole entstehen.

Das Verfahren mit zwei hintereinandergeschalteten Türmen der Dow Chemical Comp. wurde vermutlich zur Erzielung eines größeren Durchsatzes beim Arbeiten mit niedrigprozentigem Äthylen gewählt. Die dabei benötigten vielen Pumpen zur Förderung der stark korrodierend wirkenden Komplexverbindung des Aluminiumchlorids sowie der ebenso aggressiven Reaktionsflüssigkeit sind nach den in Deutschland gemachten Erfahrungen als Stellen häufiger Betriebsstörungen zu bezeichnen. Es scheint, daß man diese Anordnung auch dort zugunsten eines „Ein-Turm-Systems", das ähnlich wie das deutsche Verfahren ohne Pumpen auskommt, aufgegeben hat.

J. L. Amos und Mitarbeiter beschreiben in einer späteren Anmeldung[3] einen in vier Kammern unterteilten Alkylierungsturm (vgl. Abb. 4), in dem die Vereinigung des Benzols mit Äthylen unter größtmöglicher Ausnutzung der $AlCl_3$-Komplexverbindung bei 1—2 atü Druck und einer Temperatur von 70—110° durchgeführt wird. Fig. a und b zeigen hierbei zwei um 90° versetzte Längsschnitte, Fig. c und d zwei ebensolche Querschnitte. Der Reaktionsturm *2* besteht aus einem Metallmantel *1*, der innen mit einer säurefesten Ausmauerung *7* versehen ist. Die Turmwände *8*, *9*, *10* sind aus säurefesten Steinen eingefügt und teilen das Turminnere in die Kammern *M*, *N*, *O* und *P*. Die Mauer *8* hat in Bodennähe und oben die Öffnungen *11* und *12*, welche die Kammern *M* und *N* verbinden, und ebensolche Öffnungen *13* und *14* zur Verbindung von Kammer *M* mit Kammer *P*. In der Wand *10* befindet sich unten eine Durchführung *15* von Kammer *N* nach *O*. Im normalen Betriebszustand ist der Turm nahezu bis oben gefüllt, wobei 20—40% der Füllung als Komplexverbindung vorliegen. Letztere erreicht damit eine Höhe, die 20—50% des Bodenabstandes vom Auslaufstutzen *19* in Kammer O ausmacht. Nach Kammer *P* wird Frischbenzol durch Einlaß *20* und festes $AlCl_3$ oder Komplexverbindung durch den Stutzen *3* am

---

[1] Amos, J. L., J. L. Williams u. H. S. Winnicki: US.P. 2222012 (1940), Dow Chemical Comp.

[2] Amos, J. L.: US.P. 2225543 (1940). Dow Chemical Comp.

[3] Amos, J. L., C. C. Schwegler u. W. H. Bezenah: US.P. 2443758 (1948), Dow Chemical Comp.

Deckel eingebracht. Das Äthylen strömt durch ein perforiertes Einführungsrohr *16* am Boden von Kammer *M* ein, erzeugt dort einen Aufwärtsstrom von Flüssigkeit, welcher die suspendierte Komplexverbindung mit nach oben führt. Durch die Öffnungen *12* und *14* oben erfolgt eine Zirkulation von *M* nach *N* und *P* und aus diesen Kammern durch die Durchlässe *11* und *13* zurück zum unteren Teil von *M*. Ein Teil, ent-

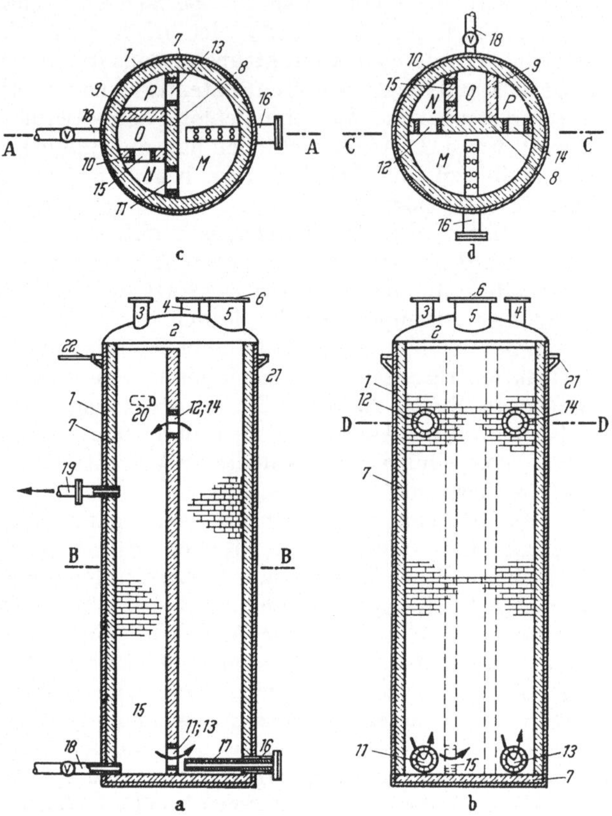

Abb. 4. Alkylierungsturm der Dow Chemical Comp., USA, gemäß US.P. 2443758.

sprechend der bei *19* eingestellten Menge an Turmaustrag, fließt von Kammer *N* unten durch die Öffnung *15* nach *O* und dort in mäßigem Strom aufwärts, so daß eine weitgehende Absetzung der spezifisch schwereren Katalysatorflüssigkeit ermöglicht wird. Da die Komplexverbindung allmählich inaktiv wird, wird ein entsprechender Teil entweder zusammen mit dem Alkylierungsgut durch *19* oder unten von Kammer *O* durch das Ablaßventil *18* entfernt. Am Kopf des Turmes ist ein ringförmiger Trog *21* mit Wassereinlaß *22* angebracht. Er dient zur Berieselung der äußeren Oberfläche des Turmes, wodurch die Reaktionswärme abgeführt wird.

Die Abhängigkeit der Äthylenaufnahme von dem in der Turmmischung enthaltenen Anteil an Komplexverbindung veranschaulicht Tab. 1.

Das Optimum des Äthylenumsatzes wird demnach erreicht, wenn der Turm ungefähr zu einem Viertel mit Komplexverbindung angefüllt ist.

Über den neuesten Stand einer bei der Dow Chemical Comp. in Velasco, Tex., in Betrieb befindlichen Alkylierungsanlage berichten R. H. BOUNDY und R. F. BOYER[1]. Diese Anlage ar-

Tabelle 1.

Ungelöste Komplex-verbindung. Vol.-% der Turmmischung	C_2H_4-Umsatz %	Mol C_2H_4 um-gesetzt auf 1 Mol $AlCl_3$
Beim Entstehen	67	8
7,5	95	81
14,3	96	130
19,1	92	205
20,2	96	241
26	96	740
27,4	97	542
58	96	157

beitet nach demselben Prinzip und mit nahezu gleicher Apparateanordnung wie das BASF-Verfahren. Es werden Ausbeuten von 95,5% bezogen auf Benzol und 96,8% bezogen auf Äthylen angegeben. Das zur Alkylierung benutzte Äthylen hat einen Reinheitsgrad von 95%. Der Rest besteht aus inerten Gasen wie Wasserstoff, Methan, Äthan usw. Benzol kommt in einer als ,,styrene grade'' bezeichneten Reinheit zur Anwendung. Sein Siedebereich beträgt 1° C, der Erstarrungspunkt liegt bei 4,85° C, der Schwefelgehalt unter 1%. Um die Wirksamkeit des Katalysators ($AlCl_3$) zu erhöhen, wird Chlorwasserstoff zugegeben oder Äthylchlorid, das bei der Alkylierung HCl liefert. Der Verbrauch an Aluminiumchlorid beträgt 3% bezogen auf produziertes Äthylbenzol.

Alkylierungsverfahren bei Koppers Co., Inc. Auch dieser Styrolerzeuger stellt nach der gleichen Methode in einer in Port Arthur, Texas, neu errichteten Anlage für 40 700 t/Jahr Äthylbenzol in flüssiger Phase her[2].

Von theoretischem Interesse sind einige Variationsmöglichkeiten in der Anwendung des Aluminiumchlorids als Kontaktsubstanz. So verwendet L. SCHMERLING[3] eine Lösung von $AlCl_3$ in Nitromethan als Katalysatorflüssigkeit für die Alkylierung des Benzols und arbeitet im Falle des Äthylens mit etwa 40 atü Druck und 60° C Temperatur. Der Einsatz von festem Aluminiumchlorid auf Trägersubstanzen wie Aktivkohle, Fullererde, Bauxit, Silicagel usw. wurde von UPHAM[4] vorgeschlagen.

β) Alkylierungsverfahren in der Gasphase. Die Phillips Petroleum Comp.[5] beschreibt ein Alkylierungsverfahren zur Herstellung von Äthylbenzol und Isopropylbenzol aus den entsprechenden Olefinen und

---

[1] BOUNDY, R. H., u. R. F. BOYER: Styrene. New York: Reinhold Publishing Corp. 1952, S. 30—35. — Vgl. auch P. W. SHERWOOD: Petrol. Processing 8, 724 (1953).

[2] Petrol. Processing 8, 1048 (1953).

[3] SCHMERLING, L.: US.P. 2385303 (1945) und 2393818 (1946), Universal Oil Product Comp.

[4] UPHAM, J. D.: US.P. 2406869 (1946), Phillips Petrol. Comp.

[5] Summary of Technical and Patent Assets (1948), Phillips Petrol. Comp. Bartlesville, Oklahoma, S. 128.

Benzol an einem Kieselsäure-Aluminiumoxyd-Katalysator, wobei Drucke von 35—70 atü und Temperaturen von 150—250° C angewandt werden (vgl. Abb. 5).

Die Ausgangsstoffe Benzol und Äthylen werden unter Druck in den Vorheizer *1* eingebracht und dort auf 150—200° aufgeheizt. Bei dieser Temperatur gelangen sie dampfförmig in die Reaktionskammer *2*, die den fest angeordneten Katalysator, eine Mischung von 9 Teilen Kieselsäure und 1 Teil Aluminiumoxyd, enthält. Die Olefine werden dabei vorwiegend unter Bildung von Monoalkylbenzolen umgesetzt. Der Alkylierungsaustrag fließt in die Kolonne *3*, wo das nicht umgewandelte Benzol abdestilliert und als Rückbenzol wieder vor den Erhitzer geleitet wird. Die alkylierten Produkte fließen einer weiteren Kolonne *4* zu, wo sie in Mono- und Polyalkylbenzole getrennt werden. Auch bei diesem Prozeß ist die Möglichkeit der Umalkylierung der Polyalkyl-

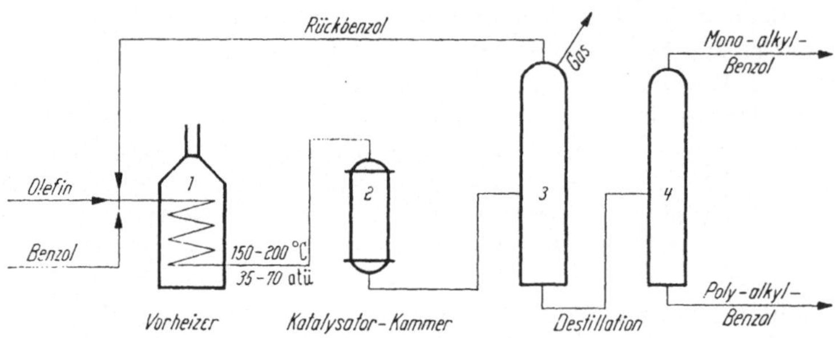

Abb. 5. Fließschema für Alkylierungsverfahren der Phillips Petroleum Comp.

benzole gegeben, entweder durch Rückführung zusammen mit Benzol und Olefin in die Alkylierungskammer[1] oder durch Überleiten mit Benzol über den SiO_2—Al_2O_3-Katalysator bei hohen Temperaturen[2]. Mischkatalysatoren vom Typ Kieselsäure-Aluminiumoxyd dienen hauptsächlich zum Kracken von Mineralöl, sie sind jedoch auch für Alkylierungszwecke von der Universal Oil Prod. Comp. und Phillips Petrol. Comp. in einer Anzahl von Patenten[3] geschützt. Diese und andere Unternehmen, denen große Mengen von Olefinen zur Verfügung stehen, arbeiten nach dem Gasphasen-Verfahren unter hohem Druck.

A. A. O'KELLY und Mitarbeiter[4] haben die direkte Alkylierung von thiophenfreiem Benzol mit Äthylen und Propylen an SiO_2—Al_2O_3-Kontakten im Laboratoriumsmaßstab studiert, wobei sie aus apparativen

---

[1] Fr. Pat. 955066, Phillips Petrol. Comp. (1950).

[2] HANSFORD, R. C., C. G. MYERS u. A. N. SACHANEN: Ind. Engng. Chem. **37**, 671 (1945); — M. M. KUTZ u. B. B. CORSON: Ind. Engng. Chem. **38**, 761 (1946).

[3] SCHMERLING, L., u. A. M. DURINSKI: US.P. 2357978 und 2364762 (1944); — C. L. THOMAS und V. HAENSEL: US.P. 2384505, 2410111, 2448160 (1948), Universal Oil Prod. Comp.; — W. A. SCHULZE: US.P. 2378040 (1945), Phillips Petrol. Comp.; — W. A. SCHULZE: US.P. 2419599 (1947), 2419796 (1947), 2395199 (1946), 2416022 (1947).

[4] O'KELLY, A. A., J. KELLETT u. J. PLUCKER: J. Amer. chem. Soc. **69**, 154 (1947).

Gründen den Druck niedriger (3—5 atü) und dafür die Temperatur höher (430—490°) angesetzt haben. Bei einem Verhältnis von Benzol zu Äthylen = 4,6:1, besteht der Alkylierungsaustrag beispielsweise aus 78,2% Benzol, 17,2% Monoäthylbenzol und 2,7% Polyäthylbenzol. Infolge der relativ hohen Temperatur bildet sich auf dem Katalysator ein geringer Kohlebelag, der jedoch durch Luftoxydation von Zeit zu Zeit zu entfernen ist. Als Kontaktlebensdauer werden ungefähr 100 Tage angegeben.

In einem weiteren Gasphasen-Alkylierungs-Verfahren der Koppers Co., USA[1], werden Benzol und Äthylen bei etwa 300° und 14—60 atü Druck an einem auf Kieselgel niedergeschlagenen Orthophosphorsäurekontakt kontinuierlich zu Äthylbenzol umgesetzt. An Stelle von Äthylen lassen sich auch Verbindungen anwenden, die bei der Reaktionstemperatur in Äthylen zerfallen, wie z. B. Äthylalkohol. Aus einem Mischungsverhältnis Benzol:Alkohol = 10:1 wird der Alkohol bei 315° C und 28 atü zu 29% in Äthylbenzol umgesetzt, während der Rest in Äthylen zerfällt.

Der Reaktionsablauf $C_6H_6 + C_2H_5OH \rightarrow C_6H_5 \cdot C_2H_5 + H_2O$ an sauren Aluminiumphosphatkontakten ist Gegenstand einer Untersuchung von L. v. ERICHSEN[2]. Dabei wird festgestellt, daß ein merklicher Umsatz in obiger Richtung erst oberhalb 300° und Drucken von 100 atü einsetzt.

Verglichen mit der drucklos und ohne Wärmezufuhr verlaufenden Friedel-Craftschen Reaktion zwischen Benzol und Äthylen ist die mit Alkohol durchgeführte Alkylierung von technisch untergeordneter Bedeutung.

II. Monomeres Styrol.

1. Eigenschaften und Vorkommen.

Styrol (Vinylbenzol oder Phenyläthylen), $C_6H_5—CH=CH_2$, Mol.-Gew. 104,14, ist ein ungesättigter, aromatischer Kohlenwasserstoff mit charakteristischem Geruch, $Kp_{760\,mm}$ 145,2° C, Erstarrungspunkt —30,6° C, spez. Gewicht 0,9065/20°, Refraktion n_D^{20} 1,5464, Viscosität 0,902 cp/20°, Verdampfungswärme 93,1 Cal/kg, spez. Wärme 0,407 cal/g, Verbrennungswärme 10000 Cal/kg, Flammpunkt 34° C (nach ABEL-PENSKY), Explosionsgrenzen 1,1—6,1 Vol.-% in Luft, kritische Temperatur 373°C, kritischer Druck 46,1 atü.

Physiologische Eigenschaften: Als aromatischer Kohlenwasserstoff besitzt monomeres Styrol eine gewisse Giftigkeit. Es ist zwar nicht so giftig wie Benzol, jedoch ist auch beim Umgang mit Styrol stets die nötige Vorsicht zu üben und für gute Ventilation der Arbeitsräume zu

---

[1] CORSON, B. B., u. L. J. BRADY: US.P. 2417454 (1947), Koppers Co.; — vgl. auch V. N. IPATIEFF, H. PINES u. V. J. KOMAREWSKY: Ind. Engng. Chem. 28, 222 (1936); — L. SCHMERLING: US.P. 2409802 (1946); — W. A. PARDEE u. B. F. DODGE: Ind. Engng. Chem. 35, 273 (1943); US.P. 2388007 (1945); — V. N. IPATIEFF u. L. SCHMERLING: US.P. 2374600; Ind. Engng. Chem. 38, 400—403 (1946).
[2] ERICHSEN, L. v.: Angew. Chem. 61, 322 (1949).

sorgen. Styroldämpfe wirken selbst in niedrigen Konzentrationen reizend auf die Schleimhäute der Augen und Atmungsorgane. Die resorptive Giftigkeit ist gering. Bei subcutaner Injektion sind für Kaninchen 4 g je kg Körpergewicht tödlich[1] (bei Benzol bereits 2,4 g je kg Körpergewicht). Flüssiges Styrol übt eine erhebliche Hautreizwirkung aus. Nach amerikanischen Untersuchungen[2] sind Konzentrationen von 2400 Teilen Styrol in 1 Mill. Teilen Luft bei achtstündiger Einwirkung und 10000 Teilen in 1 Mill. Teilen Luft bei 30 Minuten Einwirkung für Lebewesen (Meerschweinchen und Ratten) gefährlich. Vor Erreichung solch toxischer Konzentrationen tritt jedoch beim Menschen eine unerträgliche Reizung der Augen und Atmungsorgane auf. 400 Teile Styrol in 1 Mill. Teilen Luft werden als oberste Grenze der Unschädlichkeit bei täglicher achtstündiger Einwirkung auf Menschen angesehen[3]. Blutschädigungen wie bei Benzol wurden nicht beobachtet.

Styrol wurde 1827 von BONASTRE[4] als Bestandteil des flüssigen Storax (Styrax), des Wundbalsams eines mit der Platane verwandten Baumes (Liquidambar orientalis), entdeckt und Styracin genannt. Das Produkt hatte sich als indifferenter Körper aus einem alkoholischen Auszug des Storaxbalsams nach längerem Stehen ausgeschieden. Im Jahre 1831 gelang es demselben Forscher, daraus durch Destillation ein Öl zu isolieren, das im wesentlichen aus dem später identifizierten Styrol bestand. E. SIMON[5] fand 1839 im Storax die Zimtsäure und führte zur Bezeichnung des Kohlenwasserstoffes, den er bei der Wasserdampfdestillation aus Storax erhielt, den Namen „Styrol" ein.

Später wurde Styrol in gewissen Mengen in technischen Rohprodukten gefunden, z. B. in der Xylolfraktion des Steinkohlenteers[6], im Ölgas der Braunkohle-Teerdestillation[7] oder im Tropföl von carburiertem Wassergas[8]. Die Auffindung von Styrol in den Krackprodukten des Petroleums[9] sowie dessen Entstehung bei der Pyrolyse von Erdgas oder Petroleum[10] wurde im Hinblick auf eine technische Auswertung in Betracht gezogen.

---

[1] Unveröff. Versuche des Gewerbehygienischen I. G. Laboratoriums Wuppertal-Elberfeld (1938).

[2] SPENCER, H. C., u. Mitarb.: J. ind. Hyg. Toxicol. **24**, 295 (1942).

[3] BRANDT: Heat. and Ventilat. **43**, Nr. 3, 67 (1946).

[4] BONASTRE: J. Pharmac. [2] **13**, 149 (1827); **17**, 338 (1831).

[5] SIMON, E.: Liebigs Ann. Chem. **31**, 265—277 (1839).

[6] BERTHELOT, M.: Ann. Chem. u. Pharm., Suppl. Bd. **5**, 367 (1867); — G. KRAEMER u. A. SPILKER: Ber. dtsch. chem. Ges. **23**, 3282 (1890); — H. D. MULLER u. S. L. LANGEDIJK: Chem. Weekbl. **1923**, 627; Chem. Zbl. **1924 I**, 1884.

[7] SCHULTZ, G., u. K. WÜRTH: Chem. Zbl. **1905**, 1, 1444.

[8] BROWN, R. L.: Ind. Engng. Chem. **20**, 1178 (1928); U.S.P. 1640975 (1927); — H. P. A. GROLL: Ind. Engng. Chem. **25**, 784—797 (1933); — R. S. ANDREWS: Gas J. **1931**, 158, 293, 212; — C. W. JORDAN: U.S.P. 2423388 (1947), United Gas Improvm. Comp.

[9] OSTROMISLENSKI, J.: U.S.P. 1683401—5 (1928), Naugatuck Chemical Comp.

[10] BIRCH, S. F., u. E. N. HAGUE: Ind. Engng. Chem. **26**, 1008 (1934); — N. K. CHANEY u. Mitarb.: Chem. Engng. Progr. **45**, 71 (1949).

2. Herstellungsmethoden für Styrol.

Die älteste Methode, um das Styrol auf chemischem Wege zu gewinnen, ist die Decarboxylierung der Zimtsäure bzw. ihrer Salze[1], wofür eine ausgearbeitete Laboratoriumsvorschrift in den Organic Syntheses veröffentlicht ist[2]. BERTHELOT hat im Laufe seiner Untersuchungen über pyrogene Reaktionen im Jahre 1867 festgestellt, daß beim Durchleiten von Acetylen durch ein rotglühendes Rohr neben anderen Produkten auch Styrol entsteht[3]. Ebenso erhielt er Styrol aus Benzol und Äthylen durch pyrogene Synthese bei schwacher Rotglut[4]. BERTHELOT hat mit dieser Reaktion bereits damals den Weg gewiesen, der heute industriell beschritten wird, d. h. das Verfahren der Wasserstoffabspaltung aus Äthylbenzol, dem Kondensationsprodukt von Benzol mit Äthylen.

Die Wasserabspaltung aus α-Phenyläthylalkohol durch Kochen mit Chlorzink unter Bildung von Styrol wurde 1871 von EMMERLING und ENGLER[5] zur Aufklärung der Strukturformel herangezogen. In glatter, nahezu quantitativer Reaktion erhielt SABETAY[6] Styrol durch Erhitzen von β-Phenyläthylalkohol über wasserfreiem Ätzkali.

Die auf dem Papier einfachste Methode der Styrolsynthese, die Kondensation von Benzol und Acetylen

$$\langle\bigcirc\rangle + CH \equiv CH \longrightarrow \langle\bigcirc\rangle - CH = CH_2$$

wurde bereits 1886 von VARET und VIENNE[7] beschrieben. Unter der Einwirkung von Aluminiumchlorid wollen diese Autoren bis zu 80% Styrol erhalten haben. Die Angaben konnten jedoch durch spätere Untersuchungen[8] nicht bestätigt werden. Dagegen haben MUGDAN und SIXT[9] aus Benzol und Acetylen bei Temperaturen von 900—1000° und einem Unterdruck von 10—40 mm Hg eine teilweise Umsetzung zu Styrol erreicht.

G. EGLOFF[10] hat bei Anwendung Friedel-Craftscher Katalysatoren als Hauptprodukt der Reaktion $2\,C_6H_6 + C_2H_2 \rightarrow C_6H_5 \cdot CH_2 - CH_2 - C_6H_5$ das Diphenyläthan erhalten. In der Annahme, daß Styrol ein Zwischenprodukt dieses Reaktionsablaufes darstellt, konnte bei 90°, schwachem Unterdruck, einer Verweilzeit von bis zu zwei Sekunden sowie bei großem

---

[1] SIMON, E.: Liebigs Ann. Chem. **31**, 271 (1839); — C. W. HEMPEL: Liebigs Ann. Chem. **59**, 318 (1846); — W. v. MILLER: Liebigs Ann. Chem. **189**, 339 (1877); — G. KRAEMER u. A. SPILKER: Ber. dtsch. chem. Ges. **23**, 3269 (1890).

[2] ABBOTT, T. W., u. J. R. JOHNSON: Organic Syntheses. Bd. I S. 430 (1932).

[3] BERTHELOT, M.: Liebigs Ann. Chem. **141**, 181 (1867).

[4] BERTHELOT, M.: Liebigs Ann. Chem. **142**, 257 (1867).

[5] EMMERLING, A., u. C. ENGLER: Ber. dtsch. chem. Ges. 4, 147 (1871).

[6] SABETAY, S.: Bull. Soc. chim. [4] **45**, 69 (1929); Chem. Zbl. **1929 I**$_2$, 1929; **1932 I**, 2025.

[7] VARET, R., u. G. VIENNE: Bull. Soc. chim. [2] **47**, 917 (1887).

[8] COOK, O. W., u. V. J. CHAMBRES: J. Amer. chem. Soc. **43**, 334 (1921); — J. BOESEKEN u. A. A. ADLER: Recueil Trav. chim. Pays-Bas **48**, 474 (1929).

[9] MUGDAN, M., u. J. SIXT: DRP. 725529 (1942); E.P. 508666 (1939), Consortium f. elektrochem. Industrie.

[10] EGLOFF, G.: U.S.P. 2402243 (1946), Univ. Oil Prod. Comp.

Überschuß von Benzol etwa 20% d. Th. an Styrol nach einmaligem Durchgang und 45% bei Rückführung der nicht umgesetzten Kohlenwasserstoffe gewonnen werden. Als Katalysator diente hierbei Aluminiumchlorid auf gekörnten Trägern (Aluminiumoxyd, Bentonit, Kieselgur).

Das Vinylacetylen hat H. DYKSTRA[1] in Eisessiglösung unter Druck zum Styrol dimerisiert

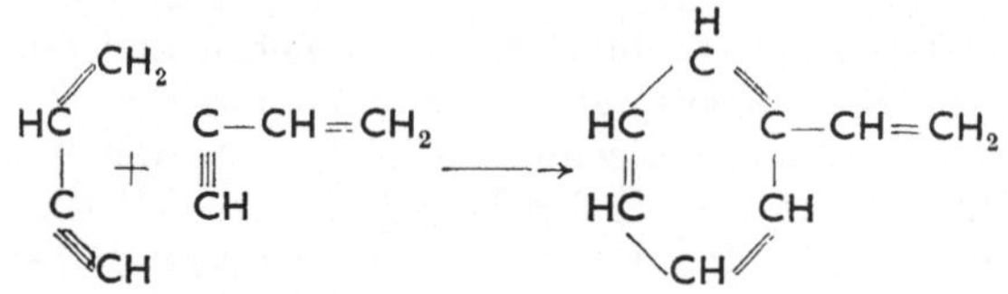

$$
\begin{array}{ccc}
\text{CH}_2 & & \text{H}\\
\text{HC} \quad \text{C--CH}=\text{CH}_2 & \longrightarrow & \text{HC} \quad \text{C--CH}=\text{CH}_2\\
\text{C} \quad + \quad \text{CH} & & \text{HC} \quad \text{CH}\\
\text{CH} & & \text{CH}
\end{array}
$$

Auch vom Butadien führt gemäß CL. W. WATSON[2] ein Weg zum Styrol über die Dimerisierung zum Vinylcyclohexen und anschließende Dehydrierung

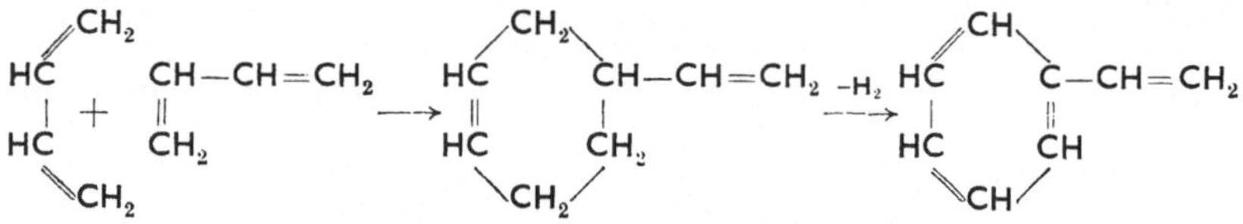

$$
\begin{array}{ccc}
\text{CH}_2 & \text{CH}_2 & \text{CH}\\
\text{HC} \quad \text{CH--CH}=\text{CH}_2 \longrightarrow \text{HC} \quad \text{CH--CH}=\text{CH}_2 \xrightarrow{-\text{H}_2} \text{HC} \quad \text{C--CH}=\text{CH}_2\\
\text{HC} \quad + \quad \text{CH}_2 & \text{HC} \quad \text{CH}_2 & \text{HC} \quad \text{CH}\\
\text{CH}_2 & \text{CH}_2 & \text{CH}
\end{array}
$$

Soweit bekannt, wird von diesen Herstellungsmethoden keine in einem technischen Verfahren benützt, weil entweder die Ausgangsstoffe zu teuer oder die Verfahren zu umständlich bzw. die erzielbaren Ausbeuten unbefriedigend sind. Nahezu alle in der Industrie ausgeübten Produktionsprozesse benützen Äthylbenzol als Ausgangsmaterial, das auf einfachem und billigem Wege zugänglich ist.

3. Technische Verfahren zur Herstellung von Styrol.

Bei der von M. BERTHELOT 1868 durchgeführten pyrogenen Zersetzung von Äthylbenzol[3] entsteht neben Benzol, Toluol und höhersiedenden Aromaten auch eine gewisse Menge Styrol. Diese Reaktion hat 1924 J. OSTROMISLENSKY[4] wieder aufgegriffen und beim Durchleiten von Äthylbenzoldämpfen durch ein rotglühendes Rohr aus Eisen, Quarz oder Kupfer etwa 32% des umgesetzten Äthylbenzols an Styrol erhalten. Der größte Teil des Äthylbenzols wird hierbei unter Bildung von Spalt-, Kondensations- oder Krackprodukten verbraucht. Das In-

[1] DYKSTRA, H. B.: J. Amer. chem. Soc. **56**, 1625 (1934); — vgl. auch J. A. ROTENBERG, M. A. FAWORSKAJA: Chem. Zbl. **1936 II**, 1895; — vgl. auch A. J. FAWORSKI u. A. J. SACHAROWA: Chem. Zbl. **1938 II**, 1206.

[2] WATSON, CL. W.: US.P. 2392960 (1946), Texas Comp.; — vgl. auch: H. A. DUTCHER: US.P. 2438041 (1948), Phillips Petrol. Comp.; — G. G. OBERFELL: US.P. 2355392 (1944), Phillips Petrol. Comp.

[3] BERTHELOT, M.: Bull. Soc. chim. **10**, 341 (1868); Comptes Rendus **67**, 394, 953 (1868).

[4] OSTROMISLENSKY, J., u. M. G. SHEPARD: US.P. 1541175 (1925); US.P. 1552875 (1925); DRP. 476270 (1929), Naugatuck Chemical Comp.

teresse für diesen einfachen, ausbeutemäßig jedoch unbefriedigenden Prozeß ist auch in den folgenden Jahren immer wieder erwacht. C. A. WEBB und B. B. CORSON[1] führten über die pyrolytische Dehydrierung des Äthylbenzols in Gegenwart und Abwesenheit von Wasserdampf bei 700°, 750° und 800° exakte Serienversuche durch und erzielten bei 20% Umsatz und einmaligem Durchgang Ausbeuten zwischen 55 und 60% d. Th. Daneben bringen die Verfasser eine umfassende Zusammenstellung der einschlägigen, die Pyrolyse des Äthylbenzols betreffenden Literatur.

Für die Durchführung eines technischen Verfahrens wurde jedoch diese rein thermische Dehydrierung nie herangezogen, sondern man beschritt zunächst verschiedene Umwege, um zu wirtschaftlich tragbaren Styrolausbeuten zu kommen:

a) Die Chlorierung von Äthylbenzol in der Seitenkette und HCl-Abspaltung aus dem Chloräthylbenzol zu Styrol.

Dieser Verfahrensgang wurde insbesondere von der Naugatuck Chemical Comp. und I. G. Farbenindustrie A. G. in den Jahren 1928—1931 intensiv bearbeitet und durch Patente geschützt. Die dabei zunächst erforderliche Chlorierung des Äthylbenzols ist bereits 1887 von SCHRAMM[2] eingehend studiert worden, der Äthylbenzol durch Einwirkung von Chlor im Sonnenlicht in α- und in der Hitze in α- und β-Chloräthylbenzol überführte. Beide Chlorderivate sind der Chlorwasserstoffabspaltung zugänglich. KLAGES und KEIL[3] erhielten schon 1903 Styrol aus α-Chloräthylbenzol durch Behandeln mit Pyridin bei 130°. Neben Pyridin wurden andere organische Basen[4], wie Anilin, Chinolin usw. bzw. deren Salze[5], mit anorganischen oder organischen Säuren als HCl-abspaltende Mittel benützt. Auch rein thermisch bei 675—700° oder mittels Metallsalzen[6] ($HgCl$, $HgCl_2$, $ZnCl_2$ usw.), Säuren[7] und großoberflächigen Stoffen[8] (Aktivkohle, Bleicherde, Bauxit, Tonerde) hat man die Chlorwasserstoffabspaltung vorgenommen.

Schon die Vielzahl der versuchten Möglichkeiten deutet darauf hin, daß die damit erzielten Ergebnisse nicht befriedigten. Zudem ist das Arbeiten mit HCl-abspaltenden Stoffen in großtechnischen Apparaturen infolge der unvermeidbaren Korrosionserscheinungen wenig erfreulich. Das Verfahren hat sich daher in Deutschland nie durchgesetzt und auch in Amerika wird es heute nicht mehr ausgeübt.

---

[1] WEBB, C. A., u. B. B. CORSON: Ind. Engng. Chem. **39**, 1153—1157 (1947).

[2] SCHRAMM, J.: Mh. Chem. **8**, 102—104 (1887).

[3] KLAGES, A., u. R. KEIL: Ber. dtsch. chem. Ges. **36**, 1632 (1903).

[4] E.P. 356107; — F.P. 695575 (1930), Naugatuck Chemical Comp.; — F.P. 629730, I. G. Farbenindustrie A. G.

[5] US.P. 1870877 (1932); — F.P. 721843 (1932), Naugatuck Chem. Comp.; — DRP. 599166 (1934), I. G. Farbenindustrie A. G.

[6] US.P. 1687903 (1929); — US.P. 1870852, Naugatuck Chem. Comp.

[7] US.P. 1870878, Naugatuck Chem. Comp.

[8] DRP. 559737 (1931), I. G. Farbenindustrie A. G.

b) Die katalytische Oxydation von Äthylbenzol zu Acetophenon, Reduktion dieser Verbindung zu Phenylmethylcarbinol und Wasserabspaltung daraus zu Styrol.

Dieser zweite, noch weitläufigere Weg der Styrolgewinnung wurde von dem I. G.-Werk Uerdingen in den Jahren 1925—1929 ausgearbeitet. Das Äthylbenzol läßt sich unter Beachtung geeigneter Reaktionsbedingungen bei 90—135° mit Luft in Gegenwart von Schwermetalloxyden als Katalysatoren (z. B. NiO, CuO, Oxyde des Fe, Mn, Co, Ag) zu Acetophenon und Phenylmethylcarbinol[1] oxydieren. Die Reduktion der Keto- zur α-Hydroxylverbindung, ebenfalls in einem katalytischen Prozeß mit Kupferchromitkontakten, stellt gleichermaßen eine glatt verlaufende Reaktionsstufe dar. Aus Methylphenylcarbinol ist jedoch nicht wie aus β-Phenyläthylalkohol (vgl. SABETAY, S. 17) mit Kaliumhydroxyd das Wasser leicht abzuspalten. Zur Dehydratation benützten KLAGES und ALLENDORF[2] hochkonzentrierte Phosphorsäure. E. LAAGE[3] fand hierfür eine mit über 90% Ausbeute verlaufende, ebenfalls katalytische Methode, bei der das Phenylmethylcarbinol an Aluminium-, Thorium- und Wolframoxydkontakten bei Temperaturen von 290—350° zu Styrol dehydratisiert wird. Nach L. C. SHRIVER[4] sind auch Titanoxydkontakte hierfür geeignet. Dieses mehrstufige Verfahren hatte gute Erfolgsaussichten, im Hinblick auf eine großtechnische Auswertung, da alle Stufen als katalytische Prozesse mit guten Ausbeuten verliefen und das gewonnene Styrol mit hoher Reinheit anfiel. In Amerika betrieb die Dow Chemical Comp.[5] lange Jahre eine Kombination von a) und b), nach welcher Styrol in durchaus wirtschaftlicher Weise produziert werden konnte. Man hat dabei die β-Verbindung von der Chlorierung des Äthylbenzols zu β-Phenyläthylalkohol hydrolysiert und daraus durch Wasserabspaltung Styrol hergestellt. Diese Arbeitsweise mußte aber aufgegeben werden, als die Styrolerzeugung ein großes Ausmaß annahm und die dabei für die Chlorierung des Äthylbenzols erforderlichen Chlormengen nicht mehr verfügbar waren. Seit 1942 hat dagegen die Carbide and Carbon Chemicals Comp. das Oxydations- und Reduktionsverfahren mit anschließender Wasserabspaltung nach b) für die großtechnische Erzeugung von Styrol in Betrieb, wobei gemäß P. W. SHERWOOD[6] folgende Umsätze und Ausbeuten erzielt werden:

	Umsatz/Durchgang	Ausbeute %
Oxydationsstufe	25	90
Reduktionsstufe	80	98
Dehydratisierung	80	91

Die Gesamtausbeute aller drei Stufen liegt bei 80—82% Styrol bezogen auf umgesetztes Äthylbenzol.

---

[1] BINAPFEL, J., u. W. KREY: DRP. 522255 (1931), I. G. Uerdingen; — Chem. Zbl. **1934 I**, 535; — US.P. 1813606 (1931).

[2] KLAGES, A., u. P. ALLENDORF: Ber. dtsch. chem. Ges. **31**, 1298 (1898).

[3] LAAGE, E.: DRP. 533827 (1931), I. G. Farbenindustrie A.G.; — E.P. 338262 (1930); — F.P. 682569 (1930).

[4] SHRIVER, L. C.: US.P. 2399395 (1946), Carbid and Carbon Chemical Comp.

[5] DOW, W.: Ind. Engng. Chem. **34**, 1267—1268 (1942).

[6] SHERWOOD, P. W.: Petrol. Processing 8, 724, 902 (1953).

c) Die katalytische Dehydrierung von Äthylbenzol zu Styrol.

α) **Verfahren der Badischen Anilin- und Sodafabrik Ludwigshafen
a. Rh.** In den Jahren 1928—1930 wurden bei der I. G. Farbenindustrie A. G. Ludwigshafen systematische Untersuchungen angestellt mit dem Ziel, für die Dehydrierung des Äthylbenzols geeignete Katalysatoren ausfindig zu machen und damit das Problem der Styrolherstellung auf einfachste und billigste Weise zu lösen. H. MARK und C. WULFF[1] haben gefunden, daß eine Reihe von schwerreduzierbaren Metalloxyden, wie CaO, MgO, Al_2O_3, ZnO, WO_3, Cr_2O_3, MoO_3, in entsprechenden Mischungen zusammengestellt, bei etwa 600° C und zweckmäßig unter Zusatz von inerten Verdünnungsmitteln das Äthylbenzol in guter Ausbeute zu Styrol zu dehydrieren vermögen. Auch leicht reduzierbare Oxyde von Metallen wie Cu, Fe, Co sind als solche oder im Gemisch mit den vorgenannten Oxyden für die Wasserstoffabspaltung als geeignet[2] erkannt worden. Bei der I. G. Farbenindustrie A. G. wurde hiernach die katalytische Dehydrierung seit 1931 in technischem Maßstab durchgeführt. Durch Verbesserungen apparativer Art und Weiterentwicklung in katalytischer Hinsicht konnte das Verfahren in der Folgezeit immer mehr vervollkommnet werden.

Die katalytische Dehydrierungsreaktion

$$C_6H_5 \cdot CH_2 - CH_3 \longrightarrow C_6H_5 \cdot CH = CH_2 + H_2 - 21 \text{ Cal}$$

ist ein endothermer Prozeß und wird kontinuierlich bei 580—620° in einzelnen Kontaktöfen mit je 100 moto Leistung vollzogen. Bei einmaligem Durchgang des Äthylbenzols werden 38—40% zu Styrol umgesetzt, das restliche Äthylbenzol bleibt unverändert. Man strebt also bewußt einen relativ niedrigen Umsatz an, um Nebenreaktionen auf ein Mindestmaß herabzudrücken[3]. Die ersten technisch angewandten Katalysatoren waren Mischungen schwer reduzierbarer Metalloxyde, z. B. 50% ZnO, 40% Al_2O_3 und 10% CaO. Sie lieferten bei ungefähr 1 jähriger Betriebsdauer Durchschnittsausbeuten von rd. 80% d. Th. bezogen auf umgesetztes Äthylbenzol.

Die Dehydrierungsreaktion vollzieht sich in Gegenwart von Wasserdampf, der im Verhältnis 1 Gew.-Teil Äthylbenzol : 1,2 Gew.-Teilen H_2O-Dampf zugesetzt wird. Die Kontaktverweilzeit beträgt 1—1,5 sek. Neben der Eigenschaft als Führungsgas und Wärmeträger hat der H_2O-Dampf die Aufgabe eines Kontaktregenerators, da die bei der relativ hohen Temperatur von 600° infolge Krackung sich abscheidende Kohle durch die sich einstellende Wassergasreaktion stetig von dem Kontakt wegoxydiert wird.

$$C + 2H_2O \longrightarrow CO_2 + 2H_2.$$

---

[1] MARK, H., u. C. WULFF: DRP. 550055 (1929); — E.P. 340587; — Fr.P. 702377 (1931), I. G. Farbenindustrie A. G.; — DRP. 560686, Zusatz-Pat. zu 550055 (1932).

[2] WULFF, C., u. E. ROELL: DRP. 563395 (1932); — US.P. 1986241 (1935).

[3] Vgl. R. R. WENNER u. E. C. DYBDAL: Chem. Engng. Progr. **44**, 275 (1948).

Neben der eigentlichen Dehydrierungsreaktion des Äthylbenzols treten in untergeordnetem Maße noch folgende Begleitreaktionen auf:

1. $C_6H_5 \cdot C_2H_5 \longrightarrow C_6H_6 + C_2H_4$,

2. $C_6H_5 \cdot C_2H_5 \xrightarrow{+H_2} C_6H_5 \cdot CH_3 + CH_4$,

3. $C_6H_5 \cdot C_2H_5 \longrightarrow 8\,C + 5\,H_2$.

Äthylen und Methan befinden sich im Dehydrierungsabgas, das normalerweise folgende Zusammensetzung hat:

8 — 12 % CO_2	0,2 — 0,8% CO
0,4 — 0,8% C_2H_4	80 — 85 % H_2
0,5 % O_2	1 — 3 % CH_4.

Abb. 6. Dehydrierungsöfen für Styrolherstellung in der BASF Ludwigshafen a. Rh.

Auf Grund seines hohen H_2-Gehaltes hat das Dehydriergas einen Heizwert von 2400 Cal/m³ und kann im Gemisch mit Leuchtgas oder Kraftgas zur Beheizung der Kontaktöfen verwendet werden. Dadurch ergibt sich eine Ersparnis an Heizgas von etwa 33%.

Benzol und Toluol sind im verflüssigten Ofenaustrag enthalten und fallen in einer Menge von etwa 3%, bezogen auf produziertes Styrol, an. Außerdem bilden sich noch in einer Menge von 1,5—2%, bezogen auf Styrol, höhersiedende Kondensationsprodukte (Stilben usw.).

Wirkungsweise des Kontaktes: Auf Grund eingehender Untersuchungen an den Einzelkomponenten der Kontaktmischung erklärt sich die Wirkungsweise des Kontaktes folgendermaßen: Das Zinkoxyd fungiert als Hauptreaktionsträger, während das Aluminiumoxyd die aktivierende Komponente darstellt, da bei dessen Abwesenheit oder zu geringem Zusatz ungewöhnlich hohe Reaktionstemperaturen resultieren. Andererseits ergab sich aber auch, daß bei größeren Zusätzen an Aktivator Al_2O_3 die Nebenreaktionen stark begünstigt werden. Das Calciumoxyd ist hauptsächlich für die Einstellung des Wassergasgleichgewichtes erforderlich, was ja eine an sich bekannte Tatsache ist.

Versuche zur Verbesserung des Kontaktes wurden deshalb in der Richtung hin unternommen, andere und bessere Aktivatoren für das ZnO ausfindig zu machen. Dabei wurden folgende Erkenntnisse gewonnen:

1. Als vorteilhaft erwies sich eine stärkere Basizität der Kontakte. Diese wurde erreicht durch Zusatz von Kaliumhydroxyd oder Natriumhydroxyd, am besten in Kombination mit Kaliumsalzen (K_2SO_4, K_2HPO_4, KVO_3, K_2WO_4 usw.).

2. Bei einem Zusatz von Kaliumchromat, das unter den im Dehydrierofen herrschenden Bedingungen sich in Kaliumoxyd und Chromoxyd zerlegt, wird sowohl die basische Einstellung des Kontaktes als auch eine überaus günstige Aktivierung bewirkt.

3. Der teilweise Ersatz von Calciumoxyd durch Magnesiumoxyd hatte eine zusätzliche günstige Erniedrigung der Reaktionstemperatur zur Folge.

4. Das Mischungsverhältnis der Grundkomponenten des Kontaktes war mehr nach der Seite des Zinkoxyds zu verlagern und der Gehalt an Aluminiumoxyd auf ein erforderliches Minimum zu beschränken.

Die auf Grund obiger Erkenntnisse von H. OHLINGER und S. STADELMANN[1] entwickelten neuen Kontakte, deren Zusammensetzung und Wirkungsweise aus den nachstehenden Tabellen ersichtlich sind, erbrachten eine Ausbeutesteigerung auf über 90% d. Th. (patentiert ab 5. 5. 42).

Im einzelnen besitzen diese Kontakte folgende Vorteile:

1. Da die Dehydriergasmenge stark reduziert ist, tritt die Krackung in Äthylen und Methan bei entsprechend niedriger Benzol- und Toluolbildung stark zurück.

2. Die auf ein Mindestmaß herabgesetzte Wassergasreaktion liefert nur $1/3$ der früher erzeugten Kohlensäure, wodurch weniger Äthylbenzol verbrannt wird.

3. Der Rückstand an höhersiedenden Kondensationsprodukten im Rohstyrol ist auf 1,5—2% zurückgedrängt.

4. Eine periodisch durchgeführte Regeneration des Kontaktes, wobei nur mit Wasserdampf ohne Äthylbenzol behandelt wurde, ist nicht mehr notwendig.

5. Die Ofenleistung bei normalem Zulauf ist von 100 auf 115 moto gesteigert.

Die Zusammensetzung und Wirkungsweise der Ludwigshafener Styrolkontakte veranschaulichen Tab. 2 und 3.

---

[1] OHLINGER, H., u. S. STADELMANN: DRP. Anm. J 72179 IVd/12 o (1942); — DRP. 767225 (1952).

Tabelle 2. *Styrolkontakt Lu 82.*

83,1% ZnO, 3,2% Al_2O_3, 5,0% CaO, 2,9% KOH, 2,9% K_2SO_4, 2,9% K_2CrO_4

Laufzeit	Temperatur °C	Abgas m³ je 100 kg Styrol	% CO_2	im Abgas % C_2H_4	% CH_4	Rückstand im Dehydr.-Austrag	Ausbeute %
1.—3. Monat	560—600	35—43	8—10	0,4	0,9	0,4	92
4.—6. Monat	600—610	35—43	9—10	0,5	0,9	0,5	91—92
7.—9. Monat	610—630	36	10	0,6—0,8	1—1,8	0,7	90—91

Tabelle 3. *Styrolkontakt Lu 144 G.*

77,5% ZnO, 7,5% Al_2O_3, 4,7% CaO, 4,7% MgO, 2,8% K_2SO_4, 2,8% K_2CrO_4

Laufzeit	Temperatur °C	Abgas m³ je 100 kg Styrol	% CO_2	im Abgas % C_2H_4	% CH_4	Rückstand im Dehydr.-Austrag	Ausbeute %
1 Monat	560—570	35	8— 9	0,2	0,7	0,3	93—94
2 Monate	575—585	43	8—11	0,2	0,6	0,4	93
3 Monate	586—595	44	9—12	0,4	0,7	0,5	93
4 Monate	588—590	43	10—12	0,2	0,7	0,5	93
5 Monate	585—595	40	9—11	0,3	0,9	0,6	92—93
6 Monate	590—595	38	10—11	0,4	0,8	0,6	92—93
7 Monate	590—600	40	11	0,2	1,0	0,5	92
8 Monate	580—598	42	11,6	0,2	1,6	0,5	90—91
9 Monate	586—605	47	11,5	0,4	1,8	0,6	90,5
10 Monate	590—605	47	11,5	0,4	1,6	0,6	90
11 Monate	592—605	47	11	0,2	1,8	0,6	90
12 Monate	598—610	45	11,5	0,4	1,8	0,7	90
13.-16.Monat	600—615	44	11	0,4	2,5	0,6	88

Beschreibung der Apparatur (Abb. 7): Das gesamte Dehydrierungsaggregat ist in Abb. 7 zusammengestellt. Man unterscheidet zwei Hauptteile:

A. Die Ofenanlage, die sich unterteilt in

1. Heizgas- oder Wälzgasseite; — 2. Reaktionsgasseite (Äthylbenzolbzw. Ofenöl-Wasserdampfgemisch + Dehydriergas).

B. Die Aufarbeitungsanlage, bestehend aus Kondensation, Kühl- und Abtrennapparatur.

Zu A 1: Der Ofen *1* setzt sich zusammen aus dem äußeren Eisenmantel *2* (3300 mm Dmr.) mit einer Ausmauerung *3* aus feuerfesten Steinen, den beiden diametral gegenüberliegenden Brennkammern *4* und dem Röhrenbündel *5*. Dieses Bündel (2130 mm Dmr., 4140 mm lang) ist aus CMT 5-Stahl gefertigt, besteht aus einer oberen und unteren Bodenplatte *6*, in welche 26 Kontaktrohre *7* (200 mm Dmr.) eingelassen sind, und hat oben und unten je eine kegelförmig abgeschrägte Ofenhaube *8*. Die Innenseiten des Röhrenbündels einschließlich der Hauben sind mit Kupfermangan ausgekleidet.

In der Mitte (Heizgasseite) ist das Röhrenbündel durch ein senkrecht zwischen den Kontaktröhren angebrachtes Nicrothermblech *9* in zwei je einer Brennkammer *4* gegenüberliegende Hälften unterteilt. In der Waagrechten sind Wärmeleitbleche *10* zur Führung des Wälzgasstromes

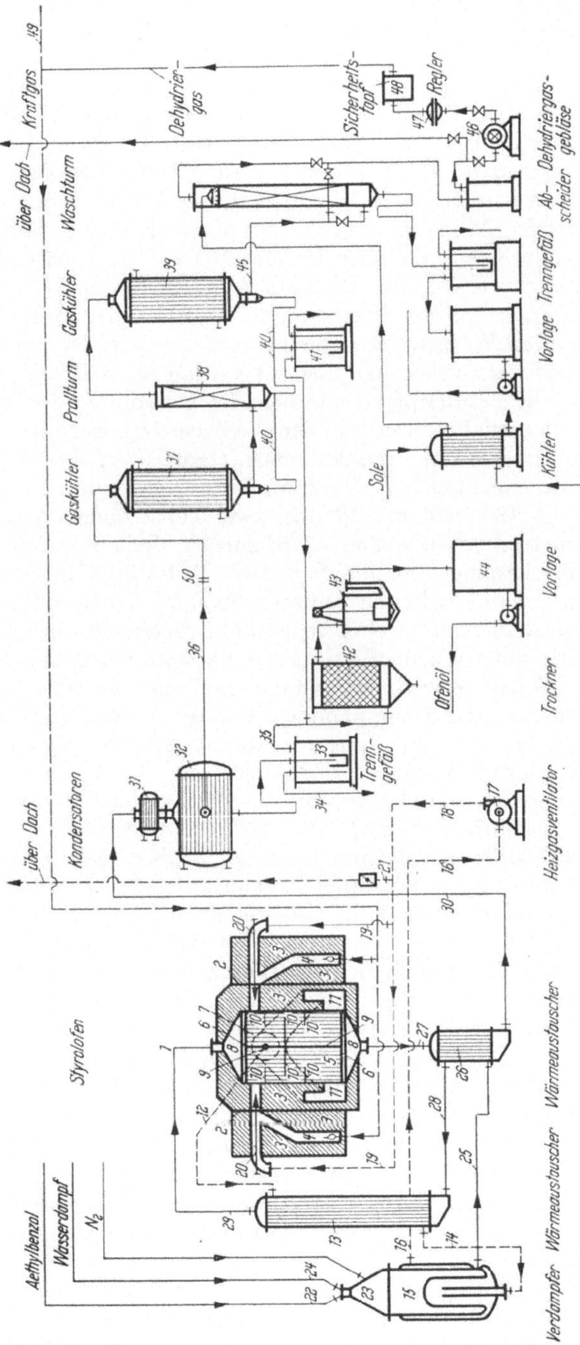

Abb. 7. Dehydrierung von Äthylbenzol, BASF Ludwigshafen a. Rh.

angebracht. Aus den beiden Brennkammern treten die Heizgase (verbranntes Frischgas + Wälzgas) mit etwa 670—680° C oben in den Ofen ein, durchströmen den Ofen zwischen den Kontaktrohren in mehreren durch die Lenkbleche bedingten Windungen, vereinigen sich unten in einem seitlich in das Mauerwerk eingelegten Ringkanal *11*, worin sie mit 640° C wieder nach oben (*12*) zum Wärmeaustauscher *13* (140 m²) geführt werden. Eintrittstemperatur 620°, Austrittstemperatur 515°. In diesem Wärmeaustauscher tauscht das Wälzgas Wärme gegen das dem Ofen zuströmende Äthylbenzol/H_2O-Dampfgemisch aus und bringt letzteres auf die im Ofen benötigte Temperatur von 580—590°. Das den Wärmeaustauscher verlassende Wälzgas *14* passiert im weiteren Verlauf den Verdampfer *15*. Eintrittstemperatur 510°, Austrittstemperatur 376°. Hier hat das Wälzgas das flüssig dem Verdampfer zugefahrene mit Wasserdampf versprühte Äthylbenzol verdampft und auf 220° aufgeheizt. Nach dem Verdampfer ist in der Heizgasseite *16* der Wälzgasventilator *17* eingeschaltet. Der von dem Gebläse *17* ausgeübte Saugzug zieht die Heizgase aus den Brennkammern (Druck — 1 mm WS) durch den Ofen, Wärmeaustauscher, Verdampfer an und gibt sie auf der Druckseite *18* (+ 180—200 mm WS) in zwei Teilströmen *19* wieder in die Brennkammern *4* mit etwa 350—355° zurück. Jede Seite ist vor Eintritt in die Brennkammern nochmals in zwei Teilströme unterteilt. Das Heizgasgebläse hat eine Leistung von etwa 8000 m³/h 400grädiges Wälzgas, wodurch in dem System eine beachtliche Gasgeschwindigkeit und damit auch eine gute Wärmeübertragung bewirkt wird. Die Mengenregulierung geschieht durch Drosselung auf der Druckseite durch 2 Mischdüsen *20* an jeder Brennkammer. Von der Druckseite führt eine Abzweigung *21* jeweils einen der eingebrachten Heizgasmenge entsprechenden Teil des Wälzgases über Dach.

Zu A 2: Aus einem Äthylbenzoltank — Sammelbehälter für Reinäthylbenzol + Retouräthylbenzol von der Styroldestillation — wird Äthylbenzol (435 kg/h) durch eine Leitung *22* über Meßeinrichtungen mittels einer Pumpe zum Verdampfer *15* gefördert, wo es in einer Düse *23* mit 140° heißem Dampf (500 kg/h) (*24*) versprüht, verdampft und auf 220° aufgeheizt wird. Das verdampfte Gemisch *25* geht durch den Wärmeaustauscher *26*, wo es einen Austausch gegen die den Ofen verlassenden Reaktionsgase *27* erfährt und von 220° auf 460° aufgeheizt wird (*28*). Die weitere Erwärmung erfolgt, wie oben beschrieben, im Wärmeaustauscher *13* von 460 auf 590° (*29*). In den mit Kontaktkörnern von 4—6 mm Dmr. gefüllten Röhren *7* (Inhalt 2 m³) wird das Äthylbenzol bei 1,5 sek Verweilzeit dehydriert, wobei die Temperatur so einreguliert wird, daß bei einmaligem Durchgang ein 40%iger Umsatz resultiert. Das die Kontaktrohre verlassende Reaktionsgasgemisch *27* (Temp. 585°) geht durch Wärmeaustauscher *26* und gibt, wie oben beschrieben, Wärme an das dem Ofen zuströmende Reaktionsgas *28* ab. Austrittstemperatur 376°.

Zu B: Die Reaktionsgase *27* vom Ofen strömen nach dem Wärmeaustauscher *26* durch ein Verbindungsrohr *30* zum Vorkühler *31* und Kondensator *32* (200 m² Kühlfläche). Die kondensierbaren Anteile werden verflüssigt, auf etwa 50° abgekühlt und fließen in eine Florentiner-flasche *33*, wo eine Trennung in Wasser *34* und Ofenöl *35* erfolgt.

Das den Kondensator verlassende Dehydriergas *36* passiert einen weiteren Kühler *37*, den Prallturm *38* zum Niederschlagen vernebelter Kohlenwasserstoffe und dann den Solekühler *39*, wo es auf 0 bis 2° abgekühlt wird. Die hierbei anfallenden Kondensate *40* vereinigen sich und werden nach der Abtrennung von Wasser in der Florentiner-flasche *41* zusammen mit dem Ofenöl *35* in einem Trockner *42* mittels Ätzkali entwässert und in dem Rührgefäß *43* durch Zugabe von Hydro-chinon stabilisiert. Das stabilisierte Produkt läuft in eine Vorlage *44* und von da mittels Pumpe zum Tanklager (422 kg/h).

Die Dehydriergase *45* aus dem Solekühler *39* (70 m³/h je Ofen) werden von einem Gebläse *46* über einen Regler *47* und Sicherheitstopf *48* zum Kraftgas *49* vor die Brennkammern gefördert. Ein Dehydrierofen verbraucht etwa 200—250 m³/h dieses Heizgasgemisches.

Der Umsatz der Katalyse wird refraktometrisch auf Grund der verschiedenen Refraktionswerte von Äthylbenzol und Styrol ermittelt.

$$\text{Äthylbenzol } n_D^{20} = 1{,}4960; \qquad \text{Styrol } n_D^{20} = 1{,}5464.$$

Einen weiteren wichtigen Anhaltspunkt für die Temperatursteuerung der Öfen liefert die hinter den einzelnen Kondensatoren durch Gas-waagen *50* gemessene Dehydriergasmenge der Öfen.

β) Styroldestillation zur Gewinnung des reinen monomeren Styrols. Die Auseinanderfraktionierung der um 9° Siededifferenz sich unter-scheidenden Kohlenwasserstoffe Äthylbenzol (136°) und Styrol (145°) erfolgt in einer kontinuierlich arbeitenden und weitgehend automatisch gesteuerten Destillationsanlage mit 2 Vakuum-Glockenboden-Kolonnen (2 m Dmr.; Material: Eisen verzinnt). Zur Trennung werden theoretisch 52 Böden benötigt, in der Praxis arbeitet man mit 73 Böden etwa 70% Bodenwirkungsgrad. Wegen der bei einer Temperatur von 100° und darüber im Falle des Styrols zu erwartenden Polymerisationsgefahr ist es nicht möglich, die Trennung in einer Kolonne vorzunehmen, da der durch diese Bodenzahl bedingte Druckanstieg im Kolonnensumpf eine zu hohe, für Styrol unzuträgliche Temperatur bedingen würde. Durch die erfolgte Unterteilung in zwei Kolonnen, wovon die erste 45, die zweite 28 Glockenböden besitzt, ist für eine entsprechend niedrige Siedetemperatur in den Verdampferzonen der Kolonnen Sorge getragen und damit die Polymerisationsgefahr praktisch ausgeschaltet.

Die Arbeitsweise ist folgende: Das bei der Dehydrierung anfallende Äthylbenzol–Styrol-Gemisch (Styrolgehalt 38—40%; genannt Ofenöl I) wird aus einem Sammelbehälter kontinuierlich der ersten Kolonne im untersten Drittel zugepumpt. Am Kopf der Kolonne destilliert unter Rückfluß ein praktisch styrolfreies Äthylbenzol über (Sdp. 45° C/ 32 mm Hg). Im Sumpf der Kolonne I (92° C/140 mm Hg) wird eine Anreicherung auf etwa 80% Styrol erzielt, und dieses Ofenöl II fließt über eine Sihipumpe zur Kolonne II, aus deren Sumpf (Temp. 81° C/ 90 mm Hg) ein nahezu 100%iges Rohstyrol ebenfalls mit einer Pumpe abgezogen wird. Das Destillat der Kolonne II, welches unter Rückfluß

mit etwa 50% Styrolgehalt (Sdp. 46° C/21 mm Hg) übergeht, wird wieder
zur Kolonne I zurückgepumpt und vereinigt sich mit dem ersten Zulauf

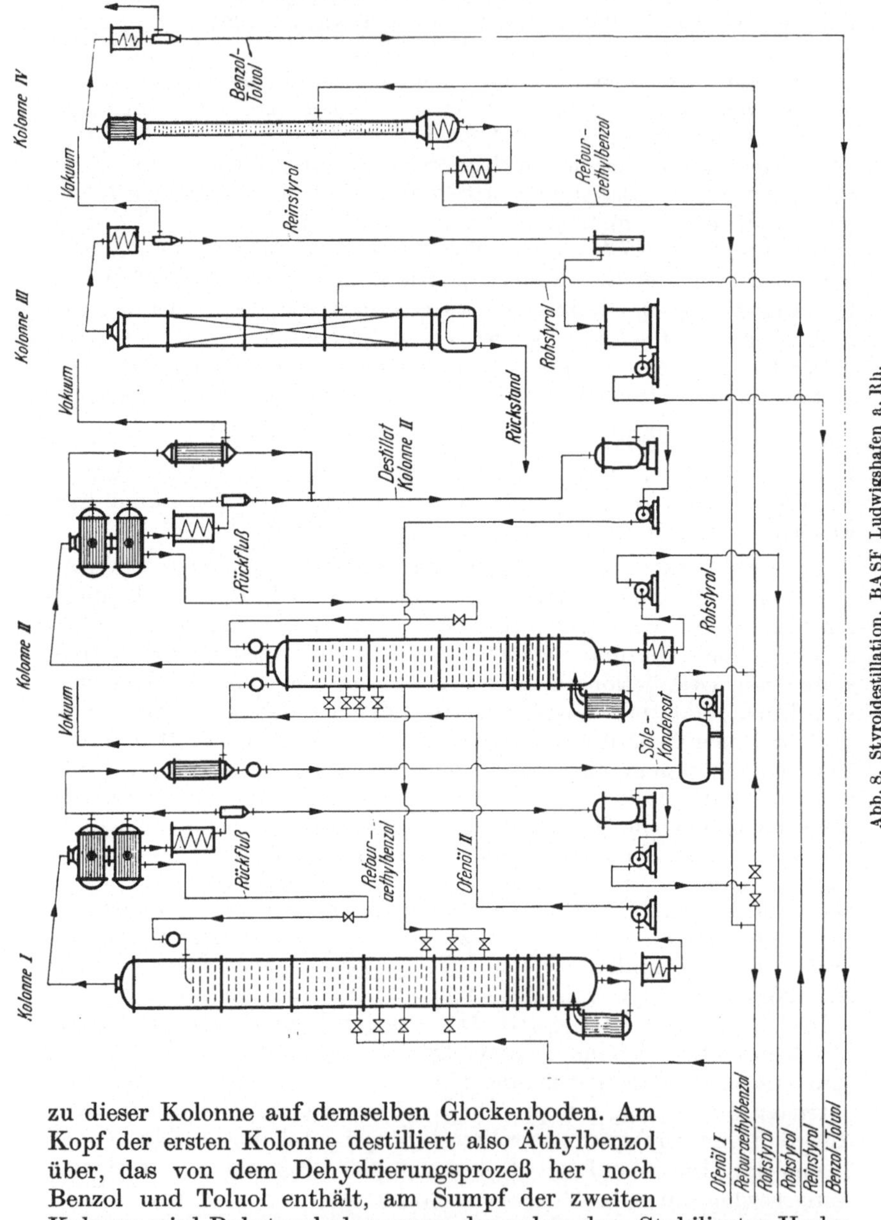

Abb. 8. Styroldestillation, BASF Ludwigshafen a. Rh.

zu dieser Kolonne auf demselben Glockenboden. Am
Kopf der ersten Kolonne destilliert also Äthylbenzol
über, das von dem Dehydrierungsprozeß her noch
Benzol und Toluol enthält, am Sumpf der zweiten
Kolonne wird Rohstyrol abgezogen, das neben dem Stabilisator Hydrochinon noch etwa 1,5—2% höhersiedende Kohlenwasserstoffe (Kondensationsprodukte aus der Dehydrierung) aufweist. In einer anschließen-

den Raschig-Säule (Kolonne III) wird das Rohstyrol von Stabilisator und Rückstand (i. d. Blase 69° C/24 mm Hg) unter geringem Rückfluß (etwa 0,5fach) abdestilliert und man erhält das reine monomere Styrol (Sdp. 44° C/20 mm Hg), das über Aluminiumvorlagen in Alu-Leitungen zur Polymerisation oder in die Reinstyrolbehälter gepumpt wird.

Die Leistung eines solchen Destillationssystems beträgt etwa 600 t Styrol je Monat.

Zur Vakuumerzeugung wird für sämtliche Kolonnen ein Dampfstrahler verwendet.

In einer weiteren Kolonne (IV), die unter Normaldruck arbeitet, wird das im Retouräthylbenzol noch enthaltene Benzol und Toluol kontinuierlich abdestilliert. Das in dem Solekühler der Kolonne I anfallende Kondensat, welches ungefähr 60—70% Benzol + Toluol enthält, wird in einem Behälter aufgefangen und ebenfalls der Abtoppkolonne zugepumpt. Das am Kopf der Kolonne bei einer Temperatur von 97—98° übergehende Benzol-Toluolgemisch wird gesammelt und von Zeit zu Zeit in einer Kolonne auseinanderfraktioniert. Das hierbei zurückgewonnene Benzol findet wieder in der Alkylierung von Benzol zu Äthylbenzol Verwendung. Die Kolonne IV wird mit einem etwa 4fachen Rücklauf gefahren. Die Blasentemperatur der Kolonne beträgt ungefähr 140° C bei 100—110 mm Hg. Unter diesen Verhältnissen ist das im Kolonnensumpf anfallende Äthylbenzol praktisch frei von Toluol und läuft wieder zurück zur Dehydrierung.

Der Reinheitsgrad des monomeren Styrols. Da bekanntlich Polymerisationsvorgänge äußerst empfindlich gegen geringste Verunreinigungen sind, ist es von größter Wichtigkeit, daß das monomere Styrol stets mit dem höchsten erreichbaren Reinheitsgrad anfällt. Das Abbé-Refraktometer mit einer ablesbaren Genauigkeit von etwa 0,5% ist daher für die geforderten Ansprüche nicht mehr geeignet, weshalb das monomere Styrol zusätzlich durch ein Eintauchrefraktometer mit einer zehnfach größeren Meßgenauigkeit kontrolliert wird. Das in obigem Destillationssystem gewonnene Styrol enthält nicht mehr als 0,3% Äthylbenzol, hat also einen Reinheitsgrad von 99,7%. Eine weitere wichtige Kontrolle bildet die genaue Überwachung des Divinylbenzolgehaltes im monomeren Styrol. Aus Gründen, die später bei der Polymerisation noch näher zu erläutern sind, darf Divinylbenzol höchstens zu 0,01% im monomeren Styrol enthalten sein. Divinylbenzol kann bei der Dehydrierung aus Diäthylbenzol entstehen, weshalb schon bei der Fraktionierung des Äthylbenzols auf größte Reinheit zu achten ist. Zur Bestimmung des Divinylbenzolgehaltes[1] dient eine photoelektrische Intensitätsmessung der Ultraviolettabsorption bei der für Divinylbenzol charakteristischen Bande 314 mμ.

Die Destillationen sind in ihren Rücklaufverhältnissen so eingestellt, daß der Divinylbenzolgehalt des Styrols innerhalb der Grenzen 0,003 bis 0,007% liegt.

---

[1] Unveröffentlichte Bestimmungsmethode von J. HENGSTENBERG, BASF Ludwigshafen.

γ) **Die azeotrope Destillation des Styrols.** Die vorstehenden Ausführungen haben gezeigt, daß das Problem der Reindarstellung des monoeren Styrols auf dem Wege der einfachen Fraktionierung im Vakuum in technisch vollkommener Weise gelöst wurde. Materialverluste durch vorzeitige Polymerisation oder Störungen beim Destillationsverlauf treten heute, selbst nach langjährigem Dauerbetrieb der Anlage, nicht mehr in Erscheinung.

Trotzdem ist zu erwähnen, daß in den USA zum Zwecke der Reindarstellung des Styrols auch die Methode der azeotropen Destillation eingehend studiert und in Erwägung gezogen wurde.

Durch Zusatz von Hilfsstoffen, die mit Äthylbenzol oder Styrol azeotrop siedende Gemische mit gegenüber den reinen Kohlenwasserstoffen niedrigeren Siedepunkten ergeben, können zwar die Temperaturen in einem Destillationssystem gesenkt und damit die Polymerisationsmöglichkeiten während der Destillation noch mehr verringert werden, andererseits ist aber diese Methode auch mit Komplikationen verbunden, da die Kohlenwasserstoffe aus den azeotropen Gemischen wieder in einem zusätzlichen Arbeitsgang abgetrennt, gereinigt und die Zusatzstoffe ohne nennenswerte Verluste zurückgewonnen werden müssen.

Als erster hat wohl LECAT[1] Azeotrope des Styrols mit Butanol, Isobutylcarbinol, Cyclohexanol, Hexylalkohol und Furfurol beschrieben, von denen z. B. das azeotrope Gemisch mit Butanol einen Sdp. von 116,5° C/760 mm Hg und einen Gehalt von 21% Styrol aufweist. In gleicher Weise läßt sich das Äthylbenzol in Form von Azeotropen mit einer ganzen Reihe von Substanzen vom Styrol abtrennen. Namentlich von amerikanischer Seite wurde diesem Problem an Hand des Äthylbenzol–Styrol-Gemisches, wie es bei der Dehydrierung anfällt, großes Interesse entgegengebracht, was aus zahlreichen Patenten zu entnehmen ist.

Mit Wasser[2] und niederen aliphatischen Fettsäuren[3] (Ameisensäure, Essigsäure) bilden sich heterogene Azeotrope.

Diese, sowie Gemische mit Butanolen und Äthylenglykolmonoalkyläthern[4], haben den Vorteil, daß die Zusatzstoffe leicht mit Wasser aus dem Kohlenwasserstoff herausgewaschen werden können. Außerdem wurden folgende Substanzen als Azeotropbildner erkannt: 1-Nitropropan[5], Methyl- und Äthylacetat[6], Äthylenchlorhydrin[7], Dimethylaminoäthanol[8], Propanol, Isobutanol, Äthylenbromid, Propionsäure und Methylpropylketon[9], Picolin, Äthylendiamin und Lutidin[10]. Für Styrol, das mit Phenylacetylen verunreinigt ist, wird Äthylenglykolmonomethyläther[11] als Zusatzkomponente empfohlen. Obwohl das Phenylacetylen

---

[1] LECAT: Ann. Soc. sci. Bruxelles **47**, 68, 110 (1927); **48 I**, 54, 58 (1928); **49**, 22 (1929).

[2] NATTA, G.: US.P. 2308229 (1943).

[3] BLOOMER, W. J.: US.P. 2380019 (1945).

[4] US.P. 2381996, 2398689, 2411106 (1946), 2467197 (1949), 2481734 (1949).

[5] US.P. 2477715 (1949).   [6] US.P. 2480919 (1949).

[7] US.P. 2465717 (1949).   [8] US.P. 2465716 (1949).

[9] US.P. 2467152 (1949).   [10] US.P. 2445944 (1948), 2465718 (1949).

[11] US.P. 2467198 (1949).

3° tiefer siedet als Styrol, tritt hierbei der Fall ein, daß das Azeotrop des Styrols mit dem Glykolderivat tiefer siedet als das des Phenylacetylens mit diesem Stoff.

L. BERG und Mitarbeiter[1] unterscheiden in einer Abhandlung über die azeotrope Reinigung des Styrols zwischen selektiven und unselektiven Zusatzstoffen. Zur ersten Gruppe, die nur mit den Begleitkohlenwasserstoffen, nicht aber mit Styrol selbst ein Azeotrop bilden, gehören Äthylenbromid, Isobutylpropionat und 1-Nitropropan, dessen Azeotrop mit 41% Äthylbenzol bei 127,5°/760 mm siedet. Die andere Gruppe umfaßt alle übrigen Komponenten, mit denen sowohl Äthylbenzol als auch Styrol azetrop siedende Gemische eingehen.

Die Bildung sowie die Zusammensetzung der Azeotrope unterliegen dem Einfluß des Druckes. Bei 760 mm Hg wirkt z. B. Isobutanol selektiv auf Äthylbenzol, während es bei 60 mm Hg sowohl mit Äthylbenzol als auch mit Styrol ein Azeotrop bildet. Der Äthylbenzolgehalt des Azeotrops beträgt bei 60 mm Hg 39%, bei 760 mm Hg 15%.

Für die Rückgewinnung der Hilfsstoffe aus den Destillaten kommen nach den Angaben obiger Autoren hauptsächlich drei Methoden in Frage, d. s. die Lösungsmittelextraktion, die Druckrektifikation (bei Alkoholen oder Glykolderivaten) und die Phasentrennung (nur bei Wasser).

Diese zusätzlichen Manipulationen komplizieren und verteuern u. E. den Destillationsvorgang so weitgehend, daß auch die Vorteile einer für die Azeotropdestillation ermittelten geringeren Bodenzahl sowie eines kleineren Rückflusses in den Kolonnen nicht mehr entscheidend ins Gewicht fallen.

δ) Amerikanische Dehydrierungsverfahren. Die in Amerika entwickelten Dehydrierkontakte stellen ebenfalls Gemische metallischer Oxyde dar. In ihrer Zusammensetzung weichen sie zum Teil erheblich von den BASF-Kontakten ab.

Die Firma du Pont z. B. hat für die Dehydrierung des Äthylbenzols bei 600° Ceroxyd–Zinkoxyd-Katalysatoren vorgeschlagen, die mit Wolfram-, Uran- oder Molybdänoxyd zu aktivieren sind[2].

Die Phillips Petrol. Comp. beschreibt einen Katalysator aus 85% Al_2O_3, 4—6% BaO, 2—4% MgO, 4—6% KOH[3].

Nach Patenten der Koppers Comp.[4] ergeben CaO-Katalysatoren, die aus Calciumcarbonat hergestellt werden, bei 650° C etwa 78% Styrolausbeute, und Bauxitkatalysatoren, welche etwa 100% Alkalioxyd enthalten, mit 25—40% Umsatz bei 650° 70—85% Ausbeute. Natürlich vorkommende Bauxite liefern niedrigere Ausbeuten, die mit Al_2O_3–NiO-Mischungen gesteigert werden können[5].

[1] BERG, L., u. Mitarb.: Ind. Engng. Chem. **38**, 1149—1152 (1946).

[2] GRAVES, G. D.: US.P. 2036410 (1936), E. I. du Pont de Nemours & Comp.

[3] SCHULZE, W. A., u. J. C. HILLYER: US.P. 2431427 (1947), Phillips Petrol. Comp.

[4] CORSON, B. B., u. G. A. WEBB: US.P. 2444035 (1948), Koppers Comp.; — J. E. NICKELS: US.P. 2495278 (1950), Koppers Comp.

[5] WOOD, W. H., u. R. G. CAPELL: Ind. Engng. Chem. **37**, 1148 (1945); — B. B. CORSON u. G. A. WEBB: US.P. 2470092 (1949); — A.P. 2495700 (1950), Koppers Comp.

Diesen Kontakten fehlt der Aktivator, weshalb die Arbeitstemperatur höher und die Endausbeute infolge stärkerer Verkrackung niedriger liegt.

Nach NICKELS und Mitarbeitern[1] arbeiten jedoch die großtechnischen Dehydrierungsprozesse mit 88% Ausbeute bezogen auf eingesetztes Äthylbenzol. Als gebräuchlichste Kontakte werden zwei Typen genannt, und zwar

Aluminiumoxyd–Chromoxydmischungen[1] und

    alkalisiertes Kupferoxyd–Eisenoxyd auf Magnesia[2].

Nach verschiedenen amerikanischen Patenten[2] ist der letztgenannte Vierstoff-Katalysator „Jersey 1707", der auch bei der Butylendehydrierung zu Butadien gebraucht wird, folgendermaßen zusammengesetzt:

$$72{,}4\% \ MgO, \qquad 18{,}4\% \ Fe_2O_3, \qquad 4{,}6\% \ CuO \quad \text{und} \quad 4{.}6\% \ K_2O.$$

Das amerikanische Dehydrierungsverfahren unterscheidet sich von dem deutschen Prozeß dadurch, daß man die für die Reaktion benötigte Temperatur nicht mit einer Wälzgasfeuerung, sondern mit überhitztem Wasserdampf einstellt.

Um das Äthylbenzol mit etwa 630° auf den Katalysator zu bringen, muß der Wasserdampf auf 700—800° vorerhitzt werden. Die Apparateanordnung und Wirkungsweise des amerikanischen Dehydrierungssystems und der Aufbau des „catalytic converter" sind aus Abb. 9 a ersichtlich.

Der Kohlenwasserstoff tritt durch das Rohr *1* in einen mit Gas oder Öl automatisch beheizten Ofen *3*, verdampft und erfährt hier bereits eine Vorerhitzung auf 520°. Durch das Rohr *5* gelangt er oben bei *16* in die Dehydrierkammer und durchströmt den im Innern waagrecht liegenden Ring *18*. Der Wasserdampf kommt aus Rohr *10* durch einen mit Gas beheizten Überhitzer *12* und Rohr *14* in einen Dehnungsring *30*. Von den beiden Ringen *18* und *30* für Kohlenwasserstoff und Dampf führt eine Anzahl von Verbindungsröhren *19* bzw. *24* zu den Mischdüsen *22*. Das weitgehend homogene Reaktionsgasgemisch verläßt die Düsen mit etwa 650° C. In einem Ofen befinden sich ungefähr 10 Verteilerdüsen. An den unteren Ausgängen der Düsen sind Metallmembranen *33* angeschlossen, die mit einem direkt auf dem Katalysatorbett *25* liegenden Sieb *34* in Verbindung stehen und beweglich sind. Diese Anordnung soll das Eindringen von Reaktionsgasgemisch nach oben, in den relativ großen Düsenraum verhindern, wo infolge längerer Verweilzeit bei der hohen Temperatur unerwünschte Nebenreaktionen eintreten würden. Zusätzlich bläst man eine gewisse Menge Wasserdampf aus dem Rohr *91* in diesen Raum ein, so daß das Äthylbenzol-Dampfgemisch

[1] NICKELS, J. E., G. A. WEBB, W. HEINTZELMANN u. B. B. CORSON: Ind. Engng. Chem. **41**, 563 (1949).

[2] MURPHREE, E. V.: US.P. 2399560 (1946), Stand. Oil Dev. Comp.; — C. E. KLEIBER, D. L. CAMPBELL, D. E. STINES u. CH. NELSON: US.P. 2414816 (1947), 2483494 (1949), 2449004 (1948), Stand. Oil Dev. Comp.; — K. K. KEARBY: US.P. 2395875 (1946), Jasco Incorp.; — K. K. KEARBY: Ind. Engng. Chem. **42**, 295 (1950).

aus den Düsen nur den einen Weg durch den Katalysator nehmen kann. Der Kontakt liegt in Form von Strängen oder Körnern (Durchmesser etwa 5 mm) in einer Schichthöhe von 0,4 m bis zu 1,8 m auf einem perforierten Blech 40. Der die Kontaktzone verlassende Gasstrom wird durch Einspritzwasser aus den Röhren 100 rasch auf 500° C ab-

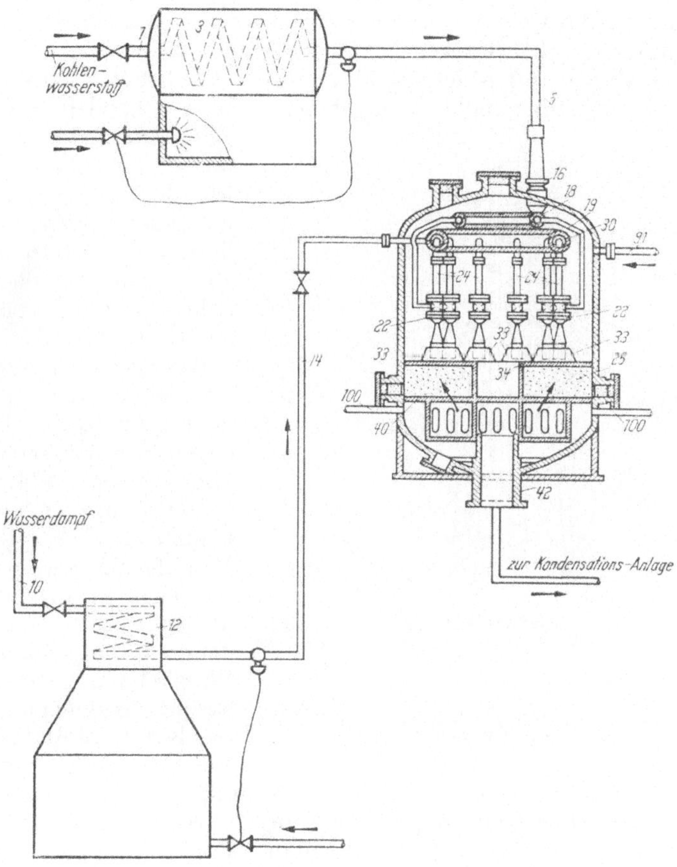

Abb. 9a. Dehydrierungssystem gemäß US.P. 2483494.

gekühlt und verläßt durch Rohr 42 den Ofen auf dem Weg zur Kondensationsanlage, deren Beschreibung sich erübrigt. Bei Regenerierung des Kontaktes mit Wasserdampf allein unterbricht man die Kohlenwasserstoffzufuhr und fährt einen direkten Dampfstrom durch eine Zweigleitung mit 600—700° über den Katalysator.

Das amerikanische Dehydrierungsverfahren arbeitet mit einem höheren Verhältnis (etwa 2,5 : 1) an Dampf zu Kohlenwasserstoff. Energetisch betrachtet muß es demnach einen höheren Calorienverbrauch haben als das deutsche Verfahren. Für europäische Verhältnisse, wo

Dampf und Heizgas relativ teuer sind, dürfte daher das System der Wälzgasfeuerung mit Wärmeaustausch die passendste und wirtschaftlichste Methode sein.

Die Dehydrierung des Äthylbenzols bei der Dow Chemical Comp.[1], einem der größten Styrolerzeuger in USA, erfolgt dort ebenfalls in Gegenwart von Wasserdampf bei etwa 630° an dem gleichen Kontakt, der auch für die Dehydrierung des Butylens in Gebrauch ist. Als Ausbeute werden 90,1% bezogen auf Äthylbenzol angegeben.

Die neueste Veröffentlichung über die in USA benützten Dehydrieröfen haben BOUNDY und BOYER gebracht[2]. Danach handelt es sich um einen mit Katalysator gefüllten Schachtofen (Abb. 9b), der auf der Innenseite mit einer Schicht aus Isolierzement 1 versehen ist. Die dahinter liegenden Schichten 2 und 3 bestehen aus Isoliersteinen und sind außenseitig mit einem 6 mm starken, gasdichten Stahlmantel 4 umgeben. Das aus einem Vorerhitzer (120° C) über einen Wärmeaustauscher mit 520° C ankommende Äthylbenzol-Dampfgemisch wird in dem seitlich unten angebrachten konzentrischen Rohr 5 mit dem auf 710° überhitzten Wasserdampf gemischt und strömt aus einem unterhalb des Katalysators liegenden Verteilungsring 6 mit einer

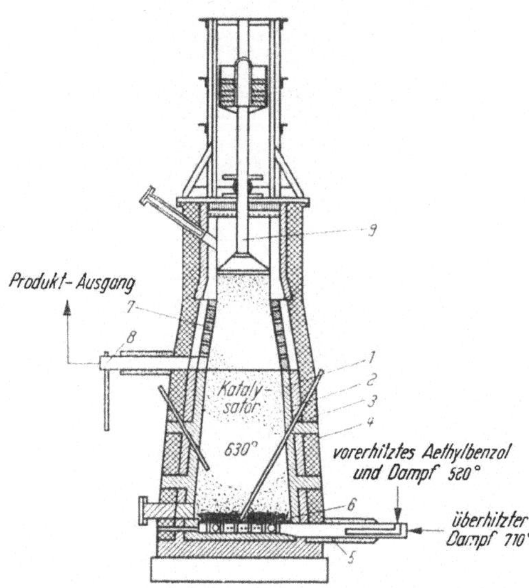

Abb. 9b. Dehydrierofen für Äthylbenzol der Dow Chemical Comp. nach J. E. MITCHELL[1].

Mischtemperatur von 630° durch den Kontakt von unten nach oben. Durch eine schneckenförmige Anordnung 7 verläßt das Reaktionsgas den Ofen im Auslaßrohr 8. Die Fixierung des Katalysators geschieht durch eine von oben aufgedrückte Gewichtsramme 9. Die Leistung solcher Dehydrieröfen liegt bei 300 bzw. 500 t/Monat.

Von mehr theoretischem Interesse ist die in Verdünnung mit Benzol durchgeführte Dehydrierung des Äthylbenzols an Chrom–Aluminiumoxyd-Kontakten[3], die bei einem Verhältnis von $C_6H_6 : C_6H_5 \cdot C_2H_5 = 5:1$ und 581° bei 34,8% Umsatz mit 89,7% Ausbeute an Styrol verläuft.

[1] MITCHELL, J. E. jr.: Trans. Amer. Inst. chem. Engr. 42, 293—308 (1946); — W. DREISBACH: US.P. 2 110 829 (1938), Dow Chemical Comp.

[2] BOUNDY, R. H., u. R. F. BOYER: Styrene. New York: Reinhold Publishing Corp. 1952, S. 39.

[3] SMITH, O. H.: US.P. 1 870 876 (1932), Naugatuck Chemical Comp.; — J. MAVITY, E. E. ZETTERHOLM u. G. L. HERVERT: Ind. Engng. Chem. 38, 829 bis 832 (1946).

Das Benzol soll hierbei den gleichen günstigen Einfluß wie das Arbeiten bei Unterdruck bewirken und außerdem als Wärmeträger fungieren.

Da bei dieser Methode die auf dem Katalysator sich stetig abscheidende Kohle nicht durch die Wassergasreaktion entfernt wird, sind sicherlich häufig Regenerationsperioden einzuschalten, die sich letzten Endes in einer kürzeren Lebensdauer des Kontaktes auswirken.

In einer die Herstellung des synthetischen Kautschuks betreffenden Abhandlung[1] ist das amerikanische Styrol-Verfahren schematisch dargestellt (Abb. 10) und daraus der beschriebene Prozeßverlauf zu entnehmen.

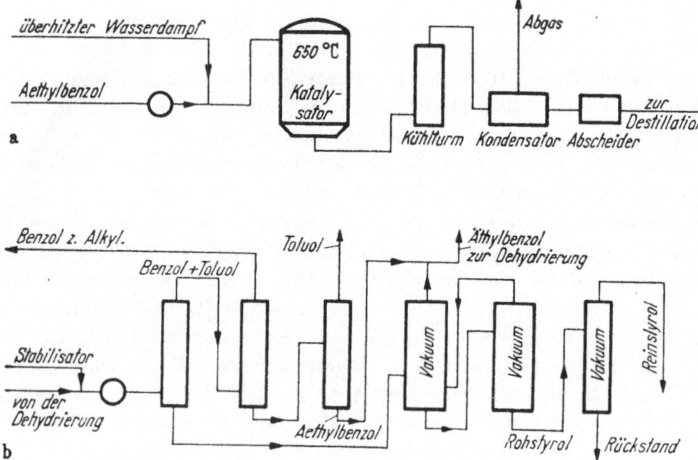

Abb. 10. Fließschema des amerikanischen Styrolverfahrens.
a Dehydrierung des Äthylbenzols; — b Destillation des Styrols.

Als Jahreskapazität in der Styrolerzeugung sind 295000 t genannt. Auf Basis Benzol und Äthylen aus Propan errechnet sich bei 85%iger theoretischer Ausbeute der Preis für amerikanisches Styrol folgendermaßen:

Verbrauch	Preis je kg	Anteil in 1 kg Styrol
0,32 kg C_2H_4	0,61 DM	0,194 DM
0,87 kg C_6H_6	0,315 DM	0,275 DM
	Herstellungsspesen je kg	0,653 DM
Gestehpreis je kg Styrol =		1,122 DM
Verkaufspreis je kg Styrol =		1,48 DM

Hierzu ist zu bemerken, daß in Deutschland vor und während des zweiten Weltkrieges, als die Rohstoffpreise auf ähnlich niedriger Höhe lagen wie die heute in USA gültigen Einstandspreise, das monomere Styrol nach dem deutschen Verfahren zu 0,81—0,92 RM/kg hergestellt werden konnte.

---

[1] BOHMFALK, J. F.: Chem. Engng. News **28**, 2504—2509 (1950).

Den steilen Anstieg der amerikanischen Styrolproduktion veranschaulicht die nachstehende Übersicht[1]:

Jahr	Produktion	Jahr	Produktion
1939	500 t	1950	244000 t
1942	4500 t	1951	320000 t
1944	159000 t	1952	317000 t
1946	181000 t	1953	363000 t

4. Seitenkettensubstituierte Styrole.

Einen von den bisher erörterten Methoden abweichenden Weg zur Styrolsynthese, der nicht Äthylbenzol, sondern das nächsthöhere Homologe, das Isopropylbenzol, als Ausgangsprodukt benutzte, hatte 1938 gemäß einer Veröffentlichung von ARMITAGE[2] die Distillers Comp. in England beschritten. Benzol und Propylen wurden in Gegenwart von konz. Schwefelsäure unterhalb 25° C zu Isopropylbenzol vereinigt[3]. In anschließender pyrolytischer Reaktion bei 600—800° C hat man in Gegenwart von Wasserdampf aus der Isopropylgruppe Methan abgespalten und Styrol erhalten. Dieser Vorgang verläuft jedoch nicht eindeutig, sondern es entsteht daneben ungefähr in gleicher Menge durch einfache Dehydrierung des Isopropylbenzols auch α-Methylstyrol, dessen Bildung man jedoch zurückdrängen kann, wenn dem Krackprozeß von vornherein neben Isopropylbenzol auch α-Methylstyrol zugeführt wird[4]. Später werden auch Dehydrierungskontakte beschrieben[5], die Äthylbenzol und Isopropylbenzol bei Gegenwart von Wasserdampf mit 20 bis 30% Umsatz und 90%iger Ausbeute zu dehydrieren vermögen. Diese Katalysatoren sind aufgebaut auf Magnesitbasis unter Zusatz von Vanadinpentoxyd bzw. Chromoxyd als Aktivator und Natriumhydroxyd.

In Großbritannien wurde jedoch die Styrolherstellung zunächst nicht weiter ausgebaut und bis 1950 monomeres Styrol aus USA bezogen. Erst in jüngster Zeit werden in England Styrolanlagen nach amerikanischem Verfahren installiert, bzw. die durch Aromatisierung von Petroleumkohlenwasserstoffen im „Catarol"-Prozeß[6] zu gewinnende Styrolfraktion für die Erzeugung von Styrol herangezogen (Petrocarbon Ltd. Manchester).

In der Seitenkette substituierte Styrole: **α-Methylstyrol** (Isopropenylbenzol, $C_6H_5 \cdot \overset{\overset{\displaystyle CH_3}{|}}{C} = CH_2$), Kp$_{760}$ 165,38° C, F—23° C, S = 0,9134/20°, n_D^{20} = 1,5384. Im Gegensatz zur thermischen Krackung des Isopropylbenzols, die bei 700° mit etwa 60%iger Ausbeute Styrol ergibt, erhält

---

[1] Chem. Weekbl. **1951**, Nr. 4, S. 35.

[2] ARMITAGE, F.: Paint Manufact. **1950**, I, 8—10.

[3] STANLEY, H. M.: E.P. 486520 (1938), The Distillers Comp.

[4] STANLEY, H. M., u. Mitarb.: E.P. 486573 (1938), 514587 (1939), 555000 (1943), 580088 (1943).

[5] STANLEY, H. M., u. Mitarb.: E.P. 601544 (1948).

[6] ARMITAGE, F.: Paint Manufact. **XX**, 9, 313 (1950); — N. K. CHANEY u. Mitarb.: Chem. Engng. Progr. **45**, 71 (1949); — CH. WEIZMANN: E.P. 575766 (1941); — W. JUDSON: A.P. 2376709 (1942), Univ. Oil Prod. Comp.

man bei der katalytischen Dehydrierung[1] mit großer Selektivität das
α-Methylstyrol als Hauptprodukt der Reaktion. Bei 600—650° kann
mit 43% Umsatz, 0,7 sek Kontaktverweilzeit in Gegenwart von Wasserdampf an den für Styrol üblichen Katalysatoren

α-Methylstyrol in 71%iger Ausbeute und
Styrol in 10%iger Ausbeute

erzeugt werden.

Bei 600° C liefert der Vierstoff-Katalysator $MgO-Fe_2O_3-CuO-K_2O$
mit 20% Umsatz aus Isopropylbenzol in 20facher Verdünnung mit
Wasserdampf

84% Ausbeute an α-Methylstyrol und
5% Ausbeute an Styrol.

Die Phillips Petrol. Comp.[2] beschreibt ein Herstellungsverfahren für
α-Methylstyrol in mehreren Variationen ausgehend von Propylen bzw.
Propan und Benzol, bei dem die Alkylierung in einem Verhältnis von
Benzol : Propylen = 5 : 1 an Kieselsäure-Aluminiumoxyd-Kataly-
satoren bei 163—190° C und 25 atü zu Isopropylbenzol durchgeführt
wird. Die Dehydrierung des Isopropylbenzols erfolgt bei Gegenwart von
überschüssigem Benzol oder Wasserdampf an $Al_2O_3-Cr_2O_3$-Kontakten
bei 620—650° C. Zusätzlich beigefügtes Äthylen oder Propylen wirkt
als Wasserstoffacceptor. Bei gleichzeitiger Dehydrierung von Propan
und Isopropylbenzol in einem Dehydrierofen kann das neben α-Methyl-
styrol entstehende Propylen für die Alkylierung des Benzols zu Isopropylbenzol Verwendung finden.

Die Dehydrierung von p-Cymol (p-Methyl–isopropylbenzol) ergibt in
analoger Weise p, α-Dimethylstyrol, Sdp. 186°/760 mm, n_D^{20} 1,5354[3].

Das α-Methylstyrol hat bislang in Deutschland keine Bedeutung erlangt. Seine Synthese ist nur in solchen Fällen lohnend, bei denen billiges
Propylen zur Verfügung steht.

Unter gewöhnlichen Bedingungen polymerisiert es nicht. Nur mit den
schärfsten Katalysatoren wie $SnCl_4$, $AlCl_3$, H_3PO_4, H_2SO_4 oder Florida-
erden entstehen niederpolymere Produkte[4]. Bei tieferen Temperaturen
(— 130° C) kann man jedoch durch Polymerisation in Lösungsmitteln
mit $AlCl_3$ auch zu Polymeren von hohen Mol.-Gew. (84000) kommen[5].
Für sich allein ist dieses Monomere als Kunststoffvorprodukt ohne Interesse; über seine Einsatzmöglichkeit als Mischpolymerisatkomponente
wird an anderer Stelle berichtet.

[1] NICKELS, J. E., G. A. WEBB, W. HEINTZELMAN u. B. B. CORSON: Ind. Engng.
Chem. 41, 563—565 (1949).
[2] Fr.P. 955066 (1950), Phillips Petrol. Comp. USA.
[3] KOHE, K. A., u. R. T. ROMANS: Ind. Engng. Chem. 43, 1755 (1951).
[4] STAUDINGER, H., u. F. BREUSCH: Ber. dtsch. chem. Ges. 62, 442 (1929); —
A. KLAGES: Ber. dtsch. chem. Ges. 35, 2639 (1902); — M. TIFFENEAU: Ann.
Chimie 10, 158 (1907); — S. W. LEBEDEW u. E. P. FILONENKO: Ber. dtsch. chem.
Ges. 58, 163 (1925).
[5] HEILIGMANN, R. G.: US.P. 2507338 (1950); — A. B. HERSBERGER, J. C. REID,
R. G. HEILIGMANN: Ind. Engng. Chem. 37, 1073—1078 (1945); A. B. HERSBERGER:
US.P. 2472589 (1949); — A. B. HERSBERGER u. R. G. HEILIGMANN: US.P. 2479618
(1949), Atlantic Refining Comp.

β-Methylstyrol (Propenylbenzol, $C_6H_5 \cdot CH = CH-CH_3$), Kp_{760} 176 bis 177° C, gibt beim Kochen mit Natrium ein niedrigpolymeres Produkt[1], mit $SnCl_4$ polymerisiert es nicht, dagegen liefert es mit Borfluorid ein sprödes Harz[2].

α-Phenylstyrol (asymmetrisches Diphenyläthylen), $Kp_{10\ mm}$ 134° C, polymerisiert selbst bei 250° C nicht, mit Floridaerde erhält man dimere Produkte[3].

β-Phenylstyrol (Stilben oder Diphenyläthylen), Kp 306—307, F 124°, gibt für sich allein ebenfalls nur Dimerisation[4], mit Maleinsäureanhydrid jedoch Mischpolymerisate[5].

β-Nitrostyrol[6], $C_6H_5 \cdot CH = CH \cdot NO_2$, F 58° C, aus Benzaldehyd und Nitromethan bei 160° in Gegenwart von $ZnCl_2$ oder alkoholischem Kaliumhydroxyd[7] hergestellt, polymerisiert nicht.

Auch die entsprechenden α- oder β-Chlorstyrole, die über das Styroldichlorid und HCl-Abspaltung daraus mit KOH bzw. Pyridin zugänglich sind, sind nicht polymerisierbar.

Die Substitution in der Seitenkette hebt also die Polymerisationsneigung des Styrolmoleküls weitgehend auf.

5. Im Kern substituierte Styrole.

Kernsubstitutionsprodukte des Styrols zeigen dagegen im allgemeinen die gleiche Polymerisationstendenz wie das Styrol selbst. Einige davon übertreffen in dieser Hinsicht sogar den unsubstituierten Kohlenwasserstoff ganz erheblich. Im Laufe der Jahre ist eine Vielzahl ein- und mehrfach substituierter Styrole synthetisiert worden. Da die meisten derartigen Derivate die hohe Temperatur der katalytischen Dehydrierung nicht vertragen, wurden für ihre Herstellung andere Methoden, z. B. die Wasserabspaltung aus den entsprechend substituierten α- oder β-Phenyläthylalkoholen, die Zersetzung von Estern oder Äthern, die Chlorwasserstoffabspaltung aus kernsubstituierten α- oder β-Halogenäthylbenzolen, die Decarboxylierung substituierter Zimtsäuren und verschiedene andere, rein akademische Arbeitsmethoden herangezogen. Alle diese Prozeduren verteuern natürlich solche substituierte Monomere ganz wesentlich, so daß eine technische Herstellung nur dann in Erwägung gezogen werden kann, wenn sich beispielsweise ein entsprechend substituiertes Styrolderivat nach seiner Polymerisation durch außergewöhnliche, dem einfachen Polystyrol weit überlegene Eigenschaften auszeichnet.

W. S. Emerson[8] hat eine ausführliche Zusammenstellung aller bis 1948 bekanntgewordenen Substitutionsprodukte des Styrols veröffentlicht und einen 231 Zitate umfassenden Literaturnachweis über die verschiedenen Herstellungsmethoden beigefügt.

[1] Errera, G.: Gazz. chim. ital. 14, 509 (1885).
[2] Staudinger, H., u. E. Dreher: Liebigs Ann. Chem. 517, 73 (1935).
[3] Lebedew, S. W., u. Mitarb.: Ber. dtsch. chem. Ges. 56, 2349 (1923).
[4] Ciamician, G., u. P. Silber: Ber. dtsch. chem. Ges. 35, 4129 (1902).
[5] Wagner-Jauregg, Th.: Ber. dtsch. chem. Ges. 63, 3213 (1930).
[6] Priebs, B.: Ber. dtsch. chem. Ges. 16, 2591 (1883).
[7] Thiele, J.: Ber. dtsch. chem. Ges. 32, 1293 (1899).
[8] Emerson, W. S.: Chem. Reviews 45, 347—383 (1949).

Zur Charakterisierung, mit welcher Intensität dieses Gebiet bearbeitet wurde, sind in Tab. 4 eine Anzahl kernsubstituierter Styrole zusammengestellt.

Tabelle 4.

	Siedepunkt	Refraktionsindex n_D^{20}	Polymerisiert
p-Methylstyrol[1] . .	63° C/15 mm	1,5425	leicht
p-Äthylstyrol[2] . . .	68° C/11 mm	1,5377	,,
2,4-, 2,5-, 3,4-, 3,5- Dimethylstyrol[3] .	90—96° C/25 mm	$n_D^4 =$ 1,5423—1,5495	,,
2,4,5-Trimethylstyrol[3]	97° C/22 mm	n_D^4 1,5379	,,
2,4,6-Trimethylstyrol[3]	206—207°/760	n_D^4 1,5296	schwer
p-Isopropylstyrol[4] .	76° C/10 mm	n_D^4 1,5198	leicht
m-Isobutylstyrol[5] .	98° C/15 mm	1,5246	,,
p-tert.-Butylstyrol[5] .	75° C/5 mm	1,5237	,,
p-Cyclohexylstyrol[6] .	105—107°/2 mm	n_D^{25} 1,5512	,,
p-Heptylstyrol[7] . .	155—156°/12 mm		.
p-(2 Äthyl)hexyl- styrol[7]	138—141°/7 mm		,,
p-Benzylstyrol[8] . .	77—78°/0,06 mm	1,5949	,,
o-Methoxystyrol[9] .	35°/0,2 mm	1,5595	,,
m-Methoxystyrol[10] .	89°/14 mm	1,5540	,,
p-Methoxystyrol[11] .	104°/20 mm	1,5553	,,
p-Äthoxystyrol[12] . .	58—59°/1 mm	n_D^{25} 1,5454	,,
p-Phenoxystyrol[12] .	115—117°/3 mm	1,6037	,,
p-Acetylstyrol[13] . .	100—105°/4 mm	n_D^{25} 1,5368	,,
o-Chlorstyrol[14] . . .	60—61°/4 mm	1,5648	,,
m-Chlorstyrol[14] . .	62,5°/6 mm	1,5619	,,
p-Chlorstyrol[14] . . .	53—54°/3 mm	1,5658	,,
o-Fluorstyrol[14] . . .	32—34°/3 mm	1,5197	,,
m-Fluorstyrol[14] . .	30—31°/4 mm	1,5173	,,
p-Fluorstyrol[14] . . .	29—30°/4 mm	1,5158	,,

[1] MÜLLER, W.: Ber. dtsch. chem. Ges. **20**, 1216 (1887); — J. OSTROMISLENSKY: US.P. 1683402 (1928).

[2] KLAGES, A.: Ber. dtsch. chem. Ges. **36**, 1633 (1903).

[3] KLAGES, A.: Ber. dtsch. chem. Ges. **35**, 2249 (1902); **36**, 1634 (1903); **31**, 1007 (1898); — C. S. MARVEL u. Mitarb.: J. Amer. chem. Soc. **68**, 1085 (1946).

[4] PERKIN, W. H.: J. chem. Soc. **32**, 663 (1877).

[5] MARVEL, C. S., u. Mitarb.: J. Amer. chem. Soc. **68**, 1088 (1946).

[6] MOWRY, D. T., u. Mitarb.: J. Amer. chem. Soc. **68**, 1105 (1946).

[7] SULZBACHER, M., u. E. BERGMANN: J. org. Chemistry **13**, 303 (1948).

[8] MARVEL, C. S., u. D. W. HEIN: J. Amer. chem. Soc. **70**, 1895 (1948).

[9] PERKIN, W. H.: Ber. dtsch. chem. Ges. **11**, 515 (1878); — C. S. MARVEL u. D. W. HEIN: J. Amer. chem. Soc. **70**, 1895 (1948).

[10] FRANK, R. L., u. Mitarb.: J. Amer. chem. Soc. **68**, 1365 (1948).

[11] PERKIN, W. H.: J. chem. Soc. **32**, 668 (1877); — A. KLAGES: Ber. dtsch. chem. Ges. **36**, 3587 (1903); — H. STOBBE u. K. TOEPFER: Ber. dtsch. chem. Ges. **57**, 484 (1924); — C. MANNICH u. W. JAKOBSOHN: Ber. dtsch. chem. Ges. **43**, 195 (1910).

[12] MOWRY, D. T., u. Mitarb.: J. Amer. chem. Soc. **68**, 1105 (1946).

[13] EMERSON, W. S., u. Mitarb.: J. Amer. chem. Soc. **68**, 1665 (1946).

[14] BROOKS, L. A.: J. Amer. chem. Soc. **66**, 1295 (1944); — H. STAUDINGER u. E. SUTER: Ber. dtsch. chem. Ges. **53**, 1092 (1920); — G. B. BACHMAN u. L. L. LEWIS: J. Amer. chem. Soc. **69**, 2022 (1947).

Tabelle 4. (Fortsetzung.)

	Siedepunkt	Refraktionsindex n_D^{20}	Polymerisiert
o-Bromstyrol[1] . . .	61—62°/3 mm	1,5608	leicht
m-Bromstyrol[1] . . .	48,5°/0,5 mm	1,5900	,,
p-Bromstyrol[1] . . .	50°/2,5 mm	1,5952	,,
2,3-Dichlorstyrol[2] .	92—94°/4 mm	1,5848	sehr leicht
2,4-Dichlorstyrol[2] .	81°/6 mm	1,5828	,, ,,
2,5-Dichlorstyrol[2] .	72—73°/2 mm	1,5798	,, ,,
2,6-Dichlorstyrol[2] .	64—65°/3	1,5752	,, ..
3,4-Dichlorstyrol[2] .	95°/5 mm	1,5851	., ,,
3,5-Dichlorstyrol[2] .	53,5°/1 mm	1,5745	,, ,,
Trichlorstyrol[3] . . .	81—84°/1 mm	$n_D^{25} = 1,5943$	,, ,, Wärmebestän- digkeit 140°
Pentachlorstyrol[4]. .	311—312°/760 mm	—	nicht
Pentachlorstyrol[4]. .	F = 118—123°	—	leicht
o-Oxystyrol[5] . . .	108°/15 mm	—	,,
o-Cyanstyrol[6] . . .	53°/0,15 mm	1,5756	,,
m-Cyanstyrol[6] . . .	83°/3,5 mm	1,5630	,,
p-Cyanstyrol[6] . . .	69—71°/2 mm	1,5795	,,
p-Aminostyrol[7]. . .	76—81°/2,5 mm	1,6070	schlecht
p-Formylstyrol[8] . .	92—93°/14 mm	$n_D^{25} = 1,5960$	leicht
o-Nitrostyrol[9] . . .	Smp. 12—13°	—	nicht
m-Nitrostyrol[9] . . .	Sdp. 120—121°/11 mm	1,5828	schlecht
p-Nitrostyrol[9] . . .	Smp. 21° (29°)	—	,,

[1] ZIEGLER, K.. u. P. TIEMANN: Ber. dtsch. chem. Ges. **55**, 3414 (1922); — C. S. MARVEL u. N. S. MOON: J. Amer. chem. Soc. **62**, 45 (1940); — CH. WALLING u. K. B. WOLFSTIRN: J. Amer. chem. Soc. **69**, 852 (1947).

[2] MICHALEK, J. C., u. C. C. CLARK: Ind. Engng. Chem., News Edit. **22**, 1559 (1944); — C. S. MARVEL u. Mitarb.: J. Amer. chem. Soc. **68**, 86 (1946); — CH. WALLING u. K. B. WOLFSTIRN: J. Amer. chem. Soc. **69**, 853 (1947); — E. R. ERICKSON u. J. C. MICHALEK: US.P. 2432737 (1947), Mathieson Alkali Works; — US.P. 2519125 (1950), Mathieson Alkali Works.

[3] MICHALEK, J. C.: US.P. 2463897 (1949); — Ind. Engng. Chem., News Edit. **22**, 1559 (1944).

[4] LEVINE, A. A., u. O. W. CASS: US.P. 2193823 (1940), Mathieson Alkali Works; — Fr.P. 953868 (1949), Mathieson Alkali Works.

[5] FRIES, K., u. G. FIKEWIRTH: Ber. dtsch. chem. Ges. **41**, 367 (1908); — J. Polym. Sci. **4**, 703 (1949).

[6] MARVEL, C. S., u. D. W. HEIN: J. Amer. chem. Soc. **70**, 1895 (1948); — R. H. WILEY u. N. R. SMITH: J. Amer. chem. Soc. **70**, 1560 (1948); — D. T. MOWRY u. Mitarb.: J. Amer. chem. Soc. **68**, 1105 (1946); — F. R. LONG: US.P. 2435790 (1948), Wingfoot Corp.

[7] BENDER, G.: Ber. dtsch. chem. Ges. **14**, 2359 (1881); — D. T. MOWRY u. Mitarb.: J. Amer. chem. Soc. **68**, 1105 (1946).

[8] WILEY, R. H., u. P. H. HOBSON: J. Amer. chem. Soc. **71**, 2429 (1949); J. Polym. Sci. **5**, 483 (1950).

[9] BASLER, A.: Ber. dtsch. chem. Ges. **16**, 3006 (1883); — PESTEMER u. Mitarb.: Mh. **68**, 345 (1936); — G. PRAUSNITZ: Ber. dtsch. chem. Ges. **17**, 595 (1884); — A. EINHORN: Ber. dtsch. chem. Ges. **16**, 2208 (1883); — G. SMETS u. A. RECKERS: Recueil Trav. chim. Pays-Bas **68**, 983 (1949); — R. W. STRASSBOURG u. Mitarb.: J. Amer. chem. Soc. **69**, 2141 (1947); — R. H. WILEY u. N. R. SMITH: J. Polym. Sci. **3**, 444 (1948) und J. Amer. chem. Soc. **72**, 5198 (1950).

In Deutschland hat bis jetzt kein substituiertes Styrol technische
Bedeutung erlangt, und — soweit bekannt — werden auch in Amerika
aus der Vielzahl der untersuchten Verbindungen nur einige, z. B. das
2,5-Dichlorstyrol und Isomerengemische des Methylstyrols, in technischem Ausmaß produziert. Das Polymere des 2,5-Dichlorstyrols hat
eine über 100° liegende Wärmebeständigkeit und auf Grund der in
p-Stellung gegenüberliegenden Cl-Atome auch gute dielektrische Werte.
Das Ausgangsmaterial für die Synthese des 2,5-Dichlorstyrols[1] bildet
der o-Chlorbenzaldehyd, der nach der Methode von H. ERDMANN[2] aus
o-Chlortoluol durch Chlorierung zum entsprechenden o-Chlorbenzal-
chlorid und anschließende Verseifung zugänglich ist. Die Nitrierung mit
rauchender Salpetersäure führt zum 5-Nitro-2-chlorbenzaldehyd, der
reduziert und nach SANDMEYER in 2,5-Dichlorbenzaldehyd umgewandelt
wird. Über die Grignard-Reaktion mit Methylmagnesiumchlorid erhält
man daraus das 2,5-Dichlorphenylmethylcarbinol, aus dem durch Dehydratation mit etwa 1% Natriumbisulfat oder mittels aktiviertem Al_2O_3
in der Dampfphase das 2,5-Dichlorstyrol, Kp 72—73°/2 mm, n_D^{20} 1,5798,
S_{20}. 1,4045 entsteht. Man kann jedoch auch vom p-Dichlorbenzol aus-
gehen, dieses durch Äthylierung in das 2,5-Dichloräthylbenzol überführen, in α-Stellung Halogen einführen und anschließend Halogenwasserstoff abspalten, wobei ebenfalls das 2,5-Dichlorstyrol erhalten wird.

Eine andere Darstellungsmethode wird von der Phillips Petrol.
Comp.[3] vorgeschlagen, nach der man Butadien zu 1-Vinylcyclohexen-3
(I) dimerisiert und dieses anschließend im Ring bei 400—425° zu 1-Vinyl-
2,5-dichlorcyclohexen-3 (II) chloriert. Aus der Chlorverbindung soll
durch katalytische Dehydrierung das 2,5-Dichlorstyrol (III) neben
Styrol und anderen isomeren Dichlor- und Monochlorstyrolen entstehen:

$$
\begin{array}{c}
\text{H}_2 \\
| \\
\text{C} \\
\swarrow \quad {}^{2}\searrow \\
\text{HC}\,{}^{3}\;\;{}^{1}\text{CH}-\text{CH}=\text{CH}_2 + 2\,\text{Cl}_2 \;\xrightarrow{\;400°\;}\; \\
\| \qquad | \\
\text{HC}\,{}^{4}\;\;{}^{6}\text{CH}_2 \\
\searrow \,{}^{5}\,\swarrow \\
\text{CH}_2 \\
\text{I}
\end{array}
$$

$$
\begin{array}{c}
\text{H} \\
| \quad \diagup\text{Cl} \\
\text{C} \\
\swarrow \qquad \searrow \\
\text{HC} \qquad \text{CH}-\text{CH}=\text{CH}_2 + 2\,\text{HCl} \longrightarrow \\
\| \qquad | \\
\text{HC} \qquad \text{CH}_2 \\
\searrow\;\text{C}\;\swarrow \\
\text{H}\diagup \quad \searrow\text{Cl} \\
\text{II}
\end{array}
$$

$$
\xrightarrow[\substack{(\text{Cr}_2\text{O}_3)\\(\text{Al}_2\text{O}_3)}]{480°}
\begin{array}{c}
\text{Cl} \\
| \\
\text{C} \\
\swarrow \quad \diagdown\!\diagdown \\
\text{HC} \qquad \text{C}-\text{CH}=\text{CH}_2 + 2\,\text{H}_2 \\
\| \qquad | \\
\text{HC} \qquad \text{CH} \\
\searrow\;\text{C}\;\diagup\!\diagup \\
| \\
\text{Cl} \\
\text{III}
\end{array}
$$

[1] BROOKS, L. A.: J. Amer. chem. Soc. **66**, 1295 (1944); — J. C. MICHALEK u.
C. C. CLARK: Ind. Engug. Chem., News Edit. **22**, 1559 (1944).
[2] ERDMANN, H.: Liebigs Ann. Chem. **272**, 151—156 (1893).
[3] DUTCHER, H. A.: US.P. 2501382 (1950), Phillips Petrol. Comp.

Vinyltoluol der Dow Chemical Comp. Analog dem vom Benzol und Äthylen ausgehenden Styrolprozeß hat die Dow Chemical Comp. mit Toluol als Basissubstanz eine Großproduktion zur Herstellung von Vinyltoluol oder Kernmethylstyrol installiert[1].

Der Alkylierungsprozeß des Toluols mit Äthylen unterscheidet sich von der Äthylbenzolherstellung insofern, als drei Isomere des Äthyltoluols entstehen. Die o-Verbindung (Sdp. 165°) wird dabei entfernt und nur das Isomerengemisch aus m-Äthyltoluol (Sdp. 161°) und p-Äthyltoluol (Sdp. 162°) der Dehydrierung unterworfen. Aus dem Dehydrierungsprodukt wird durch Destillation ein Gemisch aus 64,5% m-Vinyltoluol (m-Methylstyrol) und 35,5% p-Vinyltoluol (p-Methylstyrol) gewonnen, das folgende charakteristische Daten aufweist:

Siedepunkt 171,5°,   Schmelzpunkt −82,5°,
spez. Gewicht 0,8968/20°, n_D^{25} 1,5393,   Flammpunkt 60,5° C.

Das Polymere aus obigem Isomerengemisch unterscheidet sich nicht wesentlich von dem einfachen Polystyrol. Es besitzt eine etwas höhere Biegefestigkeit und Dehnung, die Hitzebeständigkeit und Schlagbiegefestigkeit liegt niedriger als bei Polystyrol.

Kernmethylstyrol (Vinyltoluol) der American Cyanamid Comp. In einer Anzahl von Patenten beschreiben G. Sturrock und Th. Law, Dominion Tar and Chemical Comp.[2] sowie K. W. Saunders der American Cyanamid Comp.[3] die Herstellung von Styrol und Methylstyrol durch einfache molekulare Zersetzung diarylsubstituierter Paraffine bzw. deren kernmethylierter Derivate an Aluminiumsilicatkontakten oberhalb 350° in Gegenwart von Wasserdampf als Verdünnungsmittel. Auf diesen Patenten fundierend hat die American Cyanamid Comp. ein technisches Verfahren zur Herstellung von Methylstyrol entwickelt, das aus zwei Hauptstufen besteht:

1. Kondensation von 2 Mol Toluol und 1 Mol Acetylen in Gegenwart von Schwefelsäure und Quecksilbersulfat zu Ditolyläthan entsprechend der folgenden Gleichung:

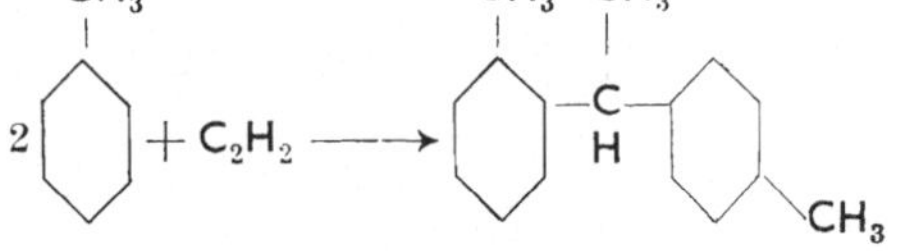

$$2\ \text{(Toluol)} + C_2H_2 \longrightarrow \text{1,1-bis(o-, p-Ditolyl)äthan}$$

1,1- bis (o-, p-Ditolyl)äthan

An Stelle von Acetylen kann auch Acetaldehyd treten.
2. Die Krackung des Ditolyläthans an Silicatkontakten bei Temperaturen von 350—600° liefert

---

[1] Amos, I. L., u. Mitarb., in Boundy u. Boyer: Styrene. New York: Reinhold Publishing Corp. 1952, S. 1232—1245.

[2] Sturrock, G., u. Th. Law: U.S.P. 2373982 (1945), 2422318 (1947); — ferner 2420688—689, 2439228, 2513180, 2519719, 2548982, Dominion Tar and Chemical Comp.

[3] Saunders, K. W., u. Mitarb.: U.S.P. 2422163—169, 2422171, 2450334, American Cyanamid Comp.

1 Mol Toluol und 1 Mol Methylstyrol,

In untergeordneter Nebenreaktion entstehen noch etwas Äthyltoluol, hochsiedende Kohlenwasserstoffe und Spaltgas.

Das entstandene Methyltoluol wird durch Destillation gereinigt. Es stellt ein Gemisch dar aus

65% p-Methylstyrol,   2% m-Methylstyrol
33% o-Methylstyrol,

und zeigt folgende charakteristische Daten:

Siedepunkt 172°C/760 mm Hg,   spez. Gewicht 0,901 g/cm^3
Brechungsindex n_D^{25} 1,5419,

Das Polymere aus dieser Isomerenzusammensetzung hat eine um mindestens 10° höhere Wärmebeständigkeit als Polystyrol bei sonst gleichen mechanischen und physikalischen Eigenschaften.

Divinylbenzol. Eine gewisse Bedeutung haben auch die Divinylbenzole erlangt, die zuerst DELUCHAT[1] synthetisiert hat, und zwar aus den entsprechenden Phthalaldehyden durch Umsetzung mit Methylmagnesiumbromid, Umwandlung der gebildeten Glykole in die Dibromide mit PBr$_3$ oder mit HBr in Eisessig, Destillation der Dibromide mit einem Überschuß von Chinolin und Waschen des Destillates mit verdünnter Schwefelsäure:

o-Divinylbenzol Kp$_1$ $_{mm}$ 45—46° C n_D^{20} 1,5751
m-Divinylbenzol Kp$_{1,5}$ $_{mm}$ 47—48° C n_D^{20} 1,5774
p-Divinylbenzol Kp$_{10}$ $_{mm}$ 78—79° C n_D^{28} 1,5883, Smp. 28—29° C

In der Praxis werden die Divinylbenzole jedoch nicht als Einzelindividuen auf obige kostspielige Weise hergestellt, sondern man begnügt sich mit einem Isomerengemisch, das analog der Styrolgewinnung durch katalytische Dehydrierung aus den bei der Äthylbenzolfabrikation anfallenden isomeren Diäthylbenzolen zu erhalten ist. Aus dem Gemisch mit Diäthylbenzol und Äthylvinylbenzol können die Divinylbenzole durch Fraktionierung im Hochvakuum oder in Gegenwart von Wasserdampf unter Anwendung besonders wirksamer Stabilisatoren (z. B. 2,4-Dichlor-6-Nitrophenol) auf einen höheren Reinheitsgrad angereichert werden[2].

Die Divinylbenzole sind äußerst polymerisationsfreudig, ergeben aber keine für den Spritzguß brauchbare Polymerisate, da diese keinen

---

[1] DELUCHAT, M.: Comptes Rendus **190**, 438ff., 683 (1930); **192**, 1387 (1931); — vgl. S. SABETAY: Comptes Rendus **192**, 1109 (1931); — vgl. H. W. JOHNSTON u. J. L. R. WILLIAMS: J. Amer. chem. Soc. **69**, 2065 (1947); — K. FRIES u. H. BESTIAN: Ber. dtsch. chem. Ges. **69**, 715—722 (1936).
[2] Vgl. R. R. DREISBACH: A.P. 2385696 (1945); — US.P. 2445941 (1948), Dow Chemical Comp.; — K. E. COULTER u. H. G. HORNBACHER: US.P. 2556030 (1951).

charakteristischen Schmelzbereich aufweisen und sich durch große Sprödigkeit auszeichnen. Über die Polymerisation des Divinylbenzols zusammen mit Styrol und die Funktion, die es dabei ausübt, wird später berichtet.

Trivinylbenzol. Die Darstellung von 1,3,5-Trivinylbenzol, $Kp_{0,5\ mm}$ 72—73° C, n_D^{25} 1,5967, ist auf dem Wege über 1,3,5-Triacetylbenzol durch Hydrierung zu 1,3,5-Trioxyäthylbenzol und Wasserabspaltung daraus bei 400° C mittels aktiver Tonerde ermöglicht worden[1].

6. Stabilisierung des Styrols.

Bei der großen Neigung des Styrols, bereits beim Lagern und erst recht beim Erwärmen auf höhere Temperaturen in das feste Polystyrol überzugehen, war ein bequemes, erfolgreiches Arbeiten mit dieser Substanz und ihren Derivaten im Laboratorium sowie in der Technik nur durch die Entdeckung von Stoffen ermöglicht worden, die eine unerwünschte, vorzeitige Polymerisation zu verhindern vermögen. Solche Stoffe, von denen im Laufe der Zeit eine große Anzahl bekannt wurde, bezeichnet man als Stabilisatoren, Inhibitoren oder Verzögerer. KRAKAU[2] hat wohl als erster gefunden, daß Schwefel schon in kleinen Mengen die Polymerisation des Styrols unterbinden kann. Durch MOUREU und DUFRAISSE[3] wurde die stabilisierende Wirkung von Phenolprodukten wie Pyrogallol, Brenzcatechin, Hydrochinon sowie aromatischen Aminen bekannt und die besondere Eignung des Schwefels erneut bestätigt. Die Verwendung von Trinitrobenzol und Benzochinon als Stabilisatoren ließen sich OSTROMISLENSKY und SHEPARD[4] patentieren. Alkylsubstituierte Catechine hat STOESSER[5] als gut wirksame Stabilisatoren in den USA eingeführt. Im Vergleich zu Hydrochinon besitzen diese Substanzen eine erhöhte Löslichkeit in Styrol, was von gewisser Bedeutung ist, da die für die Stabilisierung beispielsweise beim Destillationsprozeß angewandte Menge Hydrochinon (0,01% bezogen auf Styrol) oberhalb der Löslichkeitsgrenze liegt. Für eine kurzfristige Lagerung von einigen Wochen genügen jedoch bereits 10 g Hydrochinon je Tonne Styrol, so daß man mit Hydrochinon zufriedenstellend arbeiten kann. 1% 4-tert.-Butylcatechin verhindert bei 125° C bis zu 14 Stunden jedwede Polymerisation, 3-Methylcatechin ist bei derselben Temperatur mit 42 Stunden noch wirksamer. Die Zeit, während welcher das mit Stabilisator versetzte Monomere keinerlei Polymerisation aufweist, nennt man die Induktionsperiode.

Nach Untersuchungen von SMITH[6] sind Acetaldehyd–Anilin-Kondensationsprodukte als Inhibitoren für Styrol noch wirksamer als Schwefel, Chinon und Trinitrobenzol.

---

[1] MOWRY, D. T., u. E. L. RINGWALD: J. Amer. chem. Soc. **72**, 2037 (1950).
[2] KRAKAU: Ber. dtsch. chem. Ges. **11**, 1261 (1878).
[3] MOUREU, C., u. C. DUFRAISSE: Comptes Rendus **174**, 258 (1922); **178**, 1861 (1924).
[4] OSTROMISLENSKY, J., u. M. G. SHEPARD: U.S.P. 1550323 und 1550324 (1925).
[5] STOESSER, S. M., u. W. C. STOESSER: U.S.P. 2181102 (1939), Dow Chemical Comp.; — R. R. DREISBACH u. J. E. PIERCE: U.S.P. 2240764 (1941), Dow Chemical Comp. [6] SMITH, O. H.: U.S.P. 2064571 (1936).

G. Daletzki[1] berichtet über die stabilisierenden Eigenschaften von kolloidalem Kupfer, Silber und Gold gegenüber Styrol.

Mit einigen Dialkylhydrochinonen, wie 2,5-Di-tertiär-amylhydrochinon, Ditertiär-butylhydrochinon, wurden ungefähr 8 mal längere Stabilisierungszeiten gefunden als mit einfachem Hydrochinon[2]. Das Ditertiär-butylhydrochinon soll dabei noch die Eigenschaft eines Antioxydationsmittels besitzen, derzufolge die Polymerisate gegen Ultravioletteinwirkung stabilisiert sind[3]. Als gleichermaßen wirksame Stoffe werden auch N,N'-Dibutyl-p-phenylendiamin und N-Butyl-p-aminophenol genannt.

Beste Stabilisierungsmittel bei der Herstellung einiger substituierter und damit höhersiedender Styrole stellen nach Dreisbach[4] Nitrophenolverbindungen dar. Außerordentliche Verzögerungen bei der Polymerisation von Styrol und chlorsubstituierten Styrolen bewirken Alkoxyhydrochinone[5], von denen sich 2,5-Diäthoxyhydrochinon und 2,5-Dipropoxyhydrochinon besonders auszeichnen.

Weiterhin sind schwefelhaltige Verbindungen wie Mono-, Di- und Polysulfide von Phenolen, Catechinen und Alkylcatechinen als Stabilisatoren erkannt worden[6].

Die bisher genannten Stabilisatoren sind als hochsiedende Verbindungen wenig flüchtig und infolge davon nicht in allen Teilen der Destillierkolonnen, wo Styroldämpfe und Kondensat auftreten, wirksam. Die Standard Oil Comp.[7] schlägt daher hochflüchtige Diolefine (Butadien, Isopren, Piperylen) oder Acetylen als Inhibitoren vor. Diese Substanzen können, in monomeres Styrol eingegast, sowohl beim Lagern als auch beim Destillieren eine vorzeitige Polymerisation weitgehend verhindern. Aus Gründen der Betriebssicherheit dürften allerdings diesem Vorschlag einige Bedenken entgegenstehen. Phenylacetylen, das beinahe denselben Siedepunkt wie Styrol hat, ist bereits früher in USA als Stabilisator benützt worden[8].

Breitenbach und Mitarbeiter[9] haben die interessante Feststellung gemacht, daß Hydrochinon nur bei Anwesenheit von O_2 in der Lage ist, die Polymerisation des Styrols zu verhindern. Es wird angenommen, daß ein aus Styrol und Sauerstoff entstehendes Reaktionsprodukt, das sonst infolge Zerfall die Polymerisation einleiten kann, durch die reduzierende Wirkung des Hydrochinons zerstört wird. Daneben wird aber auch die reine Wärmepolymerisation behindert. Bei Abwesenheit von Sauerstoff übt dagegen das Hydrochinon bei 100° keine stabilisierende

[1] Daletzki, G.: Chem. Zbl. **119 II**, 381 (1948).
[2] Erickson, E. R.: US.P. 2455746 (1948), Mathieson Chemical Comp.
[3] Wallingford, R. A. F.: US.P. 2399340 (1942).
[4] Dreisbach, R. R.: US.P. 2445941 (1948), Dow Chemical Comp.
[5] Erickson, E. R.: US.P. 2455745 (1948), Mathieson Chemical Comp.
[6] Durland, J. R.: US.P. 2410408 (1946), Monsanto Chemical Comp.; — J. R. Durland: US.P. 2458494 (1949), Dow Chemical Comp.
[7] Chambers, Th. S.: US.P. 2420862 (1947), Standard Oil Develop. Comp.
[8] Dreisbach, R. R., u. Mitarb.: US.P. 2241770 (1941), Dow Chemical Comp.
[9] Breitenbach, J. W., A. Springer u. K. Horeischy: Ber. dtsch. chem. Ges. **71**, 1438 (1938).

Wirkung auf Styrol aus, was zu der Annahme berechtigt, daß in ersterem Falle das Oxydationsprodukt des Hydrochinons, das Chinon, als Inhibitor fungiert. Bei Verwendung von Chinon[1] als Stabilisator wurde eine Herabsetzung der Polymerisationsgeschwindigkeit und des mittleren Polymerisationsgrades der Polymeren gemessen.

In einer ausführlichen Abhandlung hat St. G. Foord[2] die zahlreichen bis dahin bekannten Inhibitoren je nach ihrer Wirkungsweise in zwei Gruppen eingeteilt:

1. Lagerungsstabilisatoren, welche eine genügend lange, aber wohldefinierbare Induktionsperiode verursachen, während welcher keine nennenswerte Polymerisation eintritt, nach deren Beendigung jedoch die Polymerisation ungehindert normal ablaufen kann. Hierzu gehören als Hauptvertreter die Chinone (ausgenommen Anthrachinon und Acenaphthenchinon), Chloranil und Nitrosodimethylanilin; außerdem 1-Aminoanthrachinon, Benzidin, Diaminoazobenzol, p-Phenylendiamin und Phenyl-β-naphthylamin.

2. Destillationsstabilisatoren oder Verzögerer, die nach einer gewissen Induktionsperiode auch die Geschwindigkeit der nachfolgenden Polymerisation herabsetzen, also als Verzögerer wirken. Hierunter fallen u. a. die Substanzen mit Nitro- oder phenolischen Hydroxylgruppen wie o-Nitrophenol, Dinitrophenol, Dinitroanilin, Di- und Trinitrotoluol, Pikrinsäure u. a. m.

Während man früher (Moureu und Dufraisse) die Wirkung der Stabilisatoren auf einen antioxygenen Effekt zurückführte, der den durch selbst gebildete Peroxyde quasi autokatalytisch ablaufenden Polymerisationsprozeß verhindert, glaubt Foord, daß eine Reaktion zwischen dem Stabilisator und den aktivierten Styrolmolekülen stattfindet, da während der Induktionsperiode Chinon verbraucht wird. Je höher die anfängliche Konzentration an Stabilisator ist, desto länger ist die Induktionszeit. Die Geschwindigkeit, mit der das Chinon verschwindet, kann dabei direkt der Geschwindigkeit des primären Aktivierungsprozesses gleichgesetzt werden, dessen Aktivierungswärme aus solchen Messungen zu 28000 cal/Mol errechnet wurde.

Den Zusammenhang zwischen Stabilisatorkonzentration und Länge der Induktionszeit hat Foord mit Styrol bei 120° C folgendermaßen ermittelt:

Chinongehalt	Induktionsperiode	Chinongehalt	Induktionsperiode
0,02%	30 Minuten	0,10%	130 Minuten
0,05%	70 ,,	0,20%	270 ,,

Nach Untersuchungen von G. V. Schulz[3] über die Inhibitorwirkung ist eine so scharfe Unterteilung der Stabilisatoren, wie sie von Foord vorgenommen wurde, nicht gerechtfertigt, da zwischen den beiden Gruppen keine grundsätzlichen, sondern nur graduelle Unterschiede und

---

[1] Breitenbach, J. W., u. H. L. Breitenbach: Z. physik. Chem., Abt. A **190**, 361 (1942).

[2] Foord, St. G.: J. chem. Soc. [London] **1940**, 48—56.

[3] Schulz, G. V.: Ber. dtsch. chem. Ges. **80**, 232—242 (1947); Makromol. Chem. **1**, 94 (1947).

außerdem manche Übergänge bestehen. Es wird eine Einteilung in starke und schwache Inhibitoren vorgeschlagen, wobei den letztgenannten die als Regler bezeichneten Stoffe zuzuordnen sind.

Auf Grund von reaktionskinetischen Messungen an den unter Zusatz von Inhibitoren gewonnenen Polymeren, wobei gleichzeitig die Reaktionsgeschwindigkeit und der Polymerisationsgrad ermittelt wird, entscheidet SCHULZ die Frage, in welchen Teilvorgang des Polymerisationsprozesses (Primärakt, Kettenwachstum, Kettenabbruch) ein Inhibitor oder Regler eingreift, dahingehend, daß entweder der Kettenabbruch oder der Kettenstart, häufig sogar beide Teilvorgänge zugleich beeinflußt werden.

BOVEY und KOLTHOFF[1] kommen in einer ausführlichen Veröffentlichung mit Literaturzusammenstellung über die Inhibierung und Verzögerung der katalytischen und thermischen Polymerisation von Styrol und anderen Monomeren ebenfalls zu dem Schluß, daß lediglich graduelle Unterschiede bei den einzelnen als Stabilisatoren oder Verzögerer bezeichneten Substanzen bestehen und daß die sich vollziehenden Reaktionen nach dem gleichen Mechanismus verlaufen.

7. Chemische Reaktionen des monomeren Styrols.

Styrol ist entsprechend seiner Struktur als Phenyläthylen[2] (C_6H_5 · $CH{=}CH_2$) ein typischer ungesättigter Kohlenwasserstoff und als solcher praktisch allen für eine olefinische Doppelbindung charakteristischen Reaktionen zugänglich.

W. S. EMERSON[3] hat in einer sehr ausführlichen, mit 816 Literaturzitaten versehenen Abhandlung die am Styrol und seinen Substitutionsprodukten bis 1947 durchgeführten chemischen Reaktionen zusammengestellt und damit die Vielfältigkeit dieses Gebietes und die Intensität, mit der es bearbeitet wurde, anschaulich vor Augen geführt.

Hydrierung: Styrol läßt sich chemisch und katalytisch zu Äthylbenzol bzw. Äthylcyclohexan hydrieren[4].

Oxydation: Die Oxydation mit Chromsäure[5] oder Salpetersäure liefert Benzoesäure.

Mit Ozon bilden sich Ozonide, die mit Wasser in Benzaldehyd und Formaldehyd aufgespalten werden.

Durch Lufteinwirkung entstehen Peroxyde[6], deren Zerfallsprodukte als Polymerisationsbeschleuniger fungieren.

---

[1] BOVEY, F. A., u. J. M. KOLTHOFF: Chem. Reviews **42**, 491—525 (1948).

[2] ERLENMEYER: Liebigs Ann. Chem. **137**, 353 (1866).

[3] EMERSON, W. S.: Chem. Reviews **45**, 183—345 (1949).

[4] KLAGES, A., u. R. KEIL: Ber. dtsch. chem. Ges. **36**, 1632 (1903); — KERN u. Mitarb.: J. Amer. chem. Soc. **47**, 1147 (1925); — ZARTMANN u. ADKINS: J. Amer. chem. Soc. **54**, 1668 (1932).

[5] DYKSTRA, H. B.: J. Amer. chem. Soc. **56**, 1625 (1934).

[6] MEDWEDEW, S., u. TSEITLIN: J. physik. Chem. (UdSSR) **18**, 13 (1944); Chem. Abstr. **39**, 3196 (1945),

Benzopersäure verwandelt Styrol in sein Oxyd[1] entsprechend der Gleichung:

$$C_6H_5 \cdot CH = CH_2 + C_6H_5 \cdot CO-O-OH \longrightarrow C_6H_5 \cdot \underset{\underset{O}{\diagdown \diagup}}{CH-CH_2} + C_6H_5COOH .$$

Dieses Phenyläthylenoxyd siedet bei 194° C und kann durch Erwärmen mit Wasser in das Phenylglykol ($C_6H_5 \cdot CHOH \cdot CH_2OH$), Kp 273° C, F 67—68° C übergeführt werden. Ebenso wie Äthylenoxyd läßt sich Styroloxyd mittels Ätznatron oder Natriummethylat zu weichen, wachsartigen Massen polymerisieren. Mit Phenol bildet Styroloxyd bei 150 bis 180° selbsthärtende, harzartige Kondensationsprodukte, die für wasserfeste Lacke verwendbar sind[2].

Additionsreaktionen. Halogene: Zur Charakterisierung des Styrols wurde bereits in den ersten Jahren seiner Entdeckung die Bromanlagerung[3] herangezogen, da das dabei entstehende, kristallisierte Styroldibromid (Kp 253° C, F 74° C) leicht zu erfassen ist.

Nach einer von McIlhiney gegebenen Vorschrift[4] kann diese Reaktion auch zur quantitativen Bestimmung des Styrols dienen, wobei in Äther, Chloroform oder flüssigem Schwefeldioxyd als Verdünnungsmittel gearbeitet wird.

Vom Styroldibromid gelangt man durch Bromwasserstoffabspaltung zum α-Bromstyrol[5] (Kp 71°/7 mm Hg) und weiterhin zum Phenylacetylen[6] (Kp 141—142°). β-Bromstyrol[7] (F 6—7°) ist über die Zimtsäure aus deren Dibromid oder durch entsprechende Bromierung der Säure zu erhalten.

In analoger Weise verläuft die Addition von Chlor zum Styroldichlorid[8] (Kp 221°), das durch HCl-Abspaltung in α-Chlorstyrol[9] (Kp 190°) und β-Chlorstyrol[10] (Kp 199°) umgewandelt werden kann. Letzteres entsteht auch aus Phenyläthylenchlorhydrin bei 370—400° an SiO_2-H_3PO_4-Kontakten.

Halogenwasserstoff. Bei der Anlagerung von Halogenwasserstoff an das Styrolmolekül entsteht nach der Regel von Markownikoff[11] vor-

---

[1] Hibbert, H., u. C. P. Burt: J. Amer. chem. Soc. **47**, 2240—2243 (1925); Org. Syntheses 8, 102 (1928).

[2] Thomas, E. C.: US.P. 2422637 (1947), Monsanto Chemical Comp.

[3] Kopp: Comptes Rendus **21**, 1376 (1844); — J. Blyth u. A. W. Hofmann: Liebigs Ann. Chem. **53**, 306 (1845).

[4] McIlhiney, P. C.: J. Amer. chem. Soc. **21**, 1084 (1899); — Evans u. Morgan: J. Amer. chem. Soc. **35**, 54 (1913); Chem. Zbl. **1936 I**, 5015; — Ross u. Mitarb.: Ind. Engng. Chem. **34**, 924 (1942).

[5] Ashworth, F., u. G. N. Burkhardt: J. chem. Soc. **1928**, 1791.

[6] Radziszewski, Br.: Ber. dtsch. chem. Ges. **6**, 492 (1873); — M. Bourguel: Comptes Rendus **176**, 751 (1923) und Ann. Chimie [10] **3**, 191 (1925).

[7] Straus, E.: Ber. dtsch. chem. Ges. **42**, 2868 (1909); — A. Koss u. L. Pellegrini: Chem. Zbl. **1930 II**, 556.

[8] Blyth, J., u. A. W. Hofmann: Liebigs Ann. Chem. **53**, 307 (1845); — M. Berthelot: Bull. Soc. chim. [2] **6**, 289 (1866).

[9] Emerson, W. S., u. E. P. Agnew: J. Amer. chem. Soc. **67**, 518 (1945).

[10] Fr.P. 729730 (1932), I. G. Farbenindustrie A.G.: Chem. Zbl. **1932 II**, 3015.

[11] Markownikoff, W.: Liebigs Ann. Chem. **153**, 256 (1870).

zugsweise die α-Halogenverbindung, d. h. der negativ geladene Säurerest geht an das wasserstoffärmste C-Atom der Seitenkette, z. B.:

$$C_6H_5 \cdot CH = CH_2 + HCl \longrightarrow C_6H_5 \cdot \overset{\overset{\textstyle Cl}{|}}{CH} - CH_3 \; [1].$$

Verwendet man jedoch bestimmte Lösungsmittel und Katalysatoren, wie z. B. Benzoylperoxyd, und arbeitet bei erhöhter Temperatur, so kann bei der Addition von HBr das Halogenatom auch an das β-ständige C-Atom dirigiert werden [2].

Unterchlorige Säure. Die unterchlorige Säure ($HOCl$), die man sich aus dem Anion OH^+ und dem Kation Cl^+ zusammengesetzt vorstellen kann, ergibt in Übereinstimmung mit der Markownikoffschen Regel bevorzugt α-Oxy-β-Chlor-äthylbenzol oder Phenyläthylenchlorhydrin [3] (Kp 79°/0,5 mm). Auch von diesem Chlorhydrin führt bei Behandlung mit konz. KOH oder konz. Ätzkalilösungen ein Weg zu dem bereits oben erwähnten Styroloxyd und durch Hydrolyse mit verdünnter Sodalösung zum Phenylglykol.

Neben diesen hauptsächlich bekannten chemischen Umsetzungen des Styrols gibt es noch eine Reihe anderer Additions- und Kondensationsreaktionen, über die in der Arbeit von EMERSON ebenfalls referiert wird: Die Einwirkung von Wasser, Alkoholen, Schwefelwasserstoff, Mercaptanen, Aminen, Schwefel, schwefliger Säure und deren Salzen oder Umsetzungen mit alkali-organischen Verbindungen, Quecksilbersalzen, Grignard-Verbindungen, Phosphor und Arsenderivaten, Säurechloriden, Aldehyden, ungesättigten Kohlenwasserstoffen und Substanzen mit anderen reaktionsfähigen Gruppen.

Interessant sind schließlich die Diensynthesen des Styrols mit Butadien und Cyclopentadien usw.[4] sowie die neuerdings gefundene Anlagerung von Aminen und Alkylpyridinen[5] bei Anwesenheit katalytischer Mengen Natrium.

Alle diese chemischen Reaktionen des Styrols, so abwechslungsreich und vielseitig sie auch sein mögen, sind indess nur von untergeordneter technischer Bedeutung. Die Hauptreaktion, auf Grund welcher das Styrol zu einem chemischen Großprodukt geworden ist, ist seine Polymerisationsfähigkeit, die durch den aktivierenden Einfluß der Phenylgruppe auf die Äthylendoppelbindung bedingt ist.

---

[1] SCHRAMM, J.: Ber. dtsch. chem. Ges. **26**, 1709 (1893).

[2] Fr.P. 793768 (1936), Soc. Us. chim. Rhône-Poulenc, France; — C. WALLING, M. S. KHARASCH u. F. R. MAYO: J. Amer. chem. Soc. **61**, 2693 (1939).

[3] DETOEUF, A.: Bull. Soc. chim. **31**, 176 (1922); — A. KNORR: DRP. 559521 (1932); — E.P. 381459, I. G. Farbenindustrie A.G.; — H. ESSEX u. WARD: US.P. 1594608 (1919); Chem. Zbl. **1926 II**, 1693; US.P. 1626398 (1927); Chem. Zbl. **1928 I**, 410.

[4] ALDER, K., u. H. F. RICKERT: Ber. dtsch. chem. Ges. **71**, 379 (1938).

[5] WEGLER, R., u. G. PIEPER: Ber. dtsch. chem. Ges. **83**, 1—10 (1950); — J. D. DANFORTH: US.P. 2449644 (1948), Univ. Oil Prod. Comp.; — CARR u. JOHNSON: Ind. Engng. Chem. **41**, 1588 (1949).

III. Polystyrol.

1. Geschichtliche Entwicklung der Polymerisation und die dabei entwickelten Vorstellungen.

Die Umwandlung des flüssigen monomeren Styrols infolge äußerer Einflüsse, wie Licht und Luft, zu einer festen Masse wurde 1839 von SIMON[1] beobachtet. Diesen Polymerisationsvorgang, bei dem nach unseren heutigen Vorstellungen eine Aneinanderreihung der einzelnen Styrolmoleküle zu langen fadenförmigen Riesenmolekülen erfolgt, ließen BLYTH und HOFMANN[2] bereits 1845 bei einer Temperatur von 100° C innerhalb drei Tagen und bei 200° C in einer Stunde ablaufen und erhielten dabei glasartige, optisch interessante Körper. (BERTHELOT[3] hat 1866 gefunden, daß Styrol auch in einer Lösung von Toluol, die er in Glasröhren eingeschmolzen hatte, beim Erhitzen auf 200° C polymerisierte.) Ende des vorigen Jahrhunderts versuchte LEMOINE[4] die durch Hitze oder Luft bewirkte Verdickung des Styrols quantitativ zu verfolgen. Er stellte dabei fest, daß die viscose Lösung aus Polystyrol und Monostyrol besteht und daß das unveränderte Monostyrol durch Vakuumdestillation von dem Polymerisat abgetrennt werden kann. Als weitere wichtige Befunde von LEMOINE sind seine Beobachtungen zu erwähnen, daß die Polymerisation im Dunkeln sehr langsam, im Sonnenlicht beschleunigt und bei Ultraviolettbestrahlung noch rascher verläuft. Die von KRONSTEIN 1903[5] geäußerte Ansicht, daß die Polymerisation in zwei Stufen — zuerst unter allmählicher Verdickung und dann spontaner Gelatinierung — verläuft, gründet sich zwar auf eine richtige Beobachtung, ist aber in ihrer Schlußfolgerung als abwegig zu bezeichnen. Beachtenswerte Versuche führten einige Jahre später STOBBE und POSNJAK[6] über den Polymerisationsverlauf des Styrols durch. Sie verfolgten den unter Lichteinfluß verlaufenden Prozeß durch Viscositätsmessungen und beobachteten an dem mit ultraviolettem Licht bestrahlten Produkt auch bei anschließendem Stehen im Dunkeln eine Nachpolymerisation. Ihre Entdeckung, daß mit fortschreitender Polymerisation der Brechungsindex der Flüssigkeit sich stetig erhöht, ist auch heute noch für die Kontrolle der großtechnisch betriebenen Blockpolymerisation von großer Wichtigkeit. Die beiden Forscher erkannten die kolloidale Natur des Polystyrols und stellten auch je nach den Herstellungsbedingungen Unterschiede in den physikalischen Eigenschaften der Polymerisate fest.

Seit dem Jahre 1920 beschäftigte sich in Deutschland vornehmlich STAUDINGER[7] und seine Schule mit dem Polymerisationsvorgang des Styrols und den Eigenschaften der entstehenden Endprodukte. STAU-

---

[1] SIMON, E.: Liebigs Ann. Chem. **31**, 265—277 (1839).

[2] BLYTH, J., u. A. W. HOFMANN: Liebigs Ann. Chem. **53**, 311, 314 (1845).

[3] BERTHELOT, M.: Bull. Soc. chim. **6**, 294 (1866).

[4] LEMOINE, G.: Comptes Rendus **125**, 530 (1897); **129**, 719 (1899).

[5] KRONSTEIN, A.: Ber. dtsch. chem. Ges. **35**, 4154 (1902).

[6] STOBBE, H., u. G. POSNJAK: Liebigs Ann. Chem. **371**, 259—286 (1909); **409**, 1—13 (1915).

[7] STAUDINGER, H.: Ber. dtsch. chem. Ges. **53**, 1081 (1920); **59**, 3035 (1926).

DINGER[1] faßte als erster die Polymerisation des Styrols so auf, daß viele einzelne Styrolmoleküle sich zu einem Produkt der gleichen Zusammensetzung wie das Monomere, aber mit hohem Molekulargewicht vereinigen, wobei die Doppelbindung aufgerichtet und die Zusammenlagerung zu linearen Makromolekülen durch Hauptvalenzbindungen bewirkt wird. Für das Polystyrol wurde die nachstehende Strukturformel I aufgestellt:

$$--- \!-\!CH\!-\!CH_2\!-\!CH\!-\!CH_2\!-\!CH\!-\!CH_2\!-\!CH\!-\!CH_2\!-\!-\!- \,. \qquad (I)$$

mit C_6H_5-Gruppen an jedem CH.

Die Zusammenlagerung soll dabei rein symmetrisch erfolgen, indem jedes zweite Kohlenstoffatom eine Phenylgruppe trägt. Die Richtigkeit dieser Auffassung konnte durch spätere Versuche[2] erhärtet werden, indem unter den thermischen Abbauprodukten des Polystyrols neben Styrol hauptsächlich Spaltstücke mit alternierender Anordnung der Phenylgruppe gefunden wurden [z.B. 1,3-Diphenylbutylen (Distyrol) $CH_2\!-\!CH_2\!-\!C\!=\!CH_2$, mit C_6H_5-Gruppen,

1,3-Diphenylpropan, 1,3,5-Triphenylhexen (Tristyrol) und 1,3,5-Triphenylpentan].

Demgegenüber plädierte MIDGLEY[3] auf Grund der Tatsache, daß er — bei einer allerdings sehr speziellen Reaktion, nämlich der Einwirkung von nascierendem Wasserstoff (aus Alkohol und Natrium) auf Styrol — neben Äthylbenzol das 1,4-Diphenylbutan gefunden hat, für eine asymmetrische Molekülanordnung im Polystyrol gemäß Formel (II)

$$--- \!-\!CH\!-\!CH_2\!-\!CH_2\!-\!CH\!-\!CH\!-\!CH_2\!-\!CH_2\!-\!CH\!-\!-\!- \,. \qquad (II)$$

mit C_6H_5-Gruppen.

Die Staudingersche Auffassung über den Aufbau gemäß Formel (I) wird weiterhin gestützt durch Messungen der Lichtabsorption[4] sowie durch Ramanspektren[5], die eine Äthylbenzolstruktur des Polymeren in Lösung aufzeigen.

Auch die Versuche von MARVEL und MOON[6] an polymerem o-Bromstyrol sprechen für den symmetrischen Aufbau.

Das Polystyrolmolekül ist demnach als langgestrecktes Methylenskelett mit alternierenden Phenylsubstituenten aufzufassen, wobei die Frage über die Natur der Endgruppen sowie evtl. Verzweigungen zunächst noch offengelassen wird.

Temperaturabhängigkeit der Polymerisation. Bei der Wärmepolymerisation des Styrols ist die Temperatur, bei der die Reaktion abläuft, von

---

[1] STAUDINGER, H., u. Mitarb.: Ber. dtsch. chem. Ges. **62**, 241, 263, 2909, 2921, 2933 (1929); **63**, 222 (1930); — H. STAUDINGER: Die hochmolekularen organischen Verbindungen. Berlin 1932.

[2] STAUDINGER, H., u. STEINHOFER: Liebigs Ann. Chem. **517**, 35 (1935).

[3] MIDGLEY, TH., u. Mitarb.: J. Amer. chem. Soc. **58**, 1961 (1936).

[4] BOER, J. H. DE, R. HOUWINK u. J. F. H. CUSTERS: Recueil Trav. chim. Pays-Bas **52**, 709 (1933).

[5] SIGNER, R., u. J. WEILER: Helv. chim. Acta **15**, 649 (1932).

[6] MARVEL, C., u. N. S. MOON: J. Amer. chem. Soc. **62**, 45 (1940).

entscheidender Bedeutung für die Beschaffenheit der Polymerisate. Bei
niedriger Temperatur geht die Polymerisation langsam vonstatten, ergibt aber hochmolekulare, zähfeste Polymere. Je höher die Temperatur
gewählt wird, desto größer ist die Polymerisationsgeschwindigkeit, desto
kürzer werden jedoch auch die Molekülketten und um so spröder sind
die Polymerisate[1]. Spätere Messungen von SCHULZ[2] und Mitarbeiter
lassen diese Verhältnisse besonders klar hervortreten.

In gleicher Richtung wie die Temperaturerhöhung wirken Zusätze, die
als Beschleuniger der Polymerisation fungieren. OSTROMISLENSKY[3]
hat gefunden, daß je nach der Polymerisationstemperatur oder der Zu-

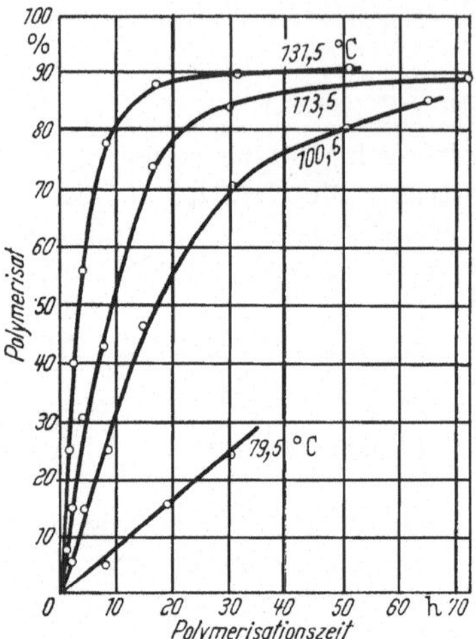

Abb. 11.   Polymerisationsumsatz von
Styrol bei verschiedenen Temperaturen.
Nach SCHULZ und HUSEMANN[2].

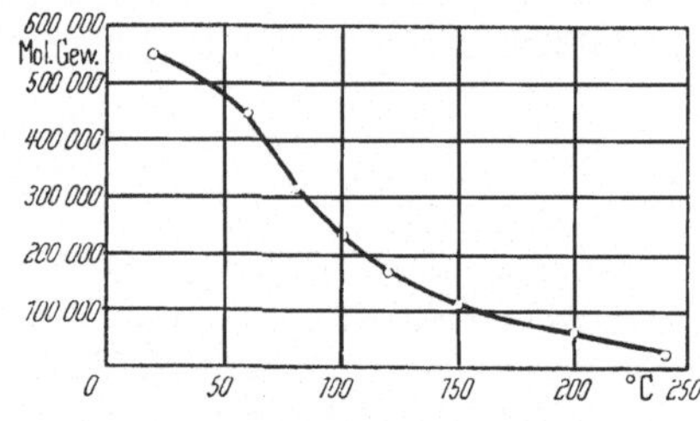

Abb. 12. Abhängigkeit des Molekulargewichtes
von der Polymerisationstemperatur. Nach
SCHULZ und HUSEMANN[2].

gabe von Benzoylperoxyd Produkte von verschiedenen physikalischen
Eigenschaften erhalten werden.

STAUDINGER und Mitarbeiter[4] erklärten diese Verschiedenheit als
Funktion der unterschiedlichen Länge der polymeren Moleküle und
nahmen folgende Einteilung der Polystyrole nach ihrer Molekülgröße
vor (Tab. 5):

	Mol.-Gew.	Länge der Moleküle	Viscosität einer 1%igen Lösung
Hemikolloide	bis 10 000	50— 250 Å	niederviscos
Mesokolloide	10 000—100 000	250—2 500 Å	mittelviscos
Eukolloide	über 100 000	über 2 500 Å	hochviscos

Durch fraktionierte Fällung aus Polystyrollösungen konnten Produkte
mit unterschiedlichen Molekülgrößen isoliert werden. Damit war der
Beweis erbracht, daß das polymere Produkt nicht aus einheitlich langen,
sondern aus einem Gemisch polymerhomologer Moleküle besteht.

<hr>

[1] STAUDINGER, H., u. Mitarb.: Ber. dtsch. chem. Ges. **62**, 245 (1929).

[2] SCHULZ, G. V., u. E. HUSEMANN: Z. physik. Chem. **34**, 187 (1936) u. **39**,
246 (1939).

[3] OSTROMISLENSKY, J.: E.P. 236 891 (1926); — US.P. 1 683 402—404 (1928).

[4] STAUDINGER, H., u. Mitarb.: Ber. dtsch. chem. Ges. **62**, 241, 263, 2893, 2909,
2921, 2933 (1929).

Bis zu diesem Stand waren die wissenschaftlichen Erkenntnisse über das Polystyrol vorgeschritten, als die Industrie die Entwicklung technischer Polymerisationsverfahren in Angriff nahm.

2. Die technische Durchführung der Styrolpolymerisation.

Unabhängig und den in der neueren Literatur niedergelegten Vorstellungen vorgängig hat sich die Industrie mit ihrem Rüstzeug den Bedürfnissen der Polymerisationstechnik angepaßt und verschiedene Methoden entwickelt. Man kennt heute vier hauptsächliche Polymerisationsarten:

a) die Polymerisation in homogener Phase (Blockpolymerisation),
b) die Polymerisation in Lösungsmitteln,
c) die Emulsionspolymerisation,
d) die Suspensions- oder Perlpolymerisation.
e) Bei allen vier Methoden besteht die Möglichkeit, aus mehreren polymerisationsfähigen Verbindungen Mischpolymerisate herzustellen, welche gestatten, die Eigenschaften der Polymeren je nach Art und Menge der Zusatzkomponenten nach bestimmten Richtungen hin zu verändern.

a) Die Polymerisation in homogener Phase (Blockpolymerisation).

Von den genannten Verfahren hat bis heute in Deutschland die Blockpolymerisation die größte Bedeutung gehabt. Man verfährt dabei so, daß das monomere Styrol durch längeres Erhitzen auf höhere Temperaturen in Abwesenheit oder bei Gegenwart von Katalysatoren allmählich in das feste Polystyrol umgewandelt wird.

Bei der einfachsten Ausführung der Wärmepolymerisation, z. B. im Laboratorium, erhitzt man in einem mit Rückflußkühler versehenen 2-l-Glaskolben, der sich in einem Ölbad befindet, 1 kg Monostyrol 48 Stunden auf 80° C, wobei die Flüssigkeit allmählich eine immer zähere Konsistenz annimmt. Nach dieser Zeitspanne steigert man die Temperatur im Verlauf von 12 Stunden stetig bis auf 150° C. Das noch vorhandene Monostyrol kommt dabei zum Sieden und wird in dem Rückflußkühler kondensiert. Mit fortschreitender Polymerisation wird die im Rückflußkühler auftretende Menge immer geringer und verschwindet schließlich vollständig. Das Polymerisat wird hierauf noch etwa 10 Stunden bei 180° C gehalten, wodurch erreicht wird, daß das monomere Styrol nahezu restlos auspolymerisiert. Zur Erzielung eines absolut glasklaren hellen Polystyrols ist es notwendig, einen Glasschliffkolben zu verwenden und während der Polymerisation die Luft durch eine schwache Stickstoffzufuhr über der Oberfläche des Styrols zu verdrängen. Den Glaskolben läßt man nach beendeter Polymerisation außerhalb des Bades erkalten, wobei er meistens wegen der verschiedenen Ausdehnungskoeffizienten von Glas und Polystyrol zerspringt. Der Polystyrolblock muß dann mechanisch zerkleinert werden. Ein auf diese Art gewonnenes Polystyrol stellt hinsichtlich seiner Eigenschaften ein

Produkt dar, das als thermoplastischer Kunststoffrohstoff zu verarbeiten ist.

Die Einfachheit dieses Polymerisationsvorganges könnte nun leicht zu der Annahme verleiten, daß eine entsprechende Übertragung in den großtechnischen Maßstab ohne weiteres möglich sei. Dies ist jedoch aus verschiedenen Gründen nicht der Fall.

Die Polymerisationsreaktion ist ein exothermer Vorgang. Aus der Differenz der Verbrennungswärmen von Mono- und Polystyrol ermittelte W. v. Luschinsky[1] einen Betrag von 10—14 Cal/Mol. Neuere amerikanische Arbeiten[2], die sich durch einen hohen Grad von Exaktheit auszeichnen, ergaben als Wärmetönung 17,54 Cal/Mol ± 0,16%, bei der Umwandlung von flüssigem Styrol zu in Monostyrol gelöstem Polystyrol oder 16,68 Cal/Mol aus den Verbrennungswärmen. Bei direkten Messungen der Polymerisationswärme wurden 15 bzw. 16,1 Cal/Mol[3] gefunden.

Bei großen Ansätzen von ein oder mehreren Tonnen ist daher die zur Aufrechterhaltung einer bestimmten Polymerisationstemperatur erforderliche Wärmeabfuhr der entscheidende Faktor. Auf Gund der ausgezeichneten Isoliereigenschaften des Polystyrols geht jedoch, je weiter die Polymerisation fortschreitet, je zähflüssiger also die polymerisierende Masse wird, die Wärmeübertragung etwa an ein durchgeleitetes Kühlmittel immer mehr zurück, was zur Folge hat, daß die exotherme Reaktion einen ständig steigenden Temperaturanstieg bewirkt und von einem gewissen Punkt ab, unter Bildung niedrigmolekularer Produkte, davonrast. Eine weitere arbeitstechnische Schwierigkeit verursacht die Entfernung eines solch großen Polystyrolblockes aus dem Polymerisationsgefäß. Da ein mechanisches Ausmeißeln als absolut unwirtschaftlich und wegen der dabei zu erwartenden Verschmutzungsgefahren nicht durchführbar ist, verbleibt als Ausweg die Möglichkeit, den Block nach dem Erkalten an den Randpartien durch Aufwärmen wieder aufzuschmelzen und an einem evtl. einpolymerisierten Anker herauszuziehen. Abgesehen von der Umständlichkeit einer solchen Arbeitsweise besteht aber nun die Hauptschwierigkeit in der Zerkleinerung des erhaltenen Blockpolymerisates. Bei der mechanischen Bearbeitung etwa auf der Drehbank oder in Brechern sind infolge der großen Zähigkeit des Polystyrols starke Kräfte aufzubringen, die sich letzten Endes in Reibungswärme umsetzen, das Material teilweise in den plastischen Zustand überführen, wobei eine weitere Zerkleinerung nicht mehr möglich ist.

α) Das Polystyrol-III-Verfahren der BASF Ludwigshafen. Wie bei den beschriebenen Vorstufen des Polystyrols war man bei der I. G. Farbenindustrie Ludwigshafen von Anfang an bestrebt, die Polymerisa-

[1] Luschinsky, W. v.: Z. physik. Chem., Abt. A **182**, 384—388; Chem. Zbl. **1939** I, 627.

[2] Roberts, D. E., W. W. Walton u. R. S. Jessup: J. Polym. Sci. **2**, 420—431 (1947).

[3] Goldfinger, G., D. Josefowitz u. H. Mark: J. Amer. chem. Soc. **65**, 1432 (1943); — L. K. J. Tong u. W. O. Kenyon: J. Amer. chem. Soc. **69**, 1402—1405 (1947).

tion ebenfalls kontinuierlich zu gestalten und schon bei der Herstellung eine laufende Aufteilung und Zerkleinerung des Polymerisates durch geeignete maschinelle Vorrichtungen zu erreichen. Die technische Lösung dieses Problems fußt auf der von C. WULFF und E. DORRER[1] ausgearbeiteten Methode einer in einem senkrecht stehenden Turm kontinuierlich ablaufenden Polymerisation des Styrols. Aber auch bei diesem Verfahren, bei dem im kontinuierlichen Betrieb die unteren Heizzonen mit Polystyrol, die oberen mit polymerisierendem Produkt gefüllt sind und das Monostyrol am Kopf des Turmes zugegeben wird, war es äußerst schwierig, die Polymerisationstemperatur konstant und auf gleichmäßiger Höhe zu halten, was zur Erzielung eines typgerechten und genügend zähfesten Materials unbedingt erforderlich ist.

Durch die von H. OHLINGER im Jahre 1936 gemachte Beobachtung, daß der kontinuierliche Prozeß viel gleichmäßiger verläuft, in der Temperatureinstellung wesentlich einfacher zu beherrschen ist und daß ein wesentlich zähfesteres Polystyrol entsteht, wenn an Stelle von Monostyrol eine bereits vorpolymerisierte Styrollösung mit 30—35% Polymergehalt dem Turm zugeführt wird, war das Verfahren absolut betriebssicher geworden und liefert seitdem in jahrelanger, nur durch die Kriegseinwirkungen unterbrochener kontinuierlicher Fabrikation ein unter dem Namen Polystyrol III weithin bekanntes Polymerisat mit genügend hoher Viscosität, guten mechanischen Eigenschaften, absolut glasklarer Transparenz und einer stets gleichmäßigen Beschaffenheit, was für die Weiterverarbeitung von großer Bedeutung ist.

Beschreibung des Polystyrol-III-Verfahrens (vgl. Abb. 13). Wie bereits erwähnt, handelt es sich bei der kontinuierlich betriebenen Blockpolymerisation des Styrols um ein Zweistufen-Verfahren.

Die *Vorpolymerisation* besteht aus zwei parallelgeschalteten, 2 m³ großen Rührbehältern aus Aluminium *1*, die mit Heiz- oder Kühlschlangen *2* und einem mit etwa 60 U/min laufenden Blattrührer *3* versehen sind. Jeder Kessel ist mit 1400 kg Polymerisationsflüssigkeit gefüllt, die mittels eines durch die Alu-Schlangen aus dem Warmwasserbehälter *4* zirkulierenden Wasserkreislaufes auf eine Temperatur von 80° C geheizt wird. Das Monostyrol läuft aus dem Vorratsbehälter *5* über Pumpe *6* und Rotamesser *7* kontinuierlich in die Rührkessel ein (25 kg/h je Behälter). Über der Oberfläche des polymerisierenden Styrols wird stets eine Stickstoffatmosphäre durch eine geringe N_2-Zufuhr *8* aufrechterhalten. Der Stickstoff entweicht durch die Verbindungsrohre *9*, einen Kühler *10* mit Abscheidegefäß *11* über Dach. Die Abfuhr der frei werdenden Polymerisationswärme erreicht man dadurch, daß die Temperatur des Warmwasserkreislaufes 2—4° unter der Polymerisationstemperatur im Produkt gehalten wird. Bei einer mittleren Verweilzeit von etwa 55 Stunden stellt sich der durch Refraktionsmessungen ständig kontrollierte Umsatz in der Vorpolymerisation auf 32—33% ein, d.h. ⅓ des zugefahrenen Monostyrols wird bei 80° C in Polystyrol verwandelt, welches in dem unveränderten Monomeren gelöst ist. In

---

[1] WULFF, C., u. E. DORRER: DRP. 634278 (1936), I. G. Farbenindustrie A.G.; Dtsch. Prior. 1930; — US.P. 2077542 (1937), I. G. Farbenindustrie A.G.

Form einer stark viscosen, wasserhellen Lösung läuft das Vorpolymerisat
kontinuierlich am Boden der Rührbehälter in einer der Styrolzufuhr
entsprechenden Menge durch die Rohrleitungen *12* über ein Schauglas *13*
in den senkrecht stehenden Turm *14* ein.

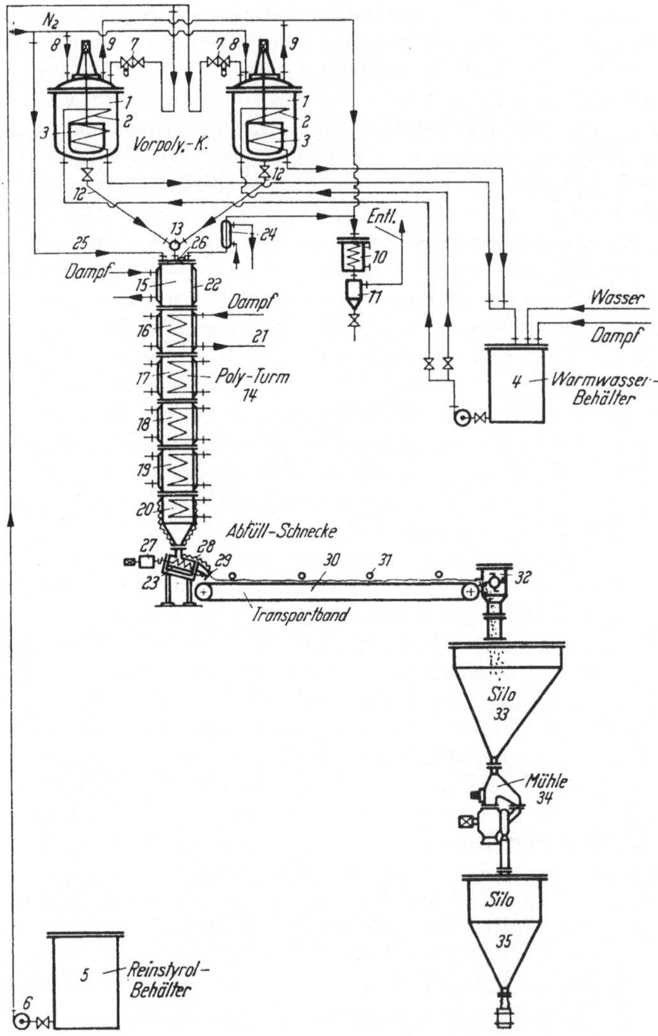

Abb. 13. Styrolpolymerisation Polystyrol III, BASF Ludwigshafen a. Rh.

Die *Nachpolymerisation* vollzieht sich hier bei höheren, gegen das
untere Turmende steigenden Temperaturen. Der aus V_2A-Stahl ge-
fertigte Turm hat eine Höhe von 6 m und einen Durchmesser von 0,8 m.
Er setzt sich aus sechs einzelnen Schüssen (*15—20*) zusammen, von
denen die Teile *16—20* im Inneren mit Schlangen *21* und die Teile *15—19*

außen mit einem Mantel *22* für Dampfbeheizung versehen sind. Der letzte, im untersten Teil konische Schuß *20* hat außen eine regulierbare elektrische Heizung, die auch das Schneckengehäuse *23* umfaßt.

Bei der kontinuierlichen Arbeitsweise ist der Turm von unten bis zum fünften Schuß mit etwa 1400 kg Polymerisat gefüllt. Der oberste Schuß (*15*) wird gewöhnlich nicht beheizt und dient nur als zusätzliche Raumreserve. Der fünfte Schuß, wo die Hauptreaktion stattfindet, ist mit 110—140 grädigem, der vierte Schuß mit 150—160 grädigem Dampf beheizt. Diese Temperatureinstellung, die gegebenenfalls etwas zu

Abb. 14. Teilansicht der kontinuierlichen Polymerisationsanlage in der BASF Ludwigshafen a. Rh.

variieren ist, bewirkt, daß die Weiterpolymerisation der einlaufenden Lösung stets gleichmäßig, ohne zu stürmisch bzw. zu langsam zu werden, vonstatten geht. Eine kleine Menge verdampfendes Styrol wird durch einen auf dem Turmdeckel befindlichen Rückflußkühler kondensiert. Der bei *25* eintretende, geringe Stickstoffstrom verhindert jedweden Luftzutritt in den Polymerisationsraum. Durch ein Schauglas *26* kann der Reaktionsablauf im Turm jederzeit beobachtet werden. Die letzten drei auf 180° C geheizten Schüsse dienen dazu, die Polymerisation soweit als möglich zu vervollständigen, d. h. das Monostyrol weitgehendst auszupolymerisieren.

In dem Maße, wie das Vorpolymerisat aus den beiden Rührbehältern in den Turm einfließt (50 kg/h), wird am unteren Turmende das fertig polymerisierte Produkt mittels einer durch ein regelbares Getriebe *27* bewegten Förderschnecke *28* bei einer Temperatur von 220° C aus dem Turm ausgefahren. Es ist darauf zu achten, daß die Niveauhöhe der polymerisierenden Säule ziemlich konstant bleibt. Infolge der großen Zähflüssigkeit des einlaufenden Produktes und erst recht des in den unteren Schüssen befindlichen Polystyrols bleibt ein kontinuierlicher Materialfluß von oben nach unten ohne wesentliche Vermischung gewahrt. Das Polystyrol verläßt nach einer mittleren Durchlaufzeit von 28 Stunden den Turm in Form zweier durch eine Schlitzdüse *29* erzeugter Bänder. Diese laufen auf ein endloses luftgekühltes Stahlband *30*, wo sie, durch aufliegende wassergekühlte Laufrollen *31* geführt, auf dem Weitertransport so weit erkalten, daß sie nach einer Strecke von etwa 7 m von einer Zerkleinerungsmaschine *32* in kleine Stückchen zerschlagen werden können. Letztere fallen in ein Silo *33* und kommen von da zu einer 3000 tourigen Mühle *34*, aus der das Mahlgut in den Abfüllbunker *35* befördert wird. Das auf diese Weise gewonnene, unter der Bezeichnung „Polystyrol III glasklar, Körnung 1" im Handel befindliche Polystyrol der BASF stellt ein weißes, im Aussehen zuckerähnliches Produkt von unterschiedlicher Kornbeschaffenheit dar.

Verwendet man beim Austrag aus dem Turm an Stelle einer Schlitzdüse eine mit kleinen Löchern versehene Düse, so kann das Polystyrol auch in Form dünner Stränge abgezogen werden, die beim Zerkleinern in einer schnellaufenden Schneidemaschine 3—5 mm große, etwas flachgedrückte Zylinderchen von brillantem, glasklarem Aussehen ergeben. Diese als „Polystyrol III glasklar, Körnung 2" bezeichnete Ware ist frei von pulverförmigen Anteilen und wird hauptsächlich von ausländischen Kunden bevorzugt.

Eigenschaften. Polystyrol III hat einen k-Wert von 70—72 Einheiten und ein mittleres Mol.-Gew. von 170000—180000 osmotisch gemessen. Oberhalb 80° C beginnt es allmählich zu erweichen und geht von etwa 120° C ab in den thermoplastischen Zustand über. Es ist vollkommen farblos und besitzt auch in großer Schichtdicke eine absolut klare, wasserhelle Transparenz. Die mechanische Festigkeit und Wärmebeständigkeit genügt den meisten Anforderungen. Spritzgußgegenstände aus Polystyrol III besitzen einen schönen Oberflächenglanz und eine ausreichende Oberflächenhärte. Bei tiefen Temperaturen tritt keine Versprödung ein. Ausgezeichnet sind seine dielektrischen Eigenschaften, die niedrige Dielektrizitätskonstante und der außerordentlich kleine dielektrische Verlustfaktor. Gegen Wasser und viele Chemikalien, wie schwache und starke Alkalien, Alkohole, Mineralöl, ist Polystyrol III beständig. Ketone, Ester, Äther, aromatische und chlorierte Kohlenwasserstoffe lösen Polystyrol auf. Benzine bewirken Quellung. Polystyrol widersteht auch den meisten starken Säuren einschließlich Flußsäure. Von konz. Salpetersäure und Oleum wird es dagegen angegriffen. Es läßt sich demgemäß nitrieren[1], wobei bei vorsichtigem Arbeiten 1—2 Nitrogruppen in das Molekül, und zwar in p- bzw. 2,4-Stellung, eingeführt werden[2]. Die Sulfierung[3] ergibt je nach den Arbeitsbedingungen

---

[1] BLYTH, J., u. A. W. HOFMANN: Liebigs Ann. Chem. **53**, 316 (1845).
[2] ZENFTMANN, H.: J. chem. Soc. [London] **1950**, 982—986.
[3] WULFF, C.: DRP. 580366 (1933), I. G. Farbenindustrie A.G.; — R. SIGNER u. A. DEMAGISTRI: J. Chim. physique 47, 704 (1950); A.P. 2604456 (1952).

und Sulfierungsmitteln quellbare oder lösliche Polystyrolsulfosäuren. Leicht durchführbar ist auch die Chlorierung[1] von gelöstem Polystyrol, wobei ein Chlorpolystyrol gewonnen werden kann[2], das an Stelle von Chlorkautschuk für säurebeständige Lackierung verwendbar ist. Die katalytische Hydrierung führt zu einem Hydropolystyrol[3] mit stark verminderter Molekülgröße, derzufolge es eine große Sprödigkeit besitzt und als Kunststoffrohstoff ungeeignet ist. Alkylierte Polystyrole entstehen durch Einwirkung von Alkylchloriden oder Olefinen in Gegenwart von Aluminiumchlorid und dienen als Zusätze zu Schmierölen[4].

β) Flüchtige Anteile im Polystyrol. Wie bereits angedeutet, ist es bei der Polymerisation nicht möglich, das monomere Styrol restlos durchzupolymerisieren. Auch reinstes, 100%iges Monostyrol läßt sich nicht quantitativ in Polystyrol verwandeln. Da die Polymerisationsgeschwindigkeit proportional der Menge an reaktionsfähiger Substanz ist, wird mit abnehmender Styrolkonzentration die Polymerisation sich immer mehr verlangsamen, bis schließlich bei allzu großer Verdünnung des Monostyrols im Polymerisat die Reaktion vollständig zum Stillstand kommt. Dabei verbleiben im Polystyrol ungefähr 1—1,5% flüchtige Anteile, die vorwiegend aus Monostyrol bestehen. Daneben sind noch Spuren niedermolekularer Anteile (Distyrol und Tristyrol), Benzaldehyd sowie, je nach der Reinheit des angewandten Monomeren, geringe Mengen von Äthylbenzol nachzuweisen. Es hat sich gezeigt, daß beim Polystyrol III ein solch niedriger Gehalt an flüchtigen Anteilen keine nachteiligen Auswirkungen an den Fertigerzeugnissen verursacht, denn glasklare, gespritzte Körper aus Polystyrol III behalten auch nach jahrelanger Lagerung ihre ursprüngliche klare Transparenz unverändert bei. Bei Überschreitung dieses Grenzbetrages würden nach einiger Zeit weißliche Trübungseffekte an den Fertigartikeln auftreten und diesen ein unansehnliches Aussehen verleihen.

Man bestimmt diesen Gehalt an flüchtiger Substanz, indem man eine Probe des feingemahlenen Polystyrols längere Zeit bei höherer Temperatur (100—150° C) einer Vakuumbehandlung aussetzt, wobei die flüchtigen Bestandteile aus dem Polystyrol herausdiffundieren und in einer Kältefalle (— 80° C) kondensiert werden können.

Eine zweite, aber umständlichere Methode beruht darauf, daß aus einer Lösung von Polystyrol in Benzol oder Toluol beim Eingießen in Methanol nur das Polystyrol ausgefällt wird, während Monostyrol, Äthylbenzol und niedermolekulare Anteile im Methanol gelöst bleiben.

Eine spektrographische Methode zur Bestimmung von monomerem Styrol in Polystyrol wurde von amerikanischen Forschern[5] zu einer

---

[1] WULFF, C.: DRP. 573065 (1933); — H. B. DYKSTRA: US.P. 1890772 (1932).

[2] OHLINGER, H., u. P. H. SCHROEDER: DRP. 732416 (1943).

[3] STAUDINGER, H.: DRP. 504215 (1930); — H. STAUDINGER u. Mitarb.: Ber. dtsch. chem. Ges. **59**, 3040 (1926); **62**, 263, 2406 (1929).

[4] E.P. 640566 (1950), Monsanto Chemical Comp.

[5] McGOVERN, J. J., J. M. GRIM u. W. C. TEACH: Anal. Chem. **20**, 312—314 (1948); — J. E. NEWELL: Anal. Chem. **23**, 445 (1951); — vgl. Kunststoffe **39**, Nr. 7, S. 173—174 (1949).

innerhalb kurzer Zeit durchführbaren spektrophotometrischen Bestimmungsmethode ausgebaut, die bei niederem Monomerengehalt mit $\pm\,0,05\%$ Genauigkeit arbeitet. Das Analysenverfahren beruht auf zwei beim monomeren Styrol stark ausgeprägten UV-Absorptionsbanden von 282 und 291 mμ, die dem Polystyrol fehlen.

γ) **Nachbehandlung des Polystyrols.** Die Entfernung der flüchtigen Anteile aus den Polymerisaten, ohne daß diese eine Verfärbung, Verunreinigung oder Verschlechterung ihrer mechanischen Eigenschaften erfahren, stellt technisch ein schwieriges Problem dar. Andererseits beobachtet man jedoch an derart entgasten Polystyrolen eine erhöhte Temperatur- und Lichtbeständigkeit, weshalb dieses Problem gerade für die Herstellung von Spezialtypen von großer Wichtigkeit ist. Die im Zuge der wissenschaftlichen Arbeiten zur Auseinanderfraktionierung der polymerhomologen Reihen angewandte Methode der Auflösung des Polystyrols in einem Lösungsmittel und Umfällen mit einem Nichtlöser (z. B. Methanol) führt zwar zu absolut reinem, monomerfreiem Polystyrol ohne niedermolekulare Anteile, es erfordert aber derart riesige Mengen von Flüssigkeiten, daß an eine technische Auswertung nicht zu denken ist. Dieser Nachteil soll durch Verwendung von Propylenoxyd als Lösungs- und Methanol als Fällungsmittel weitgehend beseitigt werden[1]. Man erreicht den gewünschten Effekt auch auf einfachere Weise, wenn man möglichst fein disperses Polystyrol in der Gegend seines Erweichungspunktes einer mehrmaligen Druckextraktion mit Methanol unterzieht, wobei zweckmäßigerweise ein Schutzkolloid zur Vermeidung von Verklumpungen zugesetzt wird. Andere Vorschläge gehen dahin, das Polymerisat in geeigneter Aufteilung einer erschöpfenden Behandlung mit Wasserdampf zu unterziehen[2] oder eine Entgasung des geschmolzenen Polymerisates im Vakuum bei hoher Temperatur[3] unter Durcharbeitung auf beheizten Walzen oder Schnekkengängen vorzunehmen[4]. Auf solche Weise behandelte Polystyrole ohne flüchtige Anteile besitzen eine Wärmebeständigkeit von nahezu 100° C, so daß daraus hergestellte Gegenstände kurzzeitiges Kochen in siedendem Wasser vertragen ohne eine sichtbare Deformation zu erleiden.

Ein Produkt dieser Art stellt das in der BASF Ludwigshafen entwickelte „Polystyrol VI" dar[5]. Auf Grund der Monomerenfreiheit ist anzunehmen, daß auch die amerikanischen, als „heat resistant" bezeichneten Polystyrolsorten „Koppers P 8"[6], „Lustrex LX"[7] von Monsanto, oder „Styron 683"[8] der Dow Chemical Comp. irgendeine Nach-

---

[1] WARNER, A. J.: US.P. 2436841 (1948), Fed. Teleph. et Radio Corp.

[2] Fr.P. 668490 (1929), I. G. Farbenindustrie A.G.; — H. DAUMILLER: DBP. 808788 (1951), BASF.

[3] LOWRY, R. D.: US.P. 2331273 (1943), Dow Chemical Comp.

[4] ALLEN, J.: US.P. 2273822 (1942) und 2496653 (1950), U.C.C.C.

[5] SCHMID, A.: Kunststoffe **40**, Nr. 6 S. 198—199 (1950).

[6] WOLFORD, E. Y.: Mod. Plastics **26**, Nr. 4, S. 91—94 (1948); — vgl. Kunststoffe **39**, 174 (1949).

[7] DUNLOP, R. D., u. S. E. GLICK: Mod. Plastics **24**, Nr. 12, S. 127—129 (1947).

[8] BOSKIRK, R. L. VAN: Mod. Plastics **26**, Nr. 4, S. 188 (1948).

behandlung durchlaufen haben, da Erweichungstemperaturen von 93 bis 99° C (gemäß A.S.T.M. D 648—44 T) erreicht werden.

δ) Depolymerisation von Polystyrol. Bei längerem Erhitzen auf höhere Temperatur erleidet das Polystyrol einen allmählichen Abbau, d. h., die langen Kettenmoleküle werden unter Bildung kürzerer Spaltstücke zerbrochen. Die Folgen davon sind: Verringerung der mechanischen Festigkeiten und niedrigere Viscosität des so behandelten Materials. Technische Polystyrole erleiden oberhalb 130° C bereits einen merklichen Abbau[1]. Je höher die Temperatur, desto rascher verläuft die Abbaureaktion. In dem Temperaturbereich von 130—250° C wird jedoch noch kein Monostyrol als Spaltprodukt festgestellt. Erst bei noch höherer Temperatur setzt eine unter Monostyrolrückbildung verlaufende Zersetzung ein, die indessen nicht quantitativ zu Monostyrol führt, sondern auch niedermolekulare Bruchstücke wie Distyrol, Tristyrol usw. ergibt. Bereits im Jahre 1845 haben J. BLYTH und A. W. HOFMANN[2] die Feststellung gemacht, daß ein über 300° C erhitztes Polystyrol sich zum Teil in Monostyrol zersetzt. Desgleichen haben H. STOBBE und G. POSJNAK[3] die Rückverwandlung in Monostyrol beschrieben. J. OSTROMISLENSKY[4] benützte diese Methode, um aus unreinem, polymerisiertem Styrol nach dem Abdestillieren der Begleitsubstanzen in einer nachfolgenden Depolymerisation zu reinerem Styrol zu gelangen. Von STAUDINGER wurde die Depolymerisation des Polystyrols unter Normaldruck bei 310—350° C sowie im Vakuum bei 290—320° C studiert[5].

Die Versuchsergebnisse veranschaulicht Tab. 6.

Tabelle 6.

Druck	Temperatur	h	Monomere	Dimere	Trimere	Tetramere	Rückstand
1 atü	310—350° C	6	65	20	4	—	10
Vakuum	290—320° C	12	40	20	24	4	12

Praktisch die gleichen Ergebnisse zeigte eine spätere amerikanische Arbeit[6], die bei 350—420° C und 10^{-6} mm Hg durchgeführt wurde. SEYMOUR[7], der die Zersetzung bei 255° C über einen längeren Zeitraum verfolgte, beschreibt folgenden Abbauverlauf:

Temperatur	Zeit (h)	Destillat %
255° C	27	0
255° C	45	2,8
255° C	73	11,0
255° C	115	33,4
255° C	168	51,5

[1] STAUDINGER, H., u. H. MACHEMER: Ber. dtsch. chem. Ges. **62**, 2930 (1929); — H. H. G. JELLINEK: J. Polym. Sci **3**, 858 (1948).

[2] BLYTH, J., u. A. W. HOFMANN: Liebigs Ann. Chem. **53**, 315 (1845).

[3] STOBBE, H., u. G. POSJNAK: Ber. dtsch. chem. Ges. **47**, 2702 (1914).

[4] OSTROMISLENSKY, J.: U.S.P. 1 703 950 (1929).

[5] STAUDINGER, H., u. A. STEINHOFER: Liebigs Ann. Chem. **517**, 35 (1935); — vgl. auch Ber. dtsch. chem. Ges. **67**, 1159 (1934).

[6] MADORSKY, S. L., u. S. STRAUS: Ind. Engng. Chem. **40**, 848 (1948).

[7] SEYMOUR, R. B.: Ind. Engng. Chem. **40**, 524 (1948).

Unter einem Druck von 90 bzw. 760 mm Hg waren in dem Destillat 73,5 bzw. 70% Monostyrol enthalten, während bei Anwendung von Trikresylphosphat als Lösungsmittel des Polystyrols ein Destillat mit 87% Monostyrol anfiel.

Auch Ultraschall übt einen abbauenden Einfluß auf das Polystyrol aus, der jedoch nicht bis zum Monostyrol geht, sondern bei einem mittleren Polymerisationsgrad stehenbleibt[1].

ε) **Polystyrol-IV-Verfahren der BASF Ludwigshafen.** In dem Bestreben, eine gegenüber Polystyrol III verbesserte Polystyroltype zu entwickeln, wurde von H. OHLINGER 1939 gefunden, daß man ein mechanisch vorzügliches Polystyrol erhält, wenn die aus der Vorpolymerisation des Polystyrol-III-Verfahrens stammende Lösung von Polystyrol in Monostyrol in geeigneter Weise in festes Polymerisat und flüssiges Monostyrol zerlegt wird. Das hierbei gewonnene Polystyrol IV stellt also ein bei 80° C polymerisiertes Produkt dar und setzt sich infolge der absolut konstanten, relativ niedrigen Polymerisationstemperatur aus Polystyrolmolekülen von weitgehend einheitlicher Kettenlänge zusammen. Da die Bildung von niedrigpolymeren Anteilen, die sonst bei höherer Temperatur entstehen, bei diesem Verfahren ausgeschaltet ist, besitzt Polystyrol IV größere mechanische Festigkeiten, höhere Temperaturbeständigkeit und das gleiche wasserklare Aussehen wie Polystyrol III.

Als geeignetste Apparatur für die Trennung des Polystyrols und Monostyrols aus obiger Lösung wurde ein Vakuumdoppelwalzentrockner befunden. Diese Methode hat folgende Vorzüge:

1. Das Polymerisat fällt in Form eines trockenen Filmes an, kann leicht zerkleinert und unmittelbar für Spritzgußzwecke eingesetzt werden.

2. Infolge der kurzen Verweilzeit auf den mit 14 atü Dampf beheizten Walzen ist das Polystyrol bei 1½—2 U/min nur kurze Zeit auf höherer Temperatur. Ein Abbau der langen Kettenmoleküle ist dabei ausgeschlossen.

3. Das Abdestillieren des Monostyrols unter Vakuum und anschließender Kondensation zeigt die geringsten Materialverluste und liefert ein Rückstyrol, das ohne weiteres wieder in den Polymerisationsprozeß eingesetzt werden kann.

Die Arbeitsweise dieses Verfahrens ist aus Abb. 15 ersichtlich. In zwei Rührbehältern je 4 m³ Inhalt (*1* und *2*) aus Aluminium befinden sich je 2800 kg Styrol bei 80—82° C in Reaktion. Man hält einen Polymerisationsumsatz von 36—40% aufrecht, der durch refraktometrische Messungen kontrolliert wird. Stündlich laufen 50 kg/Styrol in jeden Kessel durch die Leitungen *3* und *4* ein. Ebensoviel polymerisierte Lösung wird über die beiden Regulierhähne *5* und *6* in den auf 10 mm Hg evakuierten Vakuumdoppelwalzentrockner *7* eingebracht. Diese wird von den

<hr>

[1] SCHMIDT, G., u. O. ROMMEL: Z. Elektrochem. angew. physik. Chem. **45**, 659 (1939); — Z. physik. Chem., Abt. A **185**, 97 (1939); **186**, 113 (1940); — R. O. PRUDHOMME u. P. GRABAR: J. Chim. physique **46**, 667—670 (1949); **47**, 795 (1950); — H. W. MELVILLE u. A. J. R. MURRAY: Trans. Faraday Soc. **46**, 996 (1950).

mit 1½—2 U/min rotierenden, mit Dampf von 14 atü beheizten Walzen
8 und *9* erfaßt und durch eine zwischen den Walzen eingestellte Spalt-
breite von 1—2 mm in Form eines dünnen Felles auf den Walzen ver-
teilt. Hierbei verdampft das monomere Styrol, wird in den Kühlern
10 und *11* kondensiert und läuft durch ein barometrisches Fallrohr *12*
in den Sammelbehälter *13*, von wo es wieder mittels Pumpe *14* in die
Polymerisationskessel gefördert wird. Entsprechend dem Verbrauch

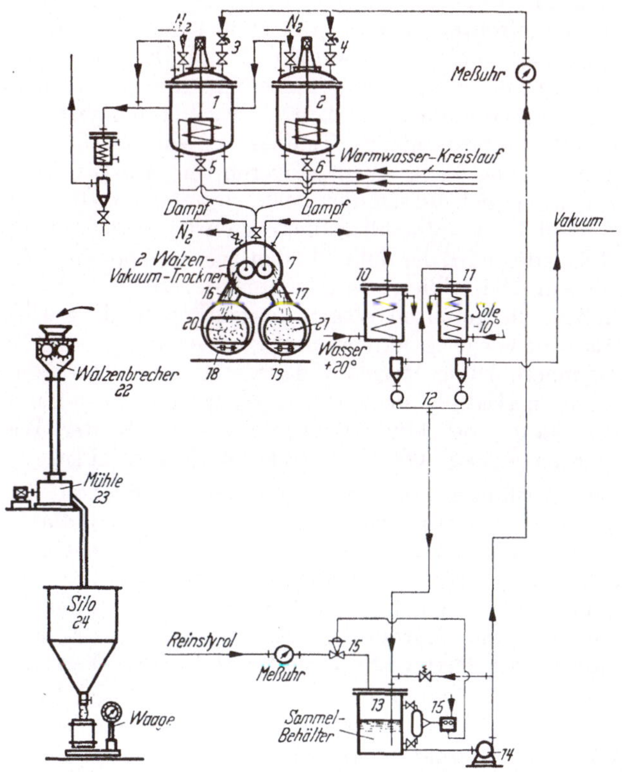

Abb. 15. Polystyrol IV, BASF Ludwigshafen a. Rh.

wird monomeres Styrol über eine Automatik *15* in den Sammelbehälter
13 eingebracht.

Das auf den Walzen haftende Polymerisat fällt infolge der Verdampfung des Monomeren als stark poröser, plastischer Film an und
wird von zwei längsseitig angebrachten, bronzenen Schabmessern von
den Walzen abgehoben. Hierbei schiebt er sich zu einem welligen Fell
zusammen und wird mittels kleiner, im Abstand von 10 cm senkrecht
auf dem Schabmesser angeordneter, dünner Schneidemesser in Längs-
streifen unterteilt, die am Schabmesser zunächst noch etwas nach oben
wandern, durch ihr Eigengewicht aber nach unten fallen und in Form
eines zerschnittenen Vorhanges kontinuierlich nach unten durch die

beiden Schächte *16* und *17* in die Rezipienten *18* und *19* laufen. Damit
das abgestreifte Fell auf diesem Weg nicht mehr mit den nach oben
laufenden Walzen in Berührung kommt, ist auf der Höhe des Abstreifmessers und in etwa 1 cm Entfernung davon ein Ablenkblech aus Aluminium seitlich entlang der Walzen angebracht. Die Abnahme des Felles
von den Walzen sowie dessen Absinken in die Behälter kann durch
je zwei Schaugläser an den beiden Türen der Gehäuselängsseiten verfolgt werden. Im Gehäuse des Trockners, das außenseitig mit aufgeschweißten Dampfrohren beheizt wird, stellt sich beim kontinuierlichen
Fahren eine Temperatur von etwa 75° C ein. Die beiden Rezipienten
sind ebenfalls auf ihrer Außenseite mit einigen angehefteten Heizrohren
versehen, um zu verhindern, daß im Innern Monostyrol kondensiert.
In den Rezipienten herrscht eine Temperatur von 50—55° C. Die Polystyrolstreifen werden in je einem eingeführten Alu-Wagen *20* und *21*
aufgefangen, legen sich infolge der noch vorhandenen Plastizität übereinander und füllen so allmählich die Wagen an. Nach einem Zeitraum
von etwa 3 Stunden wird der Zulauf in den Trockenapparat unterbrochen,
nach beendetem Abdestillieren von monomerem Styrol das Vakuum mit
N_2 aufgehoben, die gefüllten Wagen ausgefahren und zwei leere eingeschoben. Es wird wieder evakuiert und von neuem mit dem Einlauf der
Lösung begonnen. Diese Prozedur dauert etwa 10—15 Minuten, weshalb die Polymerisation in den Alu-Rührbehältern ununterbrochen
weiterlaufen kann. Bei einer Drehgeschwindigkeit der Walzen von
2 U/min werden je Tag 1000 kg Polystyrol IV gewonnen.

Nach dem Ausfahren der Wagen aus den Rezipienten erkaltet das
Produkt nach etwa 1stündigem Stehen so weit, daß die Fellstreifen
aus dem Wagen herausgenommen werden können. In einem Walzenbrecher *22* wird das Polystyrol gebrochen und läuft von dort sofort
einer Condux-Mühle *23* zu. Diese Mühle liefert ein praktisch staubfreies
Mahlgut von variabler Korngröße. Das in einem Silo *24* aufgefangene
Mahlgut kommt als fertiges Spritzgußprodukt zum Versand.

Das Polystyrol IV besitzt einen *k*-Wert von 94—96 Einheiten und
ein Mol.-Gew. von 370000 (osmotisch gemessen). Infolge dieser erhöhten
Viscosität ist das Produkt etwas schwieriger zu verarbeiten als Polystyrol III, liefert dafür aber mechanisch besonders stabile Formstücke.

ζ) Polystyrol LG. Ein weiteres Blockpolymerisat des Styrols wird
in der gleichen Apparatur wie Polystyrol III hergestellt, wobei die Vorpolymerisation ausgeschaltet und eine kontinuierliche Polymerisation
lediglich in dem dort beschriebenen senkrecht stehenden Turm vorgenommen wird. Das monomere Styrol, 35—40 kg/h, läuft dabei kontinuierlich über einen Rotamesser direkt in den Turm ein, der ebenfalls
bis zur Mitte des 5. Schusses mit Reaktionsgut gefüllt ist. Das Styrol
polymerisiert hierbei im 4. und 5. Schuß bei seiner Siedetemperatur,
während in den unteren Schüssen die restliche Durchpolymerisation
bei 170—180° C vonstatten geht. Die mittlere Verweilzeit beträgt etwa
40 Stunden. Das fertige Polymerisat, das eine erheblich niedrigere
Viscosität als Polystyrol III besitzt, wird bei einer Temperatur von

$170-180°$ C aus der Förderschnecke am unteren Turmende ausgefahren und auf die gleiche Weise wie beim Polystyrol III beschrieben gekühlt und zerkleinert.

Eigenschaften. Die niedrigere Viscosität (k-Wert $55-56$), Mol.-Gew. etwa 75000, ist verbunden mit einer größeren Sprödigkeit des Polymerisates, weshalb dieses nicht als Spritzgußmaterial geeignet ist, sondern nur als Bindemittel in Anstrichlacken Verwendung findet. Als reiner, polymerer Kohlenwasserstoff ist Polystyrol LG vollkommen neutral und wird weder von Wasser noch von Salzlösungen, Alkalien oder verdünnten Mineralsäuren angegriffen.

Kennzahlen: Säurezahl 0, Farbzahl 0, spez. Gewicht 1,05.

Als Lösungsmittel für Polystyrol LG sind Benzolkohlenwasserstoffe, Ester, Glykolätherester, Chlorkohlenwasserstoffe, Terpentinöl und cyclische Ketone wie Cyclohexanon gut geeignet. Dagegen besitzen

Tabelle 7. *Zusammenstellung der physikalischen Eigenschaften der durch Wärmepolymerisation gewonnenen Polystyrole.*

	Polystyrol LG	Polystyrol III	Polystyrol IV	Polystyrol VI
Molekulargewicht (osmotisch)	75000	178000	380000	190000
k-Wert (nach FIKENTSCHER)	56—58	70—72	94—96	75
Spez. Gewicht g/cm³	1,05	1,05	1,05	1,05
Biegefestigkeit[1] kg/cm² . .	600	1000	1100	1050
Schlagbiegefestigkeit[2] cm kg/cm²	15	20	23	25
Kerbschlagzähigkeit cm kg/cm²	—	2	3	2,5
Druckfestigkeit kg/cm² . . .	—	900	1000	1050
Zugfestigkeit kg/cm²	—	400	500	500
Kugeldruckhärte[3]	—	1000	1000	1000
Wärmefestigkeit				
Nach MARTENS °C . . .	59	70	74	76
Nach VICAT °C	80—82	90	103	102
Wärmeleitfähigkeit cal/cm				
sek °C	$38 \cdot 10^{-5}$	$38 \cdot 10^{-5}$	$38 \cdot 10^{-5}$	$38 \cdot 10^{-5}$
Lin. Wärmedehnzahl	$102 \cdot 10^{-6}$	$102 \cdot 10^{-6}$	$102 \cdot 10^{-6}$	$102 \cdot 10^{-6}$
Brechungsindex n_D^{20}	1,598	1,598	1,596	1,598
Lichtdurchlässigkeit				
bei Wellenlänge 500 mμ%		85		
bei Wellenlänge 400 mμ%		72		
bei Wellenlänge 300 mμ%		50		
Dielektrizitätskonstante bei				
10^6 Hz	2,4	2,4	2,4	2,5
Dielektrischer Verlustfaktor .	$2 \cdot 10^{-4}$	$2 \cdot 10^{-4}$	$4 \cdot 10^{-4}$	$3 \cdot 10^{-4}$
Spezifischer Widerstand $\Omega \cdot$ cm	$> 10^{10}$	$> 10^{10}$	$> 10^{10}$	$> 10^{10}$
Innerer Widerstand[4]	$> 3 \cdot 10^{12}$	$> 3 \cdot 10^{12}$	$> 3 \cdot 10^{12}$	$> 3 \cdot 10^{12}$
Oberflächenwiderstand . . .	$> 3 \cdot 10^{12}$	$> 3 \cdot 10^{12}$	$> 3 \cdot 10^{12}$	$> 3 \cdot 10^{12}$
Durchschlagsfestigkeit kV/mm	56	56	56	55
Wasserdampfdurchlässigkeit				
Diffusionskonstante K				
(10^{-9} g/cm $\cdot$ h $\cdot$ Torr) . . .	33	33	33	
Wasseraufnahme				
nach 7 Tagen mg/100 cm² .	9	9	25	10

[1] Nach DIN 53452.   [2] Nach DIN 53453.   [3] Nach VDE 0302.   [4] Nach VDE 0303.

Alkohole, Glykoläther, Benzinkohlenwasserstoffe und aliphatische Ketone kein Lösevermögen.

Verträglichkeit. Polystyrol LG ist mit Celluloseestern und -äthern, Vinoflex, Chlorkautschuk, fetten Ölen und spritlöslichen Harzen nicht verträglich. Es läßt sich jedoch gut mit benzollöslichen Harzen, wie Cumaronharz, Esterharz und Dammar, in gewissem Umfang kombinieren. Auch mit allen Arten von Pigmenten und Leuchtpigmenten ist es gut verträglich. Infolge seiner wertvollen Filmeigenschaften wird Polystyrol LG vorteilhaft als alleiniges Bindemittel für Anstrich- und Imprägnierzwecke in Verbindung mit Weichmachern verwendet. Für Elektroisolierlacke werden zweckmäßig Weichmacher mit guten elektrischen Eigenschaften, wie Sintol T, Clophen A 60, Dioctylphthalat, Trikresylphosphat, herangezogen.

Lacke auf Basis Polystyrol LG werden vorzugsweise für Spezialzwecke eingesetzt, und zwar kommen sie überall dort in Betracht, wo starre Unterlagen, vor allem gut gereinigte Metalle, durch Überzüge von besonderer Lichtechtheit oder Widerstandsfähigkeit gegen Chemikalien geschützt werden sollen. Es kommt also hauptsächlich für Korrosionsschutzlacke, Elektroisolierlacke, spritfeste Lacke und als Bindemittel für Leuchtfarben zur Anwendung.

η) Schaumpolystyrol. Ähnlich wie bei anderen hochmolekularen Stoffen, z. B. Harnstoff-Formaldehydharzen (Iporka) oder Kautschuk (Schaumgummi), war es auch bei Polystyrol möglich, dieses in einen voluminösen, stark geschäumten Zustand überzuführen.

Einzelne Verfahren zur Herstellung des geschäumten Materials gehen vom fertigen Polystyrol aus. Man erhält z. B. ein sehr voluminöses, watteartiges Polystyrol, indem man gekörntes Polystyrol in niedrigsiedenden Lösungsmitteln (Äthylenchlorid) auflöst, die Lösung dann in einer geeigneten Apparatur verdüst und durch einen erwärmten Gasstrom das Lösungsmittel verdampft [1]. Aus dem erhaltenen, watteartigen Material lassen sich durch innige Verfilzung oder teilweise Sinterung bei leicht erhöhter Temperatur und gleichzeitiger Verpressung mehr oder weniger poröse Platten und Formkörper aller Art anfertigen.

Auch durch gasabspaltende Treibmittel, wie Ammoniumbicarbonat oder „Porofor N", die dem pulverisierten Polystyrol bei gewöhnlicher Temperatur durch innige Vermischung beigemengt werden, kann man eine starke Aufblähung des Polystyrols erzielen, wenn das Gemisch in geschlossenen, dichten Formen zur Zersetzung der Treibmittel auf höhere Temperatur (etwa 170°) gebracht und anschließend bei tieferer Temperatur (etwa 110°) entspannt wird.

Bei einem anderen, von G. C. Munters beschriebenen Verfahren werden als Lösungs- und Treibmittel solche Stoffe benützt, die bei normalem Druck und gewöhnlicher Temperatur gasförmig sind [2]. Pulverisiertes Polystyrol wird beispielsweise mit Chlormethyl in einem geschlossenen Kessel auf 170° C erhitzt, wobei sich ein Druck von 30 atü einstellt. Die

---

[1] Dorrer, E., u. C. Wulff: DRP. 666415 (1938), I. G. Farbenindustrie A.G.
[2] Munters, C. G., u. I. G. Tandberg: E.P. 406267 (1934); — US.P. 2023204 (1935).

dabei entstehende Lösung von Chlormethyl in geschmolzenem Polystyrol wird einer raschen Entspannung unterzogen, indem man sie in ein zweites Gefäß durch ein Ventil austreten läßt. Dabei entsteht durch die Verdampfung des Lösungsmittels eine stark aufgeblähte, schaumförmige Masse.

Nach einem Patent der Dow Chemical Comp.[1] läßt sich dieser Prozeß auch kontinuierlich gestalten, indem man das pulverförmige Polystyrol in einer mit verschiedenen Heizzonen versehenen Schneckenpresse zuerst aufschmilzt, dann das Treibmittel zudrückt, in einer anschließenden Mischzone eine homogene Verteilung vornimmt und über ein ebenfalls unter Druck stehendes Puffergefäß kontinuierlich entspannt. Das von der Dow hergestellte geschäumte Polystyrol wird unter der Bezeichnung „Styrofoam" mit ungefähr $1/40$ der Dichte des gewöhnlichen Polystyrols in Handel gebracht[2].

Bei dem in der BASF Ludwigshafen von R. GÄTH und F. STASTNY entwickelten Schaumpolystyrol, das unter dem Namen „Styropor" verkauft wird, handelt es sich um ein spezielles Polystyrol, in dem ein bei gewöhnlicher Temperatur noch flüssiges Treibmittel eingeschlossen ist. Es wird entweder als Blockmaterial oder in gemahlenem, körnigen Zustand bzw. auch in Perlform an die Verbraucher geliefert, die dann erst an Ort und Stelle die Weiterverarbeitung auf das stark voluminöse Schaumprodukt vornehmen[3].

Beim Erwärmen auf Temperaturen oberhalb des Erweichungspunktes in heißem Wasser von etwa 95° oder mit Dampf nimmt Styropor unter starker Volumenvergrößerung poröse Struktur an. Die entstehenden Poren sind in sich geschlossen. Geschäumtes Styropor hat das 20—40-fache Volumen gegenüber dem ungeschäumten Material.

Physikalische Eigenschaften. Die Vorzüge von Styropor beruhen auf der hohen Strukturfestigkeit bei sehr geringem Raumgewicht, der sehr geringen Wasseraufnahme (unter 1 Vol.-%) und den hervorragenden dielektrischen Werten.

Die Eigenschaften von Styroporplatten veranschaulicht Tab. 8.

Tabelle 8.

Eigenschaft	Einheit	DIN-Prüf-vorschrift	Werte bei 20° C für Styroporkörnung			
Spez. Gewicht . . .	kg/dm³	1 306	0,025	0,04	0,05	0,1
Biegefestigkeit . . .	kg/cm²	53 452	3,2	3,4	3,6	10
Schlagzähigkeit . .	cmKg/cm²	53 453	0,2—0,4	0,2—0,5	0,3—0,5	0,4—0,6
Kerbschlagzähigkeit	cmkg/cm²	53 453	0,15—0,2	0,2—0,3	0,2—0,3	0,2—0,4
Druckfestigkeit . .	kg/cm²	53 454	1,0—1,2	1,5—1,7	1,5—2	4,5—6
Wasseraufnahme . .		50 010				
nach 1 Tag . . .	Vol.-%		0,35	0,2	0,3	0,2
nach 4 Tagen . .	Vol.-%		0,6	0,3	0,5	0,3
nach 7 Tagen . .	Vol.-%		0,6	0,5	0,6	0,4
Wasserdampfdurch-lässigkeit	g/m²/h	Dicke 3—3,3 cm	0,77	0,61	0,57	0,37

[1] McINTIRE, O. R.: US.P. 2515250 (1950), Dow Chemical Comp.
[2] Mod. Plastics **28**, 83 (Oktober 1950).
[3] STASTNY, F.: Kunststoffe **44**, 173, 221 (1954); **44**, 551 (1954).

Chemisches Verhalten. Styropor ist *beständig* gegen Wasser (auch See-wasser), schwache und starke Säuren (außer konz. Salpetersäure), schwache und starke Alkalien, Alkohole,

unbeständig gegen Äther, Ketone, Ester, Chlorkohlenwasserstoffe, aromatische Kohlenwasserstoffe, Benzin, Mineralöl, Terpentinöl.

ϑ) **Ausländische Polystyrole.** Während in Deutschland vor dem zweiten Weltkrieg die Herstellung von Polystyrol bereits eine beachtliche Höhe erreicht hatte — 1939 betrug die Kapazität etwa 6000 Jato —, bewegten sich in anderen Industrieländern die Erzeugungsmöglichkeiten noch in kleinen Maßstäben.

So hatte in Frankreich die Fa. Rhône-Poulenc eine kleine Polymerisationsanlage und vertrieb das Polystyrol unter dem Namen „Rhodolene M". Dieses Produkt war ein Blockpolymerisat und hatte einen k-Wert von 71—72. Die Fabrikation ist heute ganz eingestellt.

Ähnlich war es in England, wo die Distillers Comp. 1938 ein Polystyrol unter dem Namen „Distrene" in Handel hatte. Die Erzeugung wurde jedoch nicht ausgeweitet und schließlich ganz stillgelegt. Erst im Jahre 1950 wurde in Newport eine Großanlage für Polystyrol nach amerikanischem Muster von der Firma Monsanto Chemical Comp. eingerichtet[1]; weitere Anlagen kamen 1951 in Gang[2].

1942 hat die I. G. Farbenindustrie der Firma Montecatini (Italien) das Polystyrol-III-Verfahren lizensiert. Montecatini trat nach dem Kriege als Großerzeuger von Polystyrol in Erscheinung.

In den Vereinigten Staaten von Amerika war vor 1939 keine große Polystyrolerzeugung in Erscheinung getreten, obwohl sich mehrere chemische Firmen mit Styrol beschäftigten. Die Firma Naugatuk Chemical Comp. hatte auf diesem Gebiet beachtliche Pionierarbeit geleistet und brachte Polystyrol unter der Bezeichnung „Victron" (k-Wert 66) auf den Markt. Ein Styrolpolymerisat der Advanced Solvents & Chemical Corp. wurde unter dem Namen „Rezoglas" verkauft. Auch die Dow Chemical Comp. sowie die Bakelite Corp. hatten bereits damals Fabrikationsanlagen für Styrol und Polystyrol in Betrieb. Ihre Erzeugnisse hießen „Styron" bzw. „Bakelite XRS".

Tabelle 9. Polystyrolerzeugung in USA.

	für Spritzgußmassen	für diverse Zwecke einschl. Polyester
1939	350 t	—
1945	10000 t	—
1946	31000 t	—
1947	43000 t	—
1948	65000 t	—
1949	84000 t	17100 t
1950	114000 t	22700 t
1951	122000 t	47500 t *
1952	123000 t	63000 t

[1] Brit. Plast. mould. Prod. Trader **1950** (August) S. 75.

[2] Chem. Trade J. chem. Engr. **129**, 79 (1951); — Kunststoffe **41**, Nr. 8, S. 263 (1951).

* Kunststoffe **41**, 74 (1951); — Mod. Plastics **29**, Mai 1952, S. 152.

Nach 1945 war in USA eine Monostyrolkapazität von 270000 Jato vorhanden, die wegen der reduzierten Produktion des synthetischen Kautschuks nicht mehr voll ausgenützt werden konnte. Man strebte daher danach, möglichst viel Monostyrol in Richtung Polystyrol zu verarbeiten und als „plastic material" auf dem amerikanischen Markt unterzubringen. Daß dies mit einem großen Einsatz von Chemikern und Technikern in der Industrie und auf den Hochschulen erreicht wurde, beweisen die zahlreichen wissenschaftlichen Veröffentlichungen auf diesem Gebiet und die in den letzten Jahren ständig steigenden Produktionszahlen.

Damit ist das Polystyrol in USA zum größten Spritzgußprodukt geworden und hat sogar mengenmäßig die Phenolharze überflügelt.

An der Erzeugung beteiligen sich heute vier große chemische Gesellschaften, und zwar die Dow Chemical Comp., die Monsanto Chemical Comp., die Koppers Comp. und die Bakelite Corp. Jede dieser Firmen offeriert ein Sortiment verschiedener Polystyroltypen, die sich in der Verarbeitbarkeit, Wärmebeständigkeit, Transparenz usw. unterscheiden.

Bis jetzt existieren in der Literatur keine ausführlichen Veröffentlichungen über die in der USA benützten Polymerisationsmethoden. Es war aber auch dort so, daß in den ersten Jahren die größte Menge des Styrols nach der Methode der Blockpolymerisation fabriziert wurde. Man arbeitete nicht in einem kontinuierlichen Verfahren, sondern diskontinuierlich nach der Methode der sogenannten „polymerisation by cans"[1]. Styrol wird dabei unter Rühren in einem mit Rückflußkühler versehenen Behälter 14 Stunden bei 110° C vorpolymerisiert, bis etwa 60% in Polystyrol umgewandelt sind. Dann wird dieses Vorpolymerisat in „cans" (dünnwandige Dosen) von 10—27 kg Fassungsvermögen abgefüllt und unter der eigenen Wärmeentwicklung, die im allgemeinen nicht über 110° C hinausgeht, weiterpolymerisiert. Zum Schluß, wenn die Temperatur wieder abfällt, werden die Behälter in einem Heizbad noch einige Zeit auf Temperatur gehalten. Um restliches Monomeres bis auf unter 3% zu entfernen, wird nach Beseitigung der Behälter und Zerkleinerung des Polymerisates eine Nachbehandlung auf beheizten Walzen vorgeschlagen. Bei dieser nicht gerade einfachen Verfahrensmethode war das Polystyrol verschiedenen nachteiligen Einflüssen ausgesetzt, die Verschmutzungen und Verfärbungen des Materials mit sich brachten[2]. Für die Nachpolymerisation hat man auch das Kammerverfahren herangezogen. Die dabei benützten Kammerpressen ähneln den bekannten Filterpressen. In ihnen polymerisiert das Styrol in dünnen Schichten zwischen großoberflächigen Platten, durch welche die Reaktionswärme mittels eines Kühlmediums abgeführt werden kann.

Eine andere diskontinuierliche Polymerisationsmethode für sauerstofffreies Styrol (10-t-Ansätze) in großen polierten Stahlbehältern bei Temperaturen von 80—150° C im Verlauf von 5 Tagen beschreiben Amos und Stober[3]. Die Polymerisationskessel sind innen mit Stahlrohren ver-

---

[1] Allen, J.: US.P. 2273822 (1942), U.C.C.C.
[2] Mod. Plastics **28**, Nr. 3, Nov. 1950, S. 78.
[3] Amos, J. L., u. K. E. Stober: US.P. 2494924 (1950).

sehen, durch die zur Beherrschung der Temperaturverhältnisse Heiz-
oder Kühlflüssigkeiten hindurchgeleitet werden. Der Austrag der Polymeren erfolgt bei 200—250° C. Für die Durchführung einer kontinuierlichen Polymerisation haben ALLEN und Mitarbeiter[1] eine Apparatur
entwickelt, bei der die Vorpolymerisation in einem unter partiellem
Vakuum stehenden Rührautoklaven bis zu einem Umsatz von 85% bei
140° C getrieben wird. Die Temperaturregulierung geschieht durch das
unter Vakuum verdampfende Monostyrol. Die restliche Polymerisation
vollzieht sich in einem Rohr bei 175—210° C, und anschließend werden
noch flüchtige Anteile aus dem Polymerisat durch Verwalzen in evakuierten Schneckengehäusen entfernt. Für eine großtechnische Fabrikation dürfte dieser komplizierte Mechanismus kaum in Frage kommen.

Desgleichen behandelt ein weiteres Patent der Dow Chemical Comp.[2],
das im Verfahrensgang sehr dem Polystyrol-III-Verfahren der BASF
ähnelt, in apparativer Hinsicht jedoch anders und komplizierter ge-
staltet ist, die kontinuierliche Styrolpolymerisation. Styrol wird hierbei
in einem Vorpolymerisationskessel bei 90 Stunden Verweilzeit und
91° C unter Rühren bis zu 35% Umsatz vorpolymerisiert. Als Heiz-
flüssigkeit dient zirkulierendes Wasser von 90° C. Anschließend erfolgt
eine Nachpolymerisation in einem liegenden, mit einer Förderschnecke
(1 U/min) versehenen Turm, der außenseitig durch vier hintereinander-
geschaltete Heizsektoren mittels einer Diphenyl-Diphenyloxyd-Heiz-
flüssigkeit auf 120°, 140° und 200° C erwärmt wird. Nach dem Durchgang durch diese Nachpolymerisation (18 Stunden Verweilzeit) enthält
das Polymerisat noch 5% flüchtige Anteile, die hauptsächlich aus Styrol,
neben kleinen Mengen Di- und Tristyrol, bestehen. Diese werden in
einem nachgeschalteten Entgasungsturm entfernt. Das plastische Polymerisat wird mit 255° C durch die Förderwirkung der Schnecke im
Polymerisationsturm nach dem Entgasungsturm gedrückt, passiert im
geschmolzenen Zustand eine Lochdüse und fällt in Form feiner Stränge
zum Boden des Turmes. Bei einem Vakuum von 4 mm Hg entgasen aus
den Polystyrolsträngen die flüchtigen Anteile bis auf 0,2%. Mittels
einer beheizten Förderschnecke wird das am Boden sich sammelnde,
durch eine Heizschlange in der Schmelze gehaltene Polystyrol aus der
Apparatur herausgefahren und granuliert. Das nach diesem Verfahren
gewonnene Polystyrol hat einen Erweichungspunkt (h. d. p.) von 94° C,
ist demnach wärmestabiler als normales Polystyrol, aber nicht als
kochfest zu bezeichnen.

In den letzten Jahren werden die Suspensions- und auch die Emulsionspolymerisation in steigendem Maße für die Polystyrolerzeugung
angewandt.

Der Herstellung wärmefester Polystyrolsorten hat man in den USA
besonderes Interesse gewidmet. Außerdem wurden verschiedene Polymere substituierter Styrole entwickelt, die das gewöhnliche Polystyrol
hinsichtlich Hitzebeständigkeit übertreffen. Zur Verbesserung der
Fließfähigkeit der plastischen Masse bei der Verarbeitung im Spritz-

[1] ALLEN, J., W. R. MARSHALL u. G. E. WIGHTMAN: US.P. 2496653 (1950).
[2] STOBER, K. E., u. J. L. AMOS: US.P. 2530409 (1950), Dow Chemical Comp.

guß, namentlich auf große Formstücke, werden dem Polystyrol besondere Gleitmittel, z. B. Zinkstearat, Polyäthylenglykolderivate, Stearinsäure, Stearinalkohol, Paraffinwachs usw., in Mengen von 0,02—0,5% zugesetzt[1]. Man unterscheidet dabei eine äußere und innere Schmierung[2]. Bei letzterer können die Schmierstoffe dem Monostyrol auch schon vor der Polymerisation zugegeben werden. Derart behandeltes Polystyrol wird als „lubricated styrene" (geschmiertes Polystyrol) von jeder der obigen Erzeugerfirmen angeboten.

Die folgende Zusammenstellung gibt einen Überblick über die in USA im Handel befindlichen Polystyrole:

1. Produkte der Dow Chemical Comp.[3]:

Styron 666 billig, wenig geschmiert, hohe Klarheit, gut verarbeitbar,
Styron 637 besser lichtbeständig bei Verwendung in geschlossenen Räumen,
Styron 671 transparent und nahezu kochfest,
Styron 475 hohe Schlagbiegefestigkeit und Dehnbarkeit,
Styron 700 Mischpolymerisat, glasklar, h. d. p. 105° C, beständig gegen kochendes Wasser.

2. Produkte der Monsanto Chemical Comp.:

Lustrex L normales glasklares Polystyrol, h. d. p. 84—87° C,
Lustrex LX wärmefest, d. h. p. 95—99° C,
Styramic HT[4] Poly-2,5-Dichlorstyrol, h.d.p. 112° C (gemäß A.S.T.M. 648—44 T),
Cerex 250 nicht glasklar, Mischpolymerisat, h. d. p. 112° C.

3. Produkte der Koppers Comp.:

Koppers P 3 glasklar, stark geschmiert, h. d. p. 80,5° C,
Koppers P 7 glasklar, h. d. p. 91° C,
Koppers P 8 glasklar, nahezu kochfest, heat distortion point 93 bis 99° C,
Koppers 8 X \
Koppers 81   / höher wärmebeständig für Lichtraster,
Koppers MC 185 \
Koppers MC 301 } „high impact"-Typen, zähfest,
Koppers MC 401 /
Koppers MC 409 zähfest und wärmebeständig.

4. Produkte der Bakelite Corp.:

Bakelite BMS 4 glasklar, transparent,
Bakelite BMS 6 etwas geringere Klarheit, geschmiert,
Bakelite BMS 7 wärmefest, glasklar, transparent,
Bakelite BMS 8 wärmefest, geschmiert, etwas weniger klar.

---

[1] DAVIES, D. N.: E.P. 530834 (1940); — A.P. 2 358963 (1944), Cellomold Ltd., Feltham.

[2] MACHT, M. L.: A.P. 2272847 (1942), E. I. du Pont de Nemours & Comp.; — E.P. 559020 (1944), Bakelite Ltd., Brackley; — F. W. DUCCA: A.P. 2353228 (1944), Bakelite Corp.

[3] BOSKIRK, R. L. VAN: Mod. Plastics, Dez. 1948, S. 186.

[4] JONES, C L., u. M. A. BROWN: Mod. Plastics 21, Heft 12, S. 93 (1944).

Soviel bis jetzt bekannt wurde, arbeiten Dow und Monsanto nach der Methode der Block- und Emulsionspolymerisation, die Bakelite Corp. nach dem Kammerverfahren, während Koppers hauptsächlich die Suspensionspolymerisation ausübt.

Für die Herstellung der wärmefesten Polystyrolsorten, bei denen es sich um vollkommen monomerenfreie Polymerisate handelt, soll die Methode der Methanolextraktion bzw. eine Nachbehandlung der geschmolzenen Polymeren im Vakuum bei etwa 180° C angewandt werden.

Die Erweichungstemperatur selbst der reinsten Polystyrole kann jedoch nicht über 100° C hinaus erhöht werden. Nach H. MARK[1] ist die Ursache dieses relativ niedrigen Erweichungspunktes darin zu suchen, daß die Polystyrolketten als reine Kohlenwasserstoffmoleküle gegenseitig nur geringe zwischenmolekulare Anziehungskräfte ausüben und unter dem Einfluß der thermischen Bewegung leicht aneinander vorbeigleiten.

In Amerika wurden folgerichtig zwei Wege beschritten, um den Erweichungspunkt von Polystyrolderivaten zu erhöhen. Zunächst versuchte man, die Anziehungskräfte zwischen den einzelnen Makromolekülen durch den Einbau polarer Gruppen im Styrolmolekül zu vergrößern. Als solche Substituenten, welche die elektrischen und die hydrophoben Eigenschaften des Polymeren nicht allzusehr verändern, wurden Chloratome und Cyangruppen erkannt, p-Chlor-, 2,5-Dichlor-[2], p-Cyan-[3], 2,5-Dicyan-, 2,4,6-Trichlor-[4] und Pentachlorpolystyrol[5] haben höhere, über 100° C liegende Temperaturbeständigkeit. Der Möglichkeit, solche wärmestabilen Polystyrole zu einem günstigen Preise herzustellen, sind jedoch meistens auf Grund der schwierigen Zugänglichkeit der entsprechenden Monomeren Grenzen gezogen. Der zweite Weg, durch Einführung von sperrigen Seitenketten die freie Rotation der C–C-Bindung zu behindern und damit das Polystyrolmolekül in Richtung geringerer Biegsamkeit abzuwandeln, führte ebenfalls zu Erfolgen.

Polymere des Vinylnaphthalins[6], Acenaphthylens[7], Vinylpyrens[8], Vinylcarbazols[9] u. a. m. besitzen erheblich gesteigerte Temperaturbeständigkeit, sind aber in ihren sonstigen Eigenschaften dem einfachen Polystyrol unterlegen. Hinzu kommt, daß die Herstellung der entsprechenden Monomeren mit Schwierigkeiten verknüpft ist, so daß darauf noch keine wesentlichen Produktionen aufgebaut werden konnten.

ι) **Die thermische Polymerisation des Styrols.** Die Herstellung der vorstehend beschriebenen Polystyroltypen der BASF in der kontinuier-

---

[1] MARK, H.: Chem. and Eng. News **27**, Nr. 3, S. 138 (1949).

[2] CARSWELL, TH. S., u. R. F. HAYES: U.S.P. 2484753 (1949).

[3] MARVEL, C. S., u. C. G. OVERBERGER: J. Amer. chem. Soc. **67**, 2250—2252 (1945); — A. v. HIPPEL u. J. G. WESSON: Ind. Engng. Chem. **38**, 1127—1128 (1946).

[4] MICHALEK, J. C.: U.S.P. 2463897 (1949), Mathieson Chem. Corp.

[5] Fr.P. 953868 (1949), Mathieson Chem. Corp.

[6] JOHNSON, R.: U.S.P. 2507527 (1950), Koppers Comp.

[7] FLOWERS, R. G., u. H. F. MILLER: J. Amer. chem. Soc. **69**, 1388 (1947).

[8] FLOWERS, R. G.: U.S.P. 2496868 (1950), Gen. Electric Comp.

[9] REPPE, W., E. KEYSSNER u. E. DORRER: DRP. 664231 (1938), I. G. Farbenindustrie A.G.

lichen Blockpolymerisation erfolgt ohne Verwendung eines Katalysators lediglich durch Wärmebehandlung, wobei unter Stickstoff als Schutzgas gearbeitet wird. Dieser Stickstoff ist nahezu sauerstofffrei, enthält aber immerhin noch Spuren von 0,01—0,3% O_2, so daß die Einwirkung von Sauerstoff bei der Aktivierung der Styrolmoleküle nicht mit Sicherheit ausgeschlossen ist. Aus wissenschaftlichen Untersuchungen[1] ist bekannt, daß molekularer Sauerstoff mit Styrol peroxydische Molekeln bilden kann, die wie andere Peroxyde bei höherer Temperatur (über 55° C) durch Zerfall polymerisationsbeschleunigend wirken. Andererseits ist jedoch auch der Beweis erbracht worden, daß im Falle des Styrols eine rein thermische Polymerisation[2] möglich ist. Die weitgehende Fernhaltung von O_2 und die bei dem Turmverfahren angewandten hohen Temperaturen von über 100° C, bei denen peroxydische Verbindungen innerhalb kurzer Zeit zerstört werden, berechtigen zu der Schlußfolgerung, daß bei den besagten Prozessen der überwiegende Teil des Styrols durch thermische Polymerisation entsteht.

Auch in der Gasphase wird das monomere Styrolmolekül durch Wärmeeinwirkung zur Polymerisation angeregt[3]. Bei Temperaturen von 249 bis 311° entstehen niedermolekulare Produkte mit einem Polymerisationsgrad von 2—6. Mit steigender Temperatur nimmt auch hierbei das Molekulargewicht ab. Bei 311° wird nur noch Dimeres gebildet.

ϰ) Die katalytisch beschleunigte Polymerisation. Die Blockpolymerisation des Styrols läßt sich andererseits mit Katalysatoren erheblich beschleunigen. Als solche kommen hauptsächlich organische Peroxyde, wie Benzoylperoxyd, Acetylperoxyd, Lauryl-, Oleylperoxyd, Tetralinperoxyd, Di-tert.-butylperoxyd usw. in Betracht. Auch Ozonide bewirken katalytische Aktivierung[4]. Bei Anwendung der Peroxyde muß jedoch darauf geachtet werden, daß die Polymerisation in einem relativ niedrigen Temperaturgebiet abläuft, in dem einerseits schon ein merklicher Zerfall der Peroxyde erfolgt, andererseits aber eine längere Zeitspanne für deren restlose Zersetzung benötigt wird, damit der durch die Zerfallsprodukte ausgelöste Vorgang ständiger Aktivierung des Styrols möglichst lange aufrechterhalten bleibt. Katalysatorkombinationen, z.B. Benzoylperoxyd + Butylperbenzoat, wurden mit besonderem Erfolg zur Erzielung fast monomerenfreier Polymerisate eingesetzt[5]. In ihrer Zersetzungsgeschwindigkeit unterscheiden sich die einzelnen Peroxyde ganz

---

[1] STAUDINGER, H., u. L. LAUTENSCHLÄGER: Liebigs Ann. Chem. **488**, 1 (1931); — F. A. BOVEY u. J. M. KOLTHOFF: Chem. Reviews **42**, 491—524 (1948); — W. KERN: Makromol. Chem. **1**, 199—208 (1947/48).

[2] THOMPSON, H. E., u. R. E. BURK: J. Amer. chem. Soc. **57**, 711 (1935); — G. V. SCHULZ u. Mitarb.: Z. physik. Chem., Abt. B **34**, 187 (1936); **36**, 184 (1937); **43**, 47 (1939); **45**, 105 (1940); — H. SUESS u. Mitarb.: Z. physik. Chem., Abt. A **179**, 361 (1937); **181**, 81 (1937); — G. GOLDFINGER u. K. E. LAUTERBACH: J. Polym. Sci. **3**, 145 (1948).

[3] BREITENBACH, J. W.: Österr. Chemiker-Ztg. **1939**, Nr. 11, S. 232.

[4] HOUTZ, R. C., u. H. ADKINS: J. Amer. chem. Soc. **53**, 1058 (1931); **55**, 1609 (1933).

[5] D'ALELIO, G. F.: E.P. 995 845 (1949), Koppers Co. Inc.

erheblich, wie H. F. DICKEY[1] gezeigt hat, der dabei die Halbwertszeit als meßbare Größe benützte:

	Temperatur °C	Halbwertszeit (Stunden)
z. B. Benzoylperoxyd	70°	12,3
	100°	0,4
Di-tert.-butylperoxyd	100°	239
	120°	21,8
	135°	4,4

Daraus geht hervor, daß die Anwendung von Benzoylperoxyd bei Temperaturen über 70° C wenig Sinn hat, während das Di-tert.-butylperoxyd selbst bei 120° C noch als gut wirksamer Beschleuniger fungieren kann. Ähnliche Ergebnisse hinsichtlich der verschieden großen Zersetzungsgeschwindigkeit der einzelnen Peroxyde wurden von WILES[2] veröffentlicht.

Neuere Untersuchungen von BREITENBACH[3] mit o-Brombenzoylperoxyd und Styrol ergaben, daß mit steigender Temperatur die Zersetzungsgeschwindigkeit des Peroxyds in Styrol stärker zunimmt als in Toluol. Mit steigender Temperatur nimmt außerdem die Zahl der je Mol zersetzten Peroxyde polymerisierten Styrolmoleküle ab, während die Zahl der gebildeten Polystyrolmolekeln temperaturunabhängig ist. Mit steigender Reaktionstemperatur nimmt also das Mol.-Gew. des Polystyrols ab.

SCHULZ und HUSEMANN[4] fanden bei der mit Benzoylperoxyd katalysierten Styrolpolymerisation die Polymerisationsgeschwindigkeit proportional und den Polymerisationsgrad umgekehrt proportional der Quadratwurzel der Peroxydkonzentration. Das bei den peroxydisch katalysierten Polymerisationen resultierende niedrigere Mol.-Gew. der Polymeren wird nach SCHULZ als eine indirekte Folge der durch die gesteigerte Keimbildung erhöhten Konzentration von wachsenden Radikalketten angesehen. Je mehr Kettenmoleküle nebeneinander wachsen, desto häufiger können sie zusammenstoßen und den Abbruch veranlassen. Nach BREITENBACH[5] sollen jedoch die Peroxyde auch eine direkte kettenabbrechende Wirkung ausüben.

Zur Erklärung der Wirkungsweise der Peroxyde haben SCHULZ und Mitarbeiter damals die Bildung einer Additionsverbindung aus Peroxyd und Styrol angenommen, die sich in ein aktives, zur Polymerisation befähigtes Primärprodukt umlagern soll. Gemäß den neueren Anschauungen über den Radikalzerfall der organischen Peroxyde[6] sind jedoch

[1] DICKEY, H. F., u. Mitarb.: Ind. Engng. Chem. 41, 1673 (1949).

[2] WILES, Q. T., u. Mitarb.: Ind. Engng. Chem. 41, 1679 (1949).

[3] BREITENBACH, J. W., u. E. KINDL: Mh. Chem. 81, 614—616 (1950).

[4] SCHULZ, G. V., u. E. HUSEMANN: Z. physik. Chem., Abt. B 39, 246—274 (1938).

[5] BREITENBACH, J. W., u. Mitarb.: Ber. dtsch. chem. Ges. 76, 272, 1088, 1124 (1943); — Mh. Chem. 80, 109—111 (1949); — vgl. auch C. PRICE u. Mitarb.: J. Amer. chem. Soc. 64, 1103 (1942) und 65, 517 (1943).

[6] HEY, D. H., u. W. A. WATERS: Chem. Reviews 21, 186—194 (1937); — W. A. WATERS: The chemistry of free radicals, Oxford 1948, S. 166, 195; — M. S. KHARASCH u. M. T. GLADSTONE: J. Amer. chem. Soc. 65, 15 (1943) und M. S. KHARASCH u. Mitarb.: J. org. Chemistry 10, 386, 394 (1945).

die bei diesen Reaktionen entstehenden Radikale für den Polymerisationsvorgang verantwortlich, z. B.:

Benzoylperoxyd
$$C_6H_5 \cdot CO \cdot O—O \cdot CO—C_6H_5 \longrightarrow 2\,C_6H_5 \cdot CO \cdot O—$$
$$C_6H_5 \cdot CO—O— \longrightarrow C_6H_5— + CO_2$$

oder

Diacetylperoxyd
$$CH_3 \cdot CO \cdot O—O \cdot CO \cdot CH_3 \longrightarrow CO_2 + CH_3— + CH_3 \cdot CO \cdot O—$$

oder

Di-tert.-butylperoxyd

$$\begin{array}{c} CH_3 \\ CH_3—C—O—O—C—CH_3 \\ CH_3 \quad CH_3 \end{array} \longrightarrow 2 \;\; \begin{array}{c} H_3C \\ CO \\ H_3C \end{array} + 2\,CH_3— .$$

Nach ZIEGLER[1] ist gerade die Auslösung von Polymerisationsreaktionen als schönste und empfindlichste Möglichkeit zum Nachweis kurzlebiger Radikale zu bezeichnen.

Nachdem bereits 1930 TAYLOR und JONES[2] mit den durch die thermische Zersetzung von Hg-diäthyl erhaltenen Äthylradikalen und 1935 RICE und SICKMAN[3] mittels Methylradikalen aus Diazomethan das Äthylen bei 300° zu gesättigten Kohlenwasserstoffen zu polymerisieren in der Lage waren, haben 1939 SCHULZ und WITTIG[4] auch im Falle des Styrols eine Polymerisationsbeschleunigung mit Tetraphenylbernsteinsäuredinitril festgestellt, dessen Zerfall zwei Radikale liefert:

$$(C_6H_5)_2\,C—C\,(C_6H_5)_2 \rightleftharpoons 2\,(C_6H_5)_2 \cdot C \cdots .$$
$$\quad\;\; CN\;\; CN \qquad\qquad\qquad CN$$

In gleichem Sinne wirkt Triphenylmethylazobenzol, das bereits bei 50° C innerhalb von 3 Stunden zerfällt:

$$(C_6H_5)_3C—N{=}N—C_6H_5 \longrightarrow N_2 + (C_6H_5)_3C— + C_6H_5— .$$

Nach Abschluß der Zerfallsreaktion hört auch die Polymerisation des Styrols wieder auf, da der Primärakt der thermischen Polymerisation um etwa 5 Größenordnungen langsamer ist als derjenige der durch Radikale angeregten Polymerisation.

Die Einwirkung des Radikals auf das Monomere kann man sich auf Grund des folgenden Schemas erklären:

$$R— + CH{=}CH_2 \longrightarrow R—CH—CH_2— \longrightarrow R—CH—CH_2—CH—CH_2— \longrightarrow$$
$$\text{(Radikal)}\; C_6H_5 \qquad\qquad C_6H_5 \qquad\qquad C_6H_5 \qquad C_6H_5$$

$$\longrightarrow R—(CH—CH_2)_n— .$$
$$\qquad\qquad\quad C_6H_5$$

---

[1] ZIEGLER, K.: Angew. Chem. **1949**, Nr. 5, S. 168—179.
[2] TAYLOR, H. S., u. W. H. JONES: J. Amer. chem. Soc. **52**, 1111 (1930).
[3] RICE, O. K., u. D. F. SICKMAN: J. Amer. chem. Soc. **57**, 1384 (1935).
[4] SCHULZ, G. V., u. G. WITTIG: Naturwiss. **27**, 387, 659 (1939).

Gemäß Flory[1] kommt ein derartiger Reaktionsablauf dadurch zum Stillstand, daß ein zweites Radikal sich anlagert oder daß zwei solcher Radikale sich gegenseitig absättigen.

Die Tatsache des Einbaues von Katalysatorbruchstücken in das wachsende Molekül haben Kern und Kämmerer[2] sowie unabhängig von ihnen C. Price[3] erbracht, indem sie bei Benützung von p-Brombenzoylperoxyd als Beschleuniger nachträglich im fertigen Makromolekül des Polystyrols eingebautes Brom nachwiesen.

Bartlett und Cohen[4] haben an Polystyrol, das mit p-Brombenzoylperoxyd oder p-Chlorbenzoylperoxyd polymerisiert war, durch Verseifung die entsprechenden Halogenbenzoesäuren mit 64—88% der Theorie isoliert und außerdem den Rest in Form anderer Bruchstücke des Peroxyds als unverseifbare substituierte Phenylgruppen ermittelt.

Desgleichen konnte Horner[5] bei der mit Acetylsalicylsäureperoxyd in Toluol durchgeführten Polymerisation an Polystyrol gebundene Acetylsalicylsäure neben Phenylacetat feststellen.

Die Peroxyde wirken demnach nicht als Katalysatoren im klassischen Sinne, da sie sich bei dem Prozeß verändern und mit Spaltstücken an der Reaktion teilnehmen.

Ähnliche polymerisationsfördernde Wirkungen üben auch die aus Azodibuttersäurenitril oder aus den entsprechenden Estern entstehenden Radikale aus[6]:

$$\begin{array}{c}H_3C\\ \end{array}\!\!\!>\!\!C\!-\!N\!=\!N\!-\!C\!<\!\!\!\begin{array}{c}CH_3\\ \end{array} \xrightarrow{\ 80°\ } 2\ H_3C\!-\!\overset{CH_3}{\underset{CN}{C}}\!-\ +\ N_2$$

with left group H_3C and CN on the first carbon, and CN and CH_3 on the second carbon (Radikal)

bzw. Radikale $(C_6H_5 \cdot CH_2\!-\!O\!-\!)$, die sich aus dem Zerfall des Benzylhyponitrits $(C_6H_5 \cdot CH_2\!-\!O\!-\!N\!=\!N\!-\!O\!-\!CH_2 \cdot C_6H_5)$ bilden[7].

Substituierte Phenylazotriphenylmethane[8], bei denen R durch Cl oder Br und R′ durch H oder Methoxygruppen ersetzt sind, zerfallen in zwei verschiedene Radikale

$$R\!-\!\langle\ \rangle\!-\!N\!=\!N\!-\!C(\!-\!\langle\ \rangle\!-\!R')_3 \longrightarrow R\!-\!\langle\ \rangle\!-\ +\ -C(\!-\!\langle\ \rangle\!-\!R')_3\ +\ N_2$$

---

[1] Flory, P. J.: J. Amer. chem. Soc. **59**, 241 (1937).

[2] Kern, W., u. H. Kämmerer: J. prakt. Chem. [2] **161**, 81 (1943).

[3] Price, C. C., u. Mitarb.: J. Amer. chem. Soc. **64**, 1103 (1942) und **65**, 517 (1943).

[4] Bartlett, P. D., u. S. G. Cohen: J. Amer. chem. Soc. **65**, 543 (1943).

[5] Horner, L., u. A. Pohl: Liebigs Ann. Chem. **559**, 48 (1948).

[6] Ziegler, K.: Angew. Chem. **1949**, Nr. 5, S. 168—179; — F. M. Lewis u. M. S. Matheson: J. Amer. chem. Soc. **71**, 747 (1949).

[7] Harris, J., u. Mitarb.: Nature [London] **159**, 843 (1947).

[8] Hey, D. H., u. G. S. Misra: J. chem. Soc. **1949**, 1807—1811.

und beschleunigen die Styrolpolymerisation. Aus Analysen der Polymerisate geht ebenfalls hervor, daß diese Radikale im Polymeren eingebaut sind. Das gleiche gilt für Tetra-p-methoxy-phenylbernsteinsäuredinitril, das in zwei Di-p-methoxyphenylcyanomethyl-Radikale zerfällt:

$$\left(CH_3-O-\langle\ \rangle-\right)_2-\underset{|}{C}-CN \atop \left(CH_3-O-\langle\ \rangle-\right)_2-C-CN \longrightarrow 2\left(CH_3-O-\langle\ \rangle\right)_2-\underset{|}{C}-CN.$$

Nach ZIEGLER[1] ist beim Tetraphenyl-dimethyläthan selbst bei $-30°$ C noch eine polymerisierende Wirkung festzustellen, obwohl dieses Äthan bei $-30°$C eine Halbwertszeit von über 1000 Jahren hat.

Bei der Verwendung von Benzoylperoxyd (Lucidol) genügen Mengen von 0,15—0,2%, um die Polymerisation des Styrols bei 70—80°C auf das Zehnfache zu beschleunigen. Größere Ansätze, bereits von einigen Kilogramm, führen dabei infolge der gesteigerten Keimbildung und Wachstumsreaktion sowie der dadurch frei werdenden Polymerisationswärme meistens zu spontaner Selbsterhitzung und nicht mehr zu bändigender wilder Polymerisation. Die beschleunigende Wirkung der Peroxyde kann bei der Blockpolymerisation in größerem Maßstabe nur dann mit Erfolg ausgenützt werden, wenn durch entsprechende Apparaturanordnungen die Wärmeabfuhr gewährleistet ist. Solange die Reaktionsmasse noch dünnflüssig ist, hilft intensives Rühren unter entsprechender Kühlung. Im späteren Stadium, wenn die Viscosität der Lösung mehr und mehr zunimmt, besteht die Möglichkeit der Polymerisation in dünnen Schichten.

Bezüglich der Verwendung anderer, z. T. erheblich stärkerer Polymerisationsbeschleuniger sei auf das Kapitel über die Lösungspolymerisation verwiesen, wo deren Wirkungsweise näher erläutert ist.

Physikalisch bedingte Polymerisationsreaktionen. Neben den genannten chemischen Katalysatoren gibt es eine Reihe physikalischer Vorgänge, die die Polymerisation des Styrols auslösen. Ausführliche Untersuchungen über die Wirkung des Ultraviolettlichtes wurden bereits 1909 von H. STOBBE und G. POSNJAK[2] angestellt, die Styrol bei 40° mit dem Licht einer Quecksilberdampflampe bestrahlten und den Verlauf der dadurch bewirkten Polymerisation durch exakte Viscositätsmessungen verfolgten. Interessant ist der hierbei beobachtete Effekt einer photochemischen Nachwirkung, insofern als das belichtete Styrol bei anschließendem Stehen im Dunkeln noch weiter polymerisierte. Monomeres Styrol, das eine mehrstündige Vorbehandlung mit Luft und ultravioletten Strahlen erfahren hat, polymerisiert bei relativ tiefer Temperatur (90°C) im Verlauf von 40 Stunden praktisch vollständig aus. Es entsteht ein besonders hochmolekulares Polystyrol. Unbehandeltes Styrol benötigt unter den gleichen Temperaturbedingungen eine wesentlich längere Zeit und liefert ein Polystyrol mit weniger hohem Molekulargewicht[3].

[1] ZIEGLER, K., u. Mitarb.: Liebigs Ann. Chem. **567**, 151—179 (1950).

[2] STOBBE, H., u. G. POSNJAK: Liebigs Ann. Chem. **371**, 239 (1909).

[3] BACHMANN, E., J. BAUD u. J. G. FAVRE: Fr.P. 865890 (1951), Soc. Us. Chim. Rhône-Poulenc.

Nach Versuchen von H. M. Melville und L. Valentine[1], die Styrol in Gegenwart von Benzoylperoxyd und UV-Licht behandelten, ist die Polymerisationsgeschwindigkeit proportional der Quadratwurzel der Katalysatorkonzentration und der Lichtintensität.

Der technischen Auswertung dieser durch UV-Licht erzielbaren Polymerisationsbeschleunigung steht leider der Umstand entgegen, daß polymerisierendes Styrol mit der Dauer der UV-Einwirkung mehr und mehr vergilbt, so daß keine wasserklaren Polymerisate erhalten werden.

Auch ultrarote Strahlen, und zwar speziell solche, deren Wellenlänge in der Nähe des sichtbaren Teils des Spektrums von 10000—20000 Å liegen, beschleunigen die Polymerisation[2]. In gleichem Sinne wirken Neutronen sowie α-, β- und γ-Strahlen[3]. Ultraschall, der hauptsächlich das Polymere abbaut, regt andererseits auch Monostyrol zur Polymerisation an[4].

Da die Umwandlung von Styrol ($s = 0{,}905$) in Polystyrol ($s = 1{,}05$) mit einer beachtlichen Volumkontraktion (etwa 16%) verbunden ist, hat man den Einfluß des Druckes auf die Polymerisationsreaktion des öfteren untersucht.

Bridgman und Conant[5] beobachteten mit Styrol unter 9000 Atm. Druck nach 24stündiger Einwirkung bei Raumtemperatur eine teilweise Umsetzung zu Polystyrol. Nach einem du-Pont-Patent[6] ergibt eine 72stündige Druckbehandlung mit 12000 Atm. einen 10%igen Umsatz, was ungefähr einer 10fachen Steigerung der Polymerisationsgeschwindigkeit gleichkommt. Es sind also abnorm hohe Drücke erforderlich, um hierbei einen nennenswerten Effekt zu erzielen.

Zu ähnlichen Ergebnissen gelangte Gilham, der Styrol thermisch bei 100° unter Drucken bis zu 4000 Atm. polymerisierte[7].

Desgleichen läßt sich α-Methylstyrol bei einer Temperatur von 100° und 5000 Atm. polymerisieren[8].

Bei Zusatz von inerten Lösungsmitteln (z. B. Isopropylbenzol) und Erhöhung der Temperatur auf 290—350° kann mit niedrigeren, zur Aufrechterhaltung der flüssigen Phase eben ausreichenden Drucken ein guter Umsatz erzielt werden.

λ) Theoretische Vorstellungen über den Mechanismus der thermischen Polymerisation. Aus den Polymerisationsvorgängen ist ersichtlich, daß für die Umwandlung des Monomeren zum Polystyrol stets eine längere Zeit beansprucht wird, andererseits kann man jedoch in der polymerisierenden Masse nur Polystyrol neben unverändertem Monostyrol nachweisen.

---

[1] Melville, H. M., u. L. Valentine: Trans. Faraday Soc. **46**, 210 (1950).

[2] Soday, F. J.: US.P. 2394407 (1946).

[3] Hopwood, F. L., u. J. T. Phillips: Nature [London] **143**, 640 (1939); — J. F. Joliot: Fr.P. 966760 (1950); — A. Chapiro u. Mitarb.: Fr.P. 982840 (1951); Chem. Zbl. **121**, 1489 (1950).

[4] Melville, H., u. A. J. R. Murray: Trans. Faraday. Soc. **46**, 996 (1950).

[5] Bridgman, P. W., u. J. B. Conant: Proc. nat. Acad. Sci. USA **15**, 680 (1929).

[6] Fr.P. 699555 (1931), E. I. du Pont de Nemours.

[7] Gilham, R. C.: Trans. Faraday Soc. **46**, 497 (1950).

[8] Stanley, H. M., u. Mitarb.: E.P. 637346 (1950).

Die Vorstellung von G. S. WITBY, W. CAROTHERS und M. KATZ[1], daß
die Polymerisation unter Wanderung eines Wasserstoffatoms von einem
monomeren Molekül zu dem wachsenden Kettenmolekül erfolgt, ist daher, wegen des Fehlens von irgendwelchen Zwischengliedern, wenig
plausibel:

$$
\begin{array}{ccc}
C_6H_5 & C_6H_5 \quad C_6H_5 & C_6H_5 \quad C_6H_5 \quad C_6H_5 \\
| & | \qquad | & | \qquad | \qquad | \\
CH\!=\!CH_2 \longrightarrow & CH_2\!-\!CH_2\!-\!C\!=\!CH_2 \longrightarrow & CH_2\!-\!CH_2\!-\!CH\!-\!CH_2\!-\!C\!=\!CH_2 \\
\uparrow & \uparrow & \\
H \ -\!C\!=\!CH_2 & H\!-\!C\!=\!CH_2 & \\
| & | & \text{usw.} \\
C_6H_5 & C_6H_5 &
\end{array}
$$

Gemäß der Argumentation von CHALMERS[2] müßte diese stufenweise
Addition hauptsächlich zu einem Gemisch von dimerem und trimerem
Polystyrol führen, wenn die Geschwindigkeit der nachfolgenden Addi-
tion nicht größer wäre als die Geschwindigkeit der anfänglichen Dimeri-
sierung. Distyrol und Tristyrol sind dazu, wie STAUDINGER und STEIN-
HOFER[3] gezeigt haben, nicht fähig, weiteres Styrol anzulagern. Für das
Zustandekommen der Makromoleküle muß demnach ein anderer und
sehr rasch verlaufender Mechanismus verantwortlich sein.

STOBBE[4] äußerte bereits 1909 die Ansicht, daß die Polymerisation
des Styrols ein autokatalytischer Prozeß sei. Diesen Gedanken hat
STAUDINGER[5] weitergesponnen, indem er eine Kettenreaktion mit „Di-
radikalen" gemäß folgendem Schema vorschlug:

$$
\begin{array}{cccc}
C_6H_5 & C_6H_5 & C_6H_5 \quad C_6H_5 & \\
| & | & | \qquad | & \\
CH\!=\!CH_2 \longrightarrow & -CH\!-\!CH_2- \longrightarrow & -CH\!-\!CH_2\!-\!CH\!-\!CH_2- \longrightarrow & \\
\end{array}
$$

$$
\begin{array}{c}
C_6H_5 \quad C_6H_5 \quad C_6H_5 \\
| \qquad | \qquad | \\
\longrightarrow \ -CH\!-\!CH_2\!-\!CH\!-\!CH_2\!-\!CH\!-\!CH_2- \ .
\end{array}
$$

Ein Styrolmolekül wird aktiviert, indem es thermisch, lichtelektrisch
oder katalytisch in einen angeregten Zustand versetzt wird. Das akti-
vierte Molekül überträgt die Anregung auf ein zweites usw., wobei
gleichzeitig eine Zusammenlagerung erfolgt.

Die bei Kettenreaktionen sonst beobachteten hohen Reaktionsgeschwindigkeiten liegen jedoch bei normal ablaufenden Polymerisationen nicht vor, sondern diese benötigen bis zu ihrer Beendigung stets
eine längere Zeitdauer. Man zog daraus die Schlußfolgerung, daß die
Startreaktion, die die Aktivierung der monomeren Moleküle verursacht,
eine relativ geringe Reaktionsgeschwindigkeit haben muß und somit
die für den zeitlichen Ablauf des Prozesses maßgebende Größe darstellt.

---

[1] WITBY, G. S., W. CAROTHERS u. M. KATZ: J. Amer. chem. Soc. **50**, 1160 (1928).
[2] CHALMERS, W.: J. Amer. chem. Soc. **56**, 912 (1934).
[3] STAUDINGER, H., u. A. STEINHOFER: Liebigs Ann. Chem. **517**, 42 (1935).
[4] STOBBE, H., u. G POSNJAK: Liebigs Ann. Chem. **371**, 276 (1909).
[5] STAUDINGER, H., u. Mitarb.: Ber. dtsch. chem. Ges. **53**, 1081 (1920); **62**, 254 (1929).

Auf Grund der von G. V. SCHULZ[1] vollzogenen Unterteilung der Gesamtreaktion in drei wohldefinierte Teilvorgänge,

a) den Primärakt (Keimbildung unter Energieaufnahme),
b) das Kettenwachstum (sukzessive Anlagerung weiterer Molekeln),
c) den Kettenabbruch (Beendigung des Wachstums),

war der Schlüssel zum Verständnis der bis dahin unklaren Verhältnisse gefunden. Zahlreiche reaktionskinetische Messungen von SCHULZ und Mitarbeitern[1] haben die Richtigkeit dieses aufgestellten Reaktionsschemas erhärtet, so daß dieses heute als allgemeingültiges Gesetz für die durch Radikale verursachten Polymerisationsprozesse anzusehen ist.

Die Bruttogeschwindigkeit v_B des Gesamtprozesses ergibt sich dabei aus der Menge des je Zeiteinheit gebildeten Polymeren, dessen Molekülgröße bei einer bestimmten Temperatur während des gesamten Polymerisationsverlaufes praktisch konstant bleibt (STAUDINGER und FROST[2]). Aus der Festlegung, daß auf jede im Primärvorgang erfolgte Aktivierung einer Styrolmolekel P Wachstumsschritte erfolgen, hat SCHULZ für die Geschwindigkeit des Primäraktes v_A folgende Formel aufgestellt:

$$v_A = \frac{v_{Br}}{P},$$

wobei der Polymerisationsgrad P als Anzahl der zu einem Kettenmolekül verknüpften Einzelmoleküle definiert und durch die Formel

$$P = \frac{v_B}{v_C}$$

charakterisiert ist. v_B ist die Geschwindigkeit des Wachstumsprozesses und $v_C =$ Geschwindigkeit der Abbruchreaktion. Beide Reaktionsstufen verlaufen sehr rasch, so daß sie als Einzelreaktionen nicht erfaßt werden können.

Die Größe des polymeren Moleküls wird demnach begrenzt durch die Wechselwirkung zwischen der Wachstums- und der gegenläufigen Kettenabbruchsreaktion.

Als Aktivierungsenergie für den Primärakt wurden 23500 cal/Mol aus der Temperaturabhängigkeit der Geschwindigkeitskonstante und für das Zustandekommen eines makromolekularen Kettenmoleküls 10 bis 120 sek errechnet. Für diese drei Teilvorgänge hat P. J. FLORY[3] folgendes anschauliches Reaktionsschema aufgestellt:

$$1. \quad M_1 + M_1 \;=\; 2M^*,$$
$$2. \quad M_n^* + M_1 \longrightarrow M_{n+1}^*,$$
$$3. \quad M_n^* + M \longrightarrow M_n + M^*,$$
$$4. \quad M_n^* + M_m^* \longrightarrow M_{n+m} \quad \text{oder} \quad M_n + M_m.$$

[1] SCHULZ, G. V., u. Mitarb.: Z. physik. Chem. Abt. B **30**, 379 (1935) und **34**, 187 (1936); **43**, 385 (1939); **45**, 105 (1940); Z. Elektrochem. angew. physik. Chem. **47**, 265, 618 (1941).

[2] STAUDINGER, H., u. W. FROST: Ber. dtsch. chem. Ges. **68**, 2354 (1935).

[3] FLORY, P. J.: J. Amer. chem. Soc. **59**, 241 (1937).

In der Stufe 1, dem Primärakt, werden durch thermische, katalytische oder photochemische Aktivierung aus zwei Styrolmolekülen zwei Radikale gebildet. Durch eine rasche Reaktionsfolge des freien Radikals mit weiteren monomeren Molekülen bildet sich nach 2 eine Kette von n Segmenten, indem das freie Elektron an das Ende der Kette überspringt. Dann überträgt das lange Kettenradikal in Stufe 3 sein freies Elektron auf ein einzelnes monomeres Styrolmolekül oder auf ein anderes Kettenmolekül und hört auf zu wachsen. Das neue freie Radikal startet eine neue Kette. Der Kettenabbruch kann entweder durch eine Koppelungs- oder Disproportionierungsreaktion erfolgen, indem nach Stufe 4 entweder zwei wachsende Radikalketten unter Bildung einer normalen ausgeglichenen Elektronenverbindung sich zusammenlagern oder sich durch Elektronenaustausch gegenseitig absättigen. Sowohl das Kettenwachstum als auch der Kettenabbruch sind demnach als bimolekulare Reaktionen aufzufassen. Ein einzelnes freies Radikal kann nach diesem Schema eine unübersehbare Folge von Kettenreaktionen hervorbringen.

Auch für die von H. STAUDINGER und G. SCHULZ[1] auf Grund des Unterschiedes zwischen osmotisch und viscosimetrisch gemessenen Molekulargewichten angenommene Verzweigung der Styrolmoleküle, zu deren Erklärung diese Autoren neben einer Aktivierung der Doppelbindung eine Aktivierung des Benzolringes unter Ausbildung einer chinoiden Form vorgeschlagen haben,

$$\begin{array}{ccc} & CH{=}CH & \\ & \diagup \qquad \diagdown & \\ CH & & CH{=}CH{-}CH_2 \\ & \diagdown \qquad \diagup & \\ & CH{=}CH & \end{array}$$

gibt FLORY eine plausiblere Erklärung, indem er bei der Übertragungsreaktion nach Stufe 3 die Möglichkeit diskutiert, daß das freie Elektron nicht auf die endständige Stelle eines Moleküls, sondern auch auf eine beliebige aktivierbare Stelle eines Makromoleküls überspringen kann. An diesem Ort soll dann erneutes Wachstum zu einer astartigen Seitenkette des ursprünglichen Moleküls ansetzen.

In einer späteren amerikanischen Arbeit[2] wurde ein ähnlich einfacher Mechanismus für die Polymerisationsreaktion aufgestellt. Danach zieht das freie Elektron eines Radikals bei Annäherung an ein monomeres Molekül das π-Elektron der Doppelbindung mit entgegengesetztem Spin an unter Ausbildung eines normalen Elektronenpaares. Das Elektron der Doppelbindung mit dem gleichen Spin wird abgestoßen bis an das Ende des Monomeren, wo ein neues freies Radikal entsteht und der Vorgang von vorne ablaufen kann.

Schematisch geschrieben stellt sich dieser Prozeß folgendermaßen dar:

$$R\uparrow \;\; + CH_2 {\textstyle\substack{\uparrow\\\downarrow}} : CH \longrightarrow R\uparrow \;\; \downarrow CH_2{-}CH\uparrow \longrightarrow R\cdot CH_2\cdot CH\uparrow \quad \text{usw.}$$
$$\text{(Radikal)} \qquad\qquad\;\; \underset{C_6H_5}{|} \qquad\qquad\qquad \underset{C_6H_5}{|} \qquad\qquad\quad \underset{C_6H_5}{|}$$

---

[1] STAUDINGER, H., u. G. V. SCHULZ: Ber. dtsch. chem. Ges. **68**, 2331 (1935).
[2] HULBURT, H. M., u. Mitarb: Ann. NY. Acad. Sci. **64**, 371 (1943).

Die Frage, ob nach der Abbruchreaktion im fertigen Makromolekül
noch eine Doppelbindung vorliegt oder nicht, ist häufig bearbeitet und
diskutiert worden[1]. Bis heute ist diese Frage noch umstritten. STAU-
DINGER und Mitarbeiter konnten mit Brom oder Jodwasserstoff keine
Additionsprodukte fassen. Ebenso fand R. SIGNER[2] im Ramanspektrum
kein Anzeichen einer ungesättigten Atomgruppierung. J. RISI und
D. GAUVIN[3] betrachten die Polystyrole als gesättigte Kohlenwasserstoffe, wobei sie annehmen, daß der Kettenabbruch durch Umlage-
rung und Cyclisierung zu einem endständigen Hydrindenring gemäß
folgender Formulierung zustande kommt:

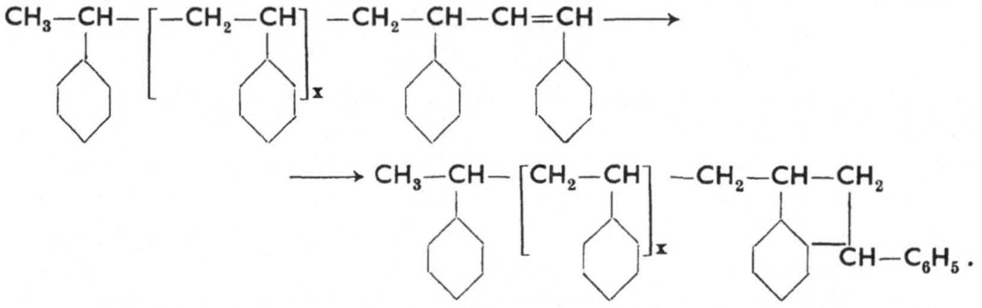

$$CH_3-CH-[-CH_2-CH]_x-CH_2-CH-CH=CH \longrightarrow$$

$$\longrightarrow CH_3-CH-[CH_2-CH]_x-CH_2-CH-CH_2-CH-C_6H_5 .$$

L. HORNER und H. POHL[4] glauben auf Grund eigener experimenteller
Befunde den Beweis erbracht zu haben, daß das mit Benzoylperoxyd
polymerisierte Styrol eine Doppelbindung enthält und daß diese endständig liegt. Die Erfassung der ungesättigten Bindung wird auf Grund
der geglückten Bromaddition sowie durch die nach Oxydation mit
Kaliumpermanganat gefundene freie Benzoesäure als verifiziert betrachtet. Als wesentliche Voraussetzung für diese Beweisführung ist
die Feststellung gemacht, daß das benützte Polystyrol durch erschöp-
fende Wasserdampfbehandlung garantiert monomerenfrei war.

μ) Molekülgrößenbestimmung der Polystyrole. *1. Viscosimetrische
Methoden.* In Deutschland verwendet man zur technischen Charakterisierung der polymeren Substanzen den aus Viscositätsmessungen er-
rechneten k-Wert nach H. FIKENTSCHER[5]. Diese Viscositätsgröße stellt
eine empirisch ermittelte und hypothesenfreie Konstante dar, die auf
folgender Gleichung basiert:

$$\log \frac{\eta_c}{\eta_0} = \log z = \left(\frac{75\,k^2}{1+1,5\,k\,c} + k\right)c .$$

---

[1] STAUDINGER, H., u. Mitarb.: Ber. dtsch. chem. Ges. **59**, 3034 (1926); **62**, 253,
2918 (1929); Liebigs Ann. Chem. **517**, 45 (1935); — E. M. POLANY: Trans. Faraday
Soc. **31**, 875 (1935); — W. KUHN: Angew. Chem. **49**, 858 (1936) und **51**, 640 (1938);
— G. V. SCHULZ: Z. physik. Chem., Abt. B **39**, 246 (1938).

[2] SIGNER, R.: Helv. chim. Acta **15**, 649 (1932).

[3] RISI, J., u. D. GAUVIN: Canad. J. Res., Sect. B **14**, 255—267 (1936); Chem.
Zbl. **1937 I**, 3461.

[4] HORNER, L., u. H. POHL: Liebigs Ann. Chem. **559**, 48 (1948); Angew. Chem.
1948, 246, 255.

[5] FIKENTSCHER, H.: Cellulosechemie **13**, 58 (1932).

Hierin bedeutet:

$z =$ relative Viscosität $= \dfrac{\eta_c}{\eta_0}$ (absolute Viscosität der Lösung),
(absolute Viscosität des Lösungsmittels),

$c =$ Konzentration $= g$ Substanz in 100 ccm Lösung.

Die aus dieser Gleichung für k zu ermittelnde Zahl ergibt mit 10^3 multipliziert den in der Technik benützten k-Wert, welcher eine konzentrationsunabhängige, den polymeren Produkten eigentümliche Konstante darstellt und als „Eigenviscosität" bezeichnet wird. Der k-Wert hat sich als Maß für die durchschnittliche Polymerisationsgröße in der Industrie gut bewährt.

Die Bestimmung ist sehr einfach und in jedem Laboratorium leicht durchführbar. Man bestimmt z. B. an einer Lösung, die 1 g Polystyrol III in 100 ccm Lösung (Benzol) enthält, in einem Ubbelohdeschen Viscosimeter in einer druckunabhängigen Capillare (Nr. I) mit hängendem Kugelniveau bei 25° C in einem Thermostaten die Durchflußzeit. Man findet beispielsweise 186,6 sek. Die auf gleiche Weise ermittelte Durchflußzeit des reinen Benzols liegt bei 73 sek. Durch Division dieser beiden Zahlen erhält man den dem Polystyrol III entsprechenden z-Wert von 2,56. Aus obiger Gleichung läßt sich danach der k-Wert zu 0,0708 errechnen bzw. aus den von FIKENTSCHER[1] zur Vereinfachung aufgestellten Tabellen mit 70,8 Einheiten ablesen.

Gemäß J. HENGSTENBERG und G. V. SCHULZ[2] kann man aus dem Fikentscherschen k-Wert den Polymerisationsgrad nach folgender, für Polystyrol gültigen Gleichung berechnen:

$$P = k^2 \cdot 3{,}6 \cdot 10^5$$
(Polymerisationsgrad)

(k ist hierin die ursprüngliche, aus der Fikentscherschen Gleichung resultierende Zahl).

Der Gültigkeitsbereich erstreckt sich auf Molekulargewichte von 100000—500000. Verwendet man die um 10^3 vergrößerten, in der Technik benützten k-Wert-Zahlen, so lautet die Gleichung für das Molekulargewicht:

$$\text{Mol.-Gew.} \approx k^2 \cdot 36 \,.$$

Polystyrol III mit k-Wert 70 hat also nach dieser Formel ein Molekulargewicht von $70^2 \cdot 36 = 176000$.

Die Gleichung besitzt zwar eine gewisse Streuung, doch sind die dabei erhaltenen Zahlen als Näherungswerte sehr gut brauchbar und stimmen mit den osmotisch und mit der Ultrazentrifuge ermittelten Molekulargewichten größenordnungsmäßig überein.

Während hiernach also eine quadratische Beziehung zwischen dem Fikentscherschen k-Wert und dem Polymerisationsgrad bzw. dem Molekulargewicht besteht, so ergibt das von STAUDINGER[3] für faden-

---

[1] FIKENTSCHER, H.: Die Messung der Viskosität solvatisierter Sole. Ludwigshafen a. Rh.: I. G. Farbenindustrie 1941.

[2] HENGSTENBERG, J., und G. V. SCHULZ: Makromol. Chem. **2**, 31 (1948).

[3] STAUDINGER, H., u. W. HEUER: Ber. dtsch. chem. Ges. **63**, 222 (1930); — H. STAUDINGER u. E. OCHIAI: Z. physik. Chem., Abt. A **158**, 35 (1932); — H. STAUDINGER: Die hochmolekularen organischen Verbindungen, S. 47, 52, 185. Berlin: Springer 1932.

förmige Polymere aufgestellte Viscositätsgesetz

$$z_\eta = \frac{\eta_{spez}}{c} = K_m\,M$$

eine direkte Proportionalität zwischen der Viscositätszahl und der Moleküllänge.

Hierin ist

$\eta_{spez} = \eta_{rel} - 1 = \dfrac{\eta_c}{\eta_0} - 1 =$ spezifische Viscosität $=$ Viscositätserhöhung, die in einem Lösungsmittel von einem Polymeren hervorgerufen wird;

$K_m =$ Konstante, die für jedes Polymere charakteristisch ist und bei Polystyrol zuerst mit $1{,}8 \cdot 10^{-4}$ bestimmt wurde;

$c =$ Konzentration in Grundmolekeln je Liter;

$M =$ Mol.-Gew.

Das Gesetz gilt nur im Gebiet ganz geringer Konzentrationen, wo eine gegenseitige Beeinflussung der Moleküle nicht möglich ist, und unter der Annahme, daß die Fadenmoleküle starre lineare Gebilde sind und in Lösung ihre Gestalt nicht verändern[1]. Nach J. HENGSTENBERG und G. V. SCHULZ[2] lassen sich nach der Staudingerschen Methode Molekulargewichte im Bereich von 100000—500000 mit einem Unsicherheitsfaktor von $\pm$ 20% bestimmen. Daß die K_m-Werte nicht immer konstant liegen, sondern auf Grund evtl. möglicher Molekülverzweigung oder wechselnder Polymolekularität Schwankungen unterliegen[3], haben G. V. SCHULZ und E. HUSEMANN[4] an verschiedenen Polystyrolen bewiesen. Sie fanden K_m-Werte von 0,4 bis $1{,}56 \cdot 10^{-4}$ bei Mol.-Gew. von 24000—550000. An scharf fraktionierten Polystyrolen wurden K_m-Werte zu $0{,}46 \cdot 10^{-4}$ bzw. $0{,}52 \cdot 10^{-4}$, an unfraktionierten zu $0{,}67 \cdot 10^{-4}$ ($c =$ Grundmol./Liter) ermittelt.

2. Die osmotische Methode. Die klassischen Methoden der Schmelzpunktserniedrigung oder Siedepunktserhöhung können nur bei niedermolekularen Stoffen mit Sicherheit zur Molekülgrößenbestimmung herangezogen werden. Man kommt damit bis zu Mol.-Gew. in der Gegend von 1000 bis 5000. Darüber hinaus wurden von SCHULZ direkte osmotische Druckmessungen mit osmotischen Zellen und halbdurchlässigen Membranen in besonders hierfür entwickelten Apparaturen zur Molekülgrößenbestimmung durchgeführt[5] und die für solche Messungen gültige van't Hoffsche Gleichung wie folgt abgewandelt:

$$\overline{M} = \frac{R\,T\,c}{p\,(1 - c\,s)}.$$

$R =$ Gaskonstante; $T =$ Temperatur; $c =$ Konzentration g/l; $s =$ spez. Wirkungsvolumen $=$ Volumen, das 1 g der gelösten Substanz und das von ihm gebundene Lösungsmittel in der Lösung beansprucht.

---

[1] STAUDINGER: H.: Makromol. Chem. **4**, Nr. 3, S. 289—307 (1950).

[2] HENGSTENBERG, J., u. G. V. SCHULZ: Makromol. Chem. **2**, 30 (1948).

[3] STAUDINGER, H., u. G. V. SCHULZ: Ber. dtsch. chem. Ges. **68**, 2320 (1935).

[4] SCHULZ, G. V., u. E. HUSEMANN: Z. physik. Chem., Abt. B **34**, 194 (1936); **39**, 246 (1938); — G. V. SCHULZ u. A. DINGLINGER: Z. physik. Chem., Abt. B **43**, 47 (1939).

[5] SCHULZ, G. V.: Z. physik. Chem., Abt. A **176**, 317 (1936); — Fortschritte der Chemie, Physik und Technik, S. 49—74. München 1942.

Neben dem gewöhnlich benützten Toluol fand J. HENGSTENBERG[1] das Methylisopropylketon als ein für die osmotische Methode geeignetes Lösungsmittel.

Aus osmotischen und viscosimetrischen Messungen hat BREITENBACH[2] für das mittlere Molekulargewicht ($\overline{M}$) und die Grundviscosität $[\eta]$ folgende Beziehung aufgestellt:

$$\overline{M} = 2{,}88 \cdot 10^6 \cdot [\eta] \cdot 1{,}247$$

und die Gültigkeit dieser Gleichung für Mol.-Gew. im Bereich von 12000—650000 ermittelt.

Nach MARK-HOUWINK[3] besteht folgende einfache Beziehung zwischen Grundviscosität (η) und dem mittleren Mol.-Gew.:

$$[\eta] = K\,M^\alpha,$$

wobei in Toluol als Lösungsmittel K mit 0,017 und α mit 0,69 einzusetzen ist.

Über die zahlreichen auf dem Gebiet der Osmose durchgeführten amerikanischen Arbeiten gibt das von R. H. WAGNER verfaßte Kapitel „Determination of osmotic Pressure" eine umfassende Übersicht[4].

Das in USA für solche Messungen am meisten gebrauchte Osmometer wurde von R. M. FUOSS und D. J. MEAD[5] entwickelt.

3. Bestimmungsmethode mit der Ultrazentrifuge. Läßt man auf Lösungen hochpolymerer Polystyrole starke Zentrifugalfelder ($g = 10^4$ bis 10^5), wie sie in der Ultrazentrifuge bei Drehzahlen von 30000 bis 40000 U/min erzeugt werden[6], einwirken, so beobachtet man, daß die gelösten Teilchen sedimentieren. Durch Bestimmung der Sedimentationskonstante s bzw. der Diffusionskonstante D haben J. HENGSTENBERG und G. V. SCHULZ[7] bei Auswertung nach der von SVEDBERG aufgestellten Gleichung

$$M = \frac{R\,T\,s}{D\,(1 - V\,\varrho)}$$

V = spez. Volumen des gelösten Stoffes; ϱ = Dichte der Lösung

an verschiedenen Polystyrolen deren Molekulargewichte bestimmt und mit den aus osmotischen Messungen erhaltenen Werten verglichen.

Da die Methode der Ultrazentrifuge auch auf die Uneinheitlichkeit der Polymeren anspricht (längere Moleküle wandern rascher als kürzere), so ist es schwierig, zu definierten Durchschnittswerten zu kommen. Die dabei erhaltenen Werte liegen 5—20% über den osmotisch ermittelten

[1] HENGSTENBERG, J., u. G. V. SCHULZ: J. makromol. Chem. 2, 12—15 (1948).

[2] BREITENBACH u. Mitarb.: Mh. Chem. 81, 455—457 (1950); — vgl. auch Mh. Chem. 81, 570—582 (1950).

[3] HOUWINK, R.: J. prakt. Chem. 157, 15 (1940); J. chem. Physics 18, 837 (1950); — T. ALFREY, A. BARTOVICS u. H. MARK: J. Amer. chem. Soc. 65, 2319 (1943).

[4] In „Physical Methods of Organic Chemistry", 2. Aufl. Teil I, S. 487—549.

[5] FUOSS, R. M., u. D. J. MEAD: J. physik. Chem. 47, 59 (1943).

[6] SVEDBERG, TH.: Kolloid-Z. 36, Erg.-B. 53 (1925); 51, 10 (1930); — TH. SVEDBERG u. K. O. PEDERSEN: Die Ultrazentrifuge. Dresden u. Leipzig 1940.

[7] HENGSTENBERG, J., u. G. V. SCHULZ: Makromol. Chem. 2, 5—36 (1948); — vgl. auch G. V. SCHULZ: Makromol. Chem. 3, 150 (1949).

Molekulargewichten. Dieser Unterschied wird um so größer, je uneinheitlicher das betreffende Polystyrol ist.

Mit der Ultrazentrifuge analysierten R. SIGNER und H. GROSS[1] ein Polystyrol vom mittleren Mol.-Gew. 80000 und fanden folgende mit „Polydispersität" oder „Polymolekularität" bezeichnete Zusammensetzung:

Menge %	Mol.-Gew.	Menge %	Mol.-Gew.
0,2	25—35000	10,4	95—105000
1,7	35—45000	6,0	105—115000
3,6	45—55000	3,3	115—125000
8,4	55—65000	1,7	125—135000
20,0	65—75000	0,5	135—145000
23,8	75—85000	0,2	145—155000
20,2	85—95000		

4. Methode der Lichtstreuung. G. V. SCHULZ und G. HARBOTH[2] berichten über diese neue Methode zur Bestimmung des Mol.-Gew. und der räumlichen Ausdehnung von Fadenmolekülen im speziellen Fall des Polymethacrylsäuremethylesters. Sie fanden nach der Streulichtmessung eine Moleküllänge von 1700 Å. Bei Annahme einer streng linearen Form errechnet sich ein Wert von 40000 Å. Diese experimentell ermittelte kleinere Moleküllänge spricht für eine starke Knäuelung des Makromoleküls.

Aus einer von H. A. STUART[3] veröffentlichten Abhandlung über die Grundlagen der Lichtstreuungsmessung ist zu ersehen, daß diese, auf Arbeiten von D. J. DEBYE[4] aufgebaute Methode von einer Anzahl amerikanischer Forscher mit Erfolg zur Molekülgrößenbestimmung von polymeren Substanzen angewandt wurde. Die durch Lösungen makromolekularer Stoffe verursachte Lichtstreuung ergibt in Beziehung gesetzt zu der Differenz der Brechungsindizes von Lösung und Lösungsmittel Aufschluß über das Mol.-Gew. des gelösten Polymeren. Darüber hinaus werden bei Makromolekülen, deren Größe unter der benützten Lichtwellenlänge liegt und mindestens $1/_{10}$ derselben ausmacht, Anhaltspunkte über Form und Gestalt der polymeren Moleküle gewonnen.

J. HENGSTENBERG[5] stellte bei Lichtstreuungsmessungen an verschiedenen Polystyrolen eine befriedigende Übereinstimmung der gefundenen Werte mit denen anderer Autoren[6] fest. Andererseits zeigen die Mol.-Gew. aus der Lichtstreuung im Vergleich mit solchen aus der Viscosität berechneten Mol.-Gew. verschiedener Polystyrole z. T. erhebliche Unterschiede nach beiden Richtungen. Ein Polystyrol mit dem Mol.-Gew. von 1000000 weist eine Längenausdehnung von 1100—1200 Å auf. Bei vollkommen geradliniger Ausdehnung müßte eine Länge von 25000 Å resultieren. Dieser Befund spricht für eine starke Knäuelung des Moleküls.

---

[1] SIGNER, R., u. H. GROSS: Helv. chim. Acta **17**, 59, 335, 726 (1934).
[2] SCHULZ, G. V., u. G. HARBOTH: Makromol. Chem. **2**, 187—200 (1948).
[3] STUART, H. A.: Angew. Chem. **62**, 351—359 (1950).
[4] DEBYE, D. J.: Appl. Phys. **15**, 456 (1944).
[5] HENGSTENBERG, J.: Makromol. Chem. **6**, 127 (1951).
[6] BUECHE, A. M.: J. Amer. chem. Soc. **71**, 1452 (1949); — B. H. ZIMM: J. chem. Physics **16**, 1093, 1099 (1948); — B. H. ZIMM u. Mitarb.: J. chem. Physics **18**, 830 (1950).

5. Methode mit dem Elektronenmikroskop. Nach einer amerikanischen Veröffentlichung von B. M. SIEGEL[1] ist es gelungen, auch das Elektronenmikroskop für die Molekulargewichtsbestimmung von hochpolymerem Polystyrol zu benützen. Man arbeitet dabei mit winzigen Tröpfchen (Durchmesser 4 μ) sehr verdünnter Lösungen (0,0001% in Cyclohexan), die auf Kollodiummembranen aufgebracht werden und einer Schattenbeleuchtung mit 3 Å Wellenlänge ausgesetzt werden. Die hierbei ermittelten Mol.-Gew. stimmen im Gebiet von 600000—2000000 unter Berücksichtigung der bei dieser Methode noch möglichen Versuchsfehler mit osmotischen Messungen gut überein.

Gestalt der Polystyrolmoleküle. H. STAUDINGER[2] hat zuerst die Theorie aufgestellt, daß die Polystyrolmoleküle starre, stäbchenförmige Gebilde darstellen, die diese Form auch in Lösung beibehalten. Der Zusammenhang zwischen Viscosität und Kettenlänge ist nach STAUDINGER nur unter dieser Voraussetzung zu verstehen, nicht aber unter der Annahme, daß die Fadenmoleküle sich in Lösung krümmen, schlängeln oder spiralig aufwinden. Auf Grund von Messungen der Strömungsdoppelbrechung plädieren SIGNER und GROSS[3] ebenfalls für eine längliche Gestalt der Polystyrolmolekeln.

Dieser Auffassung stehen die Betrachtungsweisen anderer Forscher (W. KUHN und H. A. STUART) entgegen, die für eine mehr kompakte Molekülform eintreten.

Aus statistischen Berechnungen, die W. KUHN[4] aufgestellt hat, geht hervor, daß der mittlere Abstand zwischen Anfang und Ende eines Kettenmoleküls nicht proportional der Kettengliederzahl N zunimmt, wie dies bei geradliniger oder zickzackförmiger Anordnung der Fall sein müßte, sondern daß der Abstand proportional $\sqrt{N}$ anwächst. Als wahrscheinlichste Gestalt des Makromoleküls wird daher die Form eines lose und unregelmäßig geknäuelten Fadens auf Grund der vorhandenen freien Drehbarkeit in der C—C-Bindung angenommen und dieser Zustand als „statistische Knäuelung" bezeichnet. Durch die Vorstellung eines lose geknäuelten Moleküls sind die Eigenschaften der hochpolymeren Stoffe im gelösten und elastisch festen Zustand am besten charakterisiert. Bei der Reckung oder Dehnung der polymeren Stoffe werden die Moleküle aus dem normalen Zustand, der sich beispielsweise in der Schmelze entsprechend einer Häufigkeits- oder Wahrscheinlichkeitsfunktion einstellt und im festen Zustand eingefroren ist, in einen mehr geordneten, aber weniger wahrscheinlichen Zustand übergeführt, wobei jedes Molekül eine veränderte Gestalt besitzt. Die auf diese Weise deformierten Makromoleküle haben aber das Bestreben, diesen gleichsam als Zwangslage zu bezeichnenden Zustand wieder zu verlassen und in den

---

[1] SIEGEL, B. M., D. H. JOHNSON u. H. MARK: J. Polym. Sci. **5**, 111—120 (1950).

[2] STAUDINGER, H.: Die hochmolekularen organischen Verbindungen, S. 79. Berlin 1932.

[3] SIGNER, R., u. H. GROSS: Z. physik. Chem., Abt. A **150**, 257 (1930); **165**, 161 (1933).

[4] KUHN, W.: Kolloid-Z. **68**, 2 (1934); Angew. Chem. **49**, 858 (1936); **51**, 640 (1938) und **52**, 289 (1939); — vgl. auch H. A. STUART: Makromol. Chem. **3**, 195 (1949).

wahrscheinlicheren Zustand zurückzukehren. Diese Auslegung erklärt sehr einleuchtend die merkwürdigen Verformungen, die an den im Spritzgußverfahren hergestellten und damit aus teilweise orientierten Polystyrolmolekeln zusammengesetzten Gegenständen auftreten, wenn diese beim Erwärmen unter Lösung der inneren Spannungen und Aufhebung des eingefrorenen Zustandes in den plastisch elastischen Bereich überzugehen beginnen.

Auch bei den Lösungen, auf denen alle oben beschriebenen Molekulargewichtsbestimmungen beruhen, rechnet man heute mit dem Vorhandensein geknäuelter solvatisierter Polystyrolmolekeln, wobei in guten Lösungsmitteln (Toluol) vom Typ eines ,,durchspülten'' Knäuels und in schlechten Lösungsmitteln (Methylisopropylketon) vom Typ eines ,,undurchspülten'' Knäuels gesprochen wird[1].

Als weitere interessante Überlegung bezüglich der Gestalt der Polystyrolmoleküle ist die von G. V. SCHULZ[2] erläuterte Auffassung zu betrachten, gemäß der beim Kettenwachstum auch eine Bildung stereoisomerer Formen angenommen werden kann. Unter Anwendung Stuartscher Atommodelle ergibt sich, daß die Phenylreste aus räumlichen Gründen nicht auf einer Seite der Kette liegen können (d-d-d- oder l-l-l-Kette). Bei streng alternierender d-l-Anlagerung resultieren zickzackförmige, langgestreckte C–C-Ketten. Die Phenylreste liegen in zwei, in einem Winkel von $108°$ sich schneidenden Ebenen.

Erhebliche Störungen in diesem Molekülbild treten dann auf, wenn an manchen Stellen d-d- (bzw. l-l-) Anlagerungen erfolgen, die nur unter Abknickung der C–C-Kette möglich sind und zu einer winkelförmigen Kettenanordnung führen. Eine solche Deutung kann ebensogut an die Stelle der bis jetzt noch nicht bewiesenen Verzweigungshypothese treten, die 1935 von H. STAUDINGER und G. V. SCHULZ[3] zur Erklärung der streuenden Viscositätszahlen aufgestellt wurde.

b) Lösungspolymerisation des Styrols.

α) Ohne Katalysatoren. Die Polymerisation des Styrols in Lösung war bisher technisch nur von untergeordneter Bedeutung. Diese Methode bietet jedoch die Möglichkeit, Polymerisate mit besonders niedrigen k-Werten bzw. Molekulargewichten herzustellen. Polymerisiert man Styrol in Gegenwart von indifferenten Lösungsmitteln (z. B. Toluol oder Äthylbenzol usw.) durch längeres Erhitzen unter Rückfluß, so erhält man viscose Lösungen von Polystyrol, aus denen durch Abdestillieren der Lösungsmittel im Vakuum die Polymeren gewonnen werden können. Die Polymerisation in Lösungsmitteln, die nur das Monomere, nicht aber das Polymere lösen, beschreibt ein Patent der Carbide and Carbon Chem. Comp.[4]. Das entstehende Polystyrol fällt dabei aus der Lösung aus. Auch bei der Lösungspolymerisation handelt

[1] HENGSTENBERG, J., u. G. V. SCHULZ: Makromol. Chem. **2**, 32—36 (1948).
[2] SCHULZ, G. V.: Makromol. Chem. **3**, 159—163 (1949).
[3] STAUDINGER, H., u. G. V. SCHULZ: Ber. dtsch. chem. Ges. **68**, 2331 (1935).
[4] C.C.C.C., Fr.P. 789857.

es sich um eine thermische Polymerisation[1], bei der jedoch die Reaktion verlangsamt ist, weil die Styrolmoleküle von Lösungsmittelmolekülen umgeben sind und somit die Anzahl der wirksamen Zusammenstöße herabgesetzt wird. Polymerisationsgeschwindigkeit sowie Polymerisationsgrad nehmen mit steigender Verdünnung stark ab[2]. Die Aktivierungsgeschwindigkeit der Doppelbindung des Styrolmoleküls ist lösungsmittelabhängig, und zwar nimmt sie in der Reihe Benzol, Toluol, Heptan, Äthylbenzol, Diäthylbenzol, Tetrachloräthan zu[3]. J. W. BREITENBACH[4] hat bei der Lösungspolymerisation in Tetrachlorkohlenstoff erstmalig eine Reaktion zwischen Styrol und CCl_4 festgestellt, deren Erklärung später gegeben wird (vgl. Kap. Emulsionspolymerisation, S. 102ff.). Als erster hat wohl M. BERTHELOT[5] im Jahre 1866 das Styrol in einer Lösung von Toluol, die in zugeschmolzenen Glasröhren auf 200° C erhitzt wurde, polymerisiert. Später stellte J. OSTROMISLENSKY[6] durch Wärmebehandlung der bei der thermischen Krackung von Äthylbenzol erhaltenen, über 40%igen Styrollösungen, ebenfalls ein Lösungspolymerisat her.

β) Mit Katalysatoren. Durch Zusätze kohlenwasserstofflöslicher Katalysatoren (z. B. Benzoylperoxyd) kann der Polymerisationsvorgang auch in Lösung erheblich beschleunigt werden[7]. Je mehr aber die Lösung an Monomerem verarmt, desto langsamer verläuft die Polymerisation, so daß meist erhebliche Reste von Monostyrol in den abdestillierten Lösungsmitteln enthalten sind. Je höher außerdem die Katalysatorkonzentration gewählt wird, desto niedriger molekular sind die Polymeren.

Polystyrol B niedrigviscos zum Beispiel, ein Mischpolymerisat der BASF aus 70 Teilen Styrol und 30 Teilen Acrylsäurebutylester in 50%iger Lösung in Äthylbenzol, bei dessen Siedepunkt (136° C) und unter Zusatz von Peroxyd polymerisiert, besitzt nur noch einen k-Wert von 45 Einheiten. Es ist springhart und spröde, ähnlich wie Kollophonium.

Läßt man die unter Anwendung rapid wirkender Katalysatoren, wie Borfluorid, Zinntetrachlorid[8], Aluminiumchlorid[9] oder aktiven Tonerden (Tonsil usw.)[10] beschriebene Polymerisation in Lösungsmitteln ab-

---

[1] DOSTAL, H., u. W. JORDE: Z. physik. Chem., Abt. A **179**, 23 (1937).

[2] SUESS, H., K. PILCH u. H. RUDORFER: Z. physik. Chem. **179**, 361 (1937).

[3] SUESS, H., u. A SPRINGER: Z. physik. Chem., Abt. A **181**, 81 (1937); — J. W. BREITENBACH u. Mitarb.: Z. Elektrochem. angew. physik. Chem. **43**, 323, 609 (1937).

[4] BREITENBACH, J. W., u. Mitarb.: Österr. Chemiker-Ztg. **41**, 182 (1938); — J. W. BREITENBACH u. A. MASCHIN: Z. physik. Chem., Abt. A **187**, 175 (1940).

[5] BERTHELOT, M.: Bull. Soc. chim. [2] **6**, 294 (1866).

[6] OSTROMISLENSKY, J., u. W. A. GIBBONS: U.S.P. 1855413 (1932).

[7] LAWSON, W. E., u. Mitarb.: U.S.P. 1867014, 1881282, 1890060 (1932), E. I. du Pont de Nemours.

[8] STAUDINGER, H., u. Mitarb.: Ber. dtsch. chem. Ges. **62**, 259 (1929); — G. WILLIAMS: J. chem. Soc. [London] **1938**, 246, 1046; **1940**, 775.

[9] BOESEKEN, J., u. J. NOORDNEJN: Recueil Trav. chim. Pays-Bas **34**, 265 (1915); — H. WIELAND u. E. DORRER: Ber. dtsch. chem. Ges. **63**, 404 (1930); — C. D. NENITZESCU u. Mitarb.: Liebigs Ann. Chem. **491**, 216 (1931).

[10] LEBEDEW, S. W., u. E. P. FILONENKO: Ber. dtsch. chem. Ges. **58**, 163 (1925).

laufen, so resultieren noch niedriger polymere Polystyrole von sehr spröder, halbfester oder balsamartiger Konsistenz. Ihre Viscositäten liegen bei k-Werten von 20—30. Diese Niederpolymeren, die in das Grenzgebiet zwischen die noch springharten Harze und die öligen flüssigen Polymerisate einzuordnen sind, haben bis jetzt keine technische Bedeutung erlangt.

γ) Tieftemperaturpolymerisation von Styrol und α-Methylstyrol. In neueren amerikanischen Arbeiten sind jedoch auch Lösungspolymerisationen beschrieben, die bei sehr tiefen Temperaturen mit Metallsalzen als Katalysatoren durchgeführt werden und höhermolekulare Polystyrole ergeben.

Lösungen von Styrol und seinen polymerisationsfähigen Methylderivaten in niedrigsiedenden Lösungsmitteln, wie Petroläther und Alkylchloriden, liefern bei tiefen Temperaturen ($-78°$ bis $-103°$ C oder $-150°$ C) mit Friedel-Craftschen Katalysatoren wie Aluminiumchlorid oder Borfluorid feste Polymerisate[1].

Sogar das schwer zu polymerisierende α-Methylstyrol, das von verschiedenen Forschern mit H_3PO_4 oder H_2SO_4 nur in Dimere[2] oder mit $SnCl_4$, $TiCl_4$, BF_3 und Floridaerde lediglich in niedermolekulare Polymere (Dimere bis Octamere[3]) umgewandelt werden konnte, läßt sich mit dieser Methode der Tieftemperatur-Lösungspolymerisation in hochmolekulares Polymerisat überführen[4]. Als Katalysator wird eine Lösung von $AlCl_3$ in Äthylchlorid und als Lösungsmittel Äthylchlorid, Schwefelkohlenstoff oder SO_2 benützt. Während bei $+23°$ C ein Polymeres mit einem Mol.-Gew. von 770 entsteht, wurde bei $-130°$ C ein Polymerisat mit einem Mol.-Gew. von 84000 erreicht. Im Vergleich mit Polystyrol zeigt dieses Poly-α-methylstyrol eine höhere Erweichungstemperatur und Härte, aber auch gesteigerte Sprödigkeit.

An Stelle von reinem Aluminiumchlorid werden auch komplexe Verbindungen von Titan- und Aluminiumchlorid, die in Kohlenwasserstoffen löslich sind, für die Tieftemperaturpolymerisation in Lösung empfohlen[5].

δ) Distyrol. Die Behandlung des Styrols in Lösungsmitteln mit Säuren ergibt schließlich nur noch niedermolekulare, ölige Verbindungen, die hauptsächlich aus Distyrol und Tristyrol bestehen.

Das Distyrol wurde erstmals im Jahre 1883 aus Zimtsäure durch Behandeln mit verdünnter Schwefelsäure als flüssiges, hochsiedendes Öl hergestellt[6] und später noch öfter direkt aus Styrol gewonnen[7]. J. RISI

---

[1] SPARKS, W. J., H. B. KELLOG u. D. C. FIELD: US.P. 2436014 (1948); E.P. 589434.

[2] KLAGES, A.: Ber. dtsch. chem. Ges. **35**, 2639 (1902); — M. TIFFENEAU: Ann. Chimie **10**, 158 (1907).

[3] STAUDINGER, H., u. F. BREUSCH: Ber. dtsch. chem. Ges. **62**, 442 (1929).

[4] HERSBERGER, A. B.: US.P. 2276893 (1948), US.P. 2472589 (1949); — A. B. HERSBERGER, J. C. REID u. R. G. HEILIGMANN: Ind. Engng. Chem. **37**, 1073 (1945).

[5] YOUNG, D. W., u. H. KELLOG: US.P. 2440498 (1948).

[6] FITTIG, R., u. E. ERDMANN: Liebigs Ann. Chem. **216**, 187 (1883).

[7] STOERMER, R., u. H. KOOTZ: Ber. dtsch. chem. Ges. **61**, 2330—2336 (1928); — J. RISI u. D. GAUVIN: Canad. J. Res., Sect. B **14**, 225 (1936); Chem. Zbl. **1937 I**, 3461; — P. E. SPOERRI u. M. J. ROSEN: J. Amer. chem. Soc. **72**, 4918 (1950).

und D. Gauvin haben festgestellt, daß etwa 30% des Distyrols aus einem gesättigten Isomeren bestehen und daß es weiterhin möglich ist, die ungesättigte Komponente mit stärkerer Schwefelsäure in das gesättigte Isomere umzuwandeln. Die ungesättigte Verbindung wurde als 1,3-Diphenylbuten und die gesättigte als Indanderivat entsprechend der folgenden Formulierung charakterisiert:

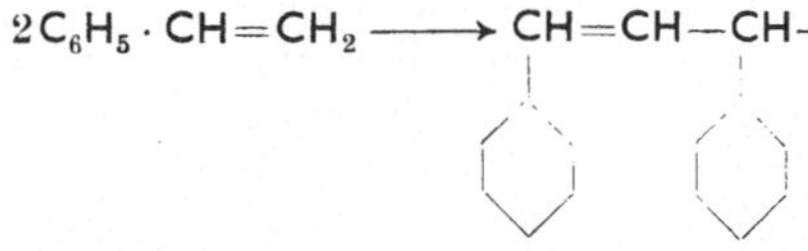

$$2\,C_6H_5 \cdot CH=CH_2 \longrightarrow CH=CH-CH-CH_3$$

1,3-Diphenylbuten

oder

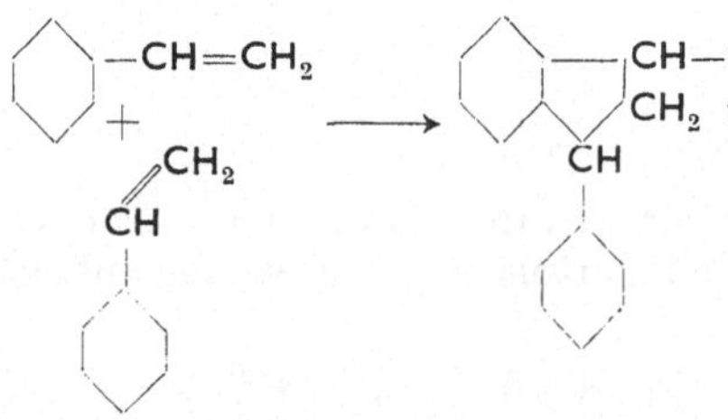

1-Methyl-3-phenylindan

Die Dimerisierung des Styrols läßt sich auch katalytisch und kontinuierlich gestalten[1], indem man Styrol-Äthylbenzolgemische entweder im flüssigen oder im gasförmigen Zustand bei Temperaturen von 140 bis 400° C über Phosphorsäure-A-Kohle-Katalysatoren leitet. Je verdünnter die Styrolkonzentration und je höher die Temperatur dabei gewählt wird, um so günstiger ist das Verhältnis von Distyrol zu gleichzeitig entstehendem Tristyrol.

Die Distyrol-Fraktion hat einen Siedebereich von 130—150° C bei 0,6—1 mm, eine Dichte von 1,016/15° und kann als Weichmacher oder Plastifiziermittel Verwendung finden. Die Herstellung und Verwendung ähnlich niedrig polymerer substituierter Styrole, z. B. trimeres α-Methyl-p-Methylstyrol, das aus dem Monomeren durch Polymerisation in Gegenwart von aktiven Tonerden erhalten wird, behandeln mehrere Patente der Intern. Stand. Electric Corp.[2].

Auch durch Stoffe von basischem Charakter, z. B. Alkalimetalle in organischen Basen[3], Alkoholate, oder Natrium- und Kaliumamid[4], läßt sich Styrol in flüssigem Ammoniak in niedermolekulare Polymere umwandeln.

In gleicher Richtung wirken Lösungen von alkaliorganischen Verbindungen (Triphenylmethylnatrium)[5].

[1] Roh, N.: J 76639 IVc—39c (1944), I. G. Farbenindustrie A.G.; desgl. J 77613 IVc—39c (1944).

[2] Fr.P. 930024—26 (1948), Fr.P. 939147 (1948), Intern. Stand. Electric Corp.

[3] Wooster, Ch. B., u. J. F. Ryan: J. Amer. chem. Soc. 56, 1133 (1934); Fr.P. 802707 (1936), I. G. Farbenindustrie A.G.; — O. H. Smith: US.P. 1908549 (1933), Naugatuck Chemical Comp.

[4] Evans, M. G., u. Mitarb.: Recueil Trav. chim. Pays-Bas 68, 1069 (1949); — J. J. Sanderson u. Ch. R. Hauser: J. Amer. chem. Soc. 71, 1595 (1949).

[5] Ziegler, K., u. L. Jakob: Liebigs Ann. Chem. 511, 45 (1934).

ε) Theorie der Ionenpolymerisation. Diese durch saure oder basische Stoffe aktivierten Polymerisationsvorgänge lassen sich mit den üblichen Inhibitoren nicht beeinflussen. Zur Erklärung ihres Ablaufes wird an Stelle des Radikalkettenmechanismus ein Ionenmechanismus in Vorschlag gebracht, in dem entweder stark polarisierte oder ionoide Moleküle sich an einer sogenannten Ionenkette beteiligen. Auf Grund der Einwirkung der stark polaren Katalysatoren wird eine Verschiebung des π-Elektronenpaares der Doppelbindung des Monomeren angenommen, wobei sich eine zwitterionige Molekülstruktur ausbilden soll[1]:

Elektrophile Katalysatoren (Säuren bzw. Metallsalze vom Friedel-Crafts-Typ) führen zu einer Polarisierung in Richtung auf ein Kation,

nucleophile (Basen, Alkoholate, Natriumamid) in Richtung auf ein Anion

Das Styrol gehört demnach zu der Gruppe von Vinylverbindungen, die entweder nach einem Radikalkettenmechanismus (thermische und peroxydisch katalysierte Polymerisation) oder nach einem Ionenkettenmechanismus (ausgelöst durch elektrophile Verbindungen) polymerisiert werden können[2]. Das α-Methylstyrol dagegen ergibt nur nach der durch Ionen katalysierten Methode polymere Produkte[3]. In reaktionskinetischen Messungen[4] wurde festgestellt, daß bei 25° C in verschiedenen Lösungsmitteln (Cyclohexan, Brombenzol, Äthylendichlorid, Nitroäthan usw.) mit $SnCl_4$ als Katalysator die Polymerisationsgeschwindigkeit des Styrols um so größer ist, je höher die Dielektrizitätskonstante des Lösungsmittels liegt. Sie ist außerdem proportional dem Quadrat der Styrolkonzentration und der 1. Potenz der $SnCl_4$-Konzentration. Das Mol.-Gew. der Polymeren ist proportional der Styrol-Konzentration

---

[1] HEILIGMAN, R. G.: J. Polym. Sci. **4**, 183 (1949); **6**, 155 (1951); — K. HAMANN: Kunststoffe **40**, Heft 10, S. 328—329 (1950).

[2] SCHILDKNECHT, C. E., u. Mitarb.: Ind. Engng. Chem. **41**, 2891—2896 (1949).

[3] HERSBERGER, A. B., u. Mitarb.: Ind. Engng. Chem. **37**, 1073 (1945).

[4] PEPPER, D. C.: Trans. Faraday Soc. **45**, 397 u. 404 (1949).

und unabhängig von der Zinntetrachlorid-Konzentration. Die Katalysatorenmoleküle bleiben bis zum Moment ihrer Desaktivierung mit der wachsenden Ionenkette verbunden[1].

c) Emulsionspolymerisation des Styrols.

α) Geschichtliche Entwicklung dieser Polymerisationsart. Das Vorbild für diese Polymerisationsart ist der in der Natur ablaufende Prozeß der Kautschuk-Latex-Entstehung. Diesen natürlichen Vorgang hat man zuerst am Beispiel des Isoprens nachgeahmt, indem man dieses in eiweißhaltigen Emulsionen polymerisierte[2]. Auf ähnliche Art hat im Jahre 1924 J. OSTROMISLENSKY[3] auch das Styrol polymerisiert. Die Emulgierung des Styrols wurde hierbei in einer wässerigen Ammoniumoleat- oder Ammonstearat-Lösung vorgenommen und die Polymerisation im Verlauf von 24 Stunden bei einer Temperatur von 140° C unter Druck durchgeführt. Aus der gebildeten milchigen, latexähnlichen Flüssigkeit ließ sich das Styrol durch Zusatz von Methanol oder Essigsäure ausfällen. K. MEISENBURG[4] polymerisierte bei niedrigerer Temperatur (60° C) ohne Druck, in einer eiweißhaltigen Emulsion mit Milch als Emulgator und erhielt nach zehntägiger Dauer ein hochviscoses Polystyrol. Den entscheidenden Schritt für die technische Durchführung der Emulsionspolymerisation tat C. HEUCK[5], indem er der mittels Seifen oder Sulfonaten hergestellten Styrolemulsion sauerstoffabgebende Substanzen wie Wasserstoffsuperoxyd und Benzoylperoxyd zusetzte. Die dadurch erzielte Beschleunigung der Reaktion war derart, daß die Polymerisation bei 80—90° bereits nach einigen Stunden beendet war. Überraschenderweise hatte das hierbei gewonnene Polystyrol trotz des Katalysatorzusatzes eine hohe Viscosität und ausgezeichnete mechanische Festigkeiten. Die beschleunigende Wirkung des Wasserstoffsuperoxyds und des Kaliumbichromats bei der Emulsionspolymerisation zur Erzeugung von synthetischem Kautschuk war 1926 von A. T. MAXIMOFF[6] entdeckt worden.

Später wurde gefunden[7], daß wasserlösliche, sauerstoffabgebende Substanzen, wie Kaliumpersulfat oder Kaliumperborat besser wirkende Aktivatoren sind als die organischen Peroxyde. Neuerdings hat H. F. PARK[8] das Cersulfat als einen den bisher angewandten Substanzen überlegenen Aktivator für die Emulsionspolymerisation beschrieben. Der

[1] GANTMACHER, A. R., u. S. S. MEDWEDEW (UdSSR): J. physik. Chem. **23**, 516 (1949); Kunststoffe **40**, Heft 10, S. 336.

[2] DRP. 254672 (1912), Bayer & Co., Leverkusen.

[3] OSTROMISLENSKY, J.: US.P. 1676281 (1928), Naugatuck Chemical Comp.; — DRP. 491727 (1930) u. E.P. 233649 (1925), Naugatuck Chemical Comp.

[4] MEISENBURG, K.: DRP. 573648 (1933), I. G. Farbenindustrie A.G.; — E.P. 307936 (1930).

[5] HEUCK, C.: DRP. 656585 (1936) (dtsch. Prior. ab 1928); — E.P. 355573 (1931); — Fr.P. 709592 (1931), I.G. Farbenindustrie A.G.

[6] MAXIMOFF, A. T.: US.P. 1910846 und 1910847 (1933), Naugatuck Chemical Comp. (amer. Prior. 1926).

[7] MARK, H., H. FIKENTSCHER u. Mitarb.: US.P. 2068424 (1937), I. G. Farbenindustrie A.G. (dtsch. Prior. 1932); — E.P. 410132 (1934).

[8] PARK, H. F.: US.P. 2485535 (1949), Monsanto Chemical Comp.

besondere Vorzug des Cersulfats besteht darin, daß es nicht wie die anderen Beschleuniger in Bestandteile saueren Charakters zerfällt, so daß der bei der Polymerisation eingestellte p_H-Wert unverändert erhalten bleibt.

β) **Vor- und Nachteile der Emulsionspolymerisation.** Gegenüber der Blockpolymerisation besitzt die Polymerisation in wässeriger Emulsion verschiedene beachtliche Vorteile. Die Reaktion kann in einfachen Rührbehältern durchgeführt werden, sie verläuft sehr schnell, die auftretende Polymerisationswärme kann leicht durch entsprechende Wasserkühlung aus der leicht beweglichen und die Wärme gut leitenden Emulsion abgeführt werden. Die Polymerisation läßt sich dadurch innerhalb eines engen Temperaturbereiches gut beherrschen und liefert, obwohl mit Katalysatoren gearbeitet wird, höhermolekulare Produkte als die Wärmepolymerisation. Reste von monomerem Styrol lassen sich vor dem Ausfällen des Polymerisates aus der Polystyrolemulsion mit Hilfe von Wasserdampf oder anderen inerten Gasen ausblasen[1], wodurch die Temperaturbeständigkeit der Polymerisate erhöht wird. Die Aufarbeitung der fertig polymerisierten Emulsionen kann auf verschiedene Weise erfolgen. Entweder arbeitet man nach dem Fällungsverfahren mit Zusatz von Elektrolyten (z. B. Ameisensäure), anschließendem Waschen und Trocknen des gefällten Polymerisates oder nach der Methode der Zerstäubungstrocknung bzw. einer Trocknung auf Escher-Wyss-Walzentrocknern, wobei die Polystyrolemulsion auf etwa 160° C heiße rotierende Walzen aufgesprüht, das Wasser verdampft und das Polystyrol als trockener dünner Film durch Schabmesser abgenommen wird.

Das entsprechend diesen verschiedenen Aufarbeitungsmethoden anfallende Polystyrol ist jedoch wegen seiner äußerst feinen Aufteilung nicht direkt für den Spritzguß einsatzfähig, sondern muß erst durch Verwalzen bei höheren Temperaturen oder durch Verformung in Strangpressen verdichtet werden. Durch diese Manipulationen, wie Verdampfen von relativ großen Mengen Wasser, Trocknen und Verdichten, sind die Herstellungskosten bei der Emulsionspolymerisation höher als bei der Blockpolymerisation. Außerdem ist es nicht möglich, die Emulgatorsubstanzen restlos zu entfernen, weshalb die Emulsionspolymerisate nicht das klare transparente Aussehen der Blockpolymerisate besitzen. Sie sind mehr oder weniger milchig getrübt und zeigen etwas schlechtere elektrische Werte als die rein thermisch hergestellten Polystyrole.

γ) **Die technische Durchführung der Emulsionspolymerisation (Polystyrol EF)** (vgl. Abb. 16). Als Polymerisationskessel dient ein schmiedeeiserner, emaillierter 5-m^3-Rührdruckkessel *1*, Betriebsdruck 6 atü, mit Heiz- bzw. Kühlbad *2* und einem mit Cyclogetriebe angetriebenen Blattrührer *3*, Drehzahl 36 U/min. Der Deckel des Kessels hat Stutzen für Thermometer *4*, Manometer *5* und Stickstoffzuführung *6*, je einen Stutzen für eine Reißscheibe *7* mit Entlüftungsrohr, ein Abgangsrohr *8* zum Rückflußkühler *9* aus Alu, ein Zuführungsrohr für den über einen

---

[1] Fr.P. 713999 (1931), I. G. Farbenindustrie A.G.

Siphon zurückkehrenden flüssigen Rücklauf *10*, eine Zuleitung für Monostyrol *11* sowie einen Mannlochdeckel *12*.

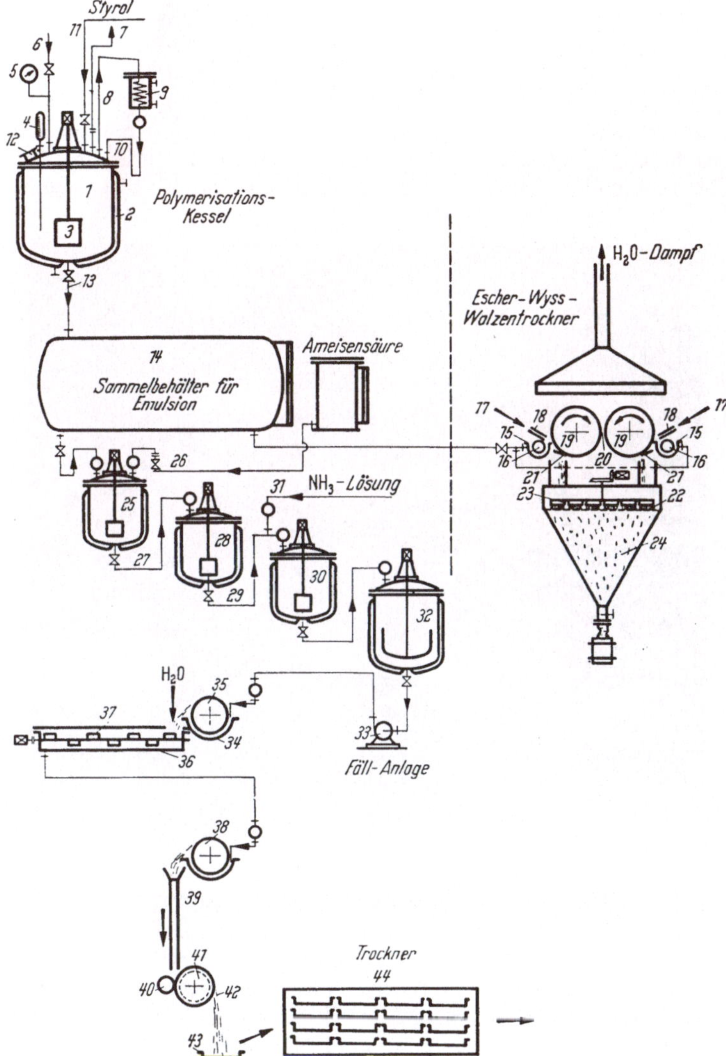

Abb. 16. Schema der Polystyrol EF-Herstellung, BASF Ludwigshafen a. Rh.

In einem solchen Kessel werden

    3100 kg entsalztes Wasser (aus einer Wofatitanlage),
    130 kg Amphoseife 18 als 14%ige Lösung,
    3 kg Natriumpyrophosphat,
    1550 kg Styrol monomer (etwa 1700 l) und
    2,8 kg Kaliumpersulfat

unter Rühren eingebracht, wobei sich eine Styrolemulsion in Wasser
ausbildet. Durch Zugabe von Natronlauge stellt man den p_H-Wert der
Emulsion auf 10—11 ein. Nach dem Verschließen des Deckels wird der
Kesselinhalt mit Dampf auf 60° C aufgeheizt und bei dieser Temperatur
die Dampfzufuhr abgestellt. Nach kurzer Induktionsperiode setzt bei
68—70° C die Polymerisation des Styrols ein, wobei die Temperatur
stetig ansteigt. Bei 75° C wird die volle Badkühlung eingeschaltet, indem man durch den Mantel einen kräftigen Strom von Kühlwasser hin-
durchschickt. Die Temperatur der in lebhafter Polymerisation begriffe-
nen Masse erhöht sich innerhalb ½—1 Stunde auf 105° C, wobei sich

Abb. 17. Aufarbeitung von Emulsionspolymerisat in der BASF Ludwigshafen a. Rh.

ein Druck im Kessel von 2 atü einstellt. Nach Erreichung dieses Höchst-
wertes fällt die Temperatur wieder langsam ab. Bei 90° C leitet man
etwa ½ Stunde lang einen N_2-Strom über die Oberfläche der Emulsion
und führt damit nichtpolymerisierte Monomerenreste ab. Anschließend
wird die Polystyrolemulsion auf 30° C heruntergekühlt und durch den
Ablauf *13* in den Sammelbehälter *14* abgelassen. Der Trockengehalt
der auf diese Weise gewonnenen Polystyrolemulsion liegt bei 29,5
bis 30,5%, der p_H-Wert bei 7—7,5.

Zur Aufarbeitung auf dem *Escher-Wyss-Walzentrockner* wird die aus
einem Vorratstank *14* den Überlaufwannen *15* zufließende Emulsion
von den in der Flüssigkeit laufenden Zerstäuberscheiben *16* mitgenom-
men und durch Druckluft *17*, die aus eng angestellten Rohren *18* mit
seitlichen Schlitzen ausströmt, auf die Walzen *19* des Trockners aufgesprüht. Die aus Edelstahl gefertigten Trockenwalzen sind glatt poliert,

werden mit Dampf auf 160° C geheizt und besitzen eine Trockenfläche von 12,6 m². Ein wesentlicher Teil des Trockenprozesses wird bei einer Walzendrehzahl von 16 U/min noch nach dem Durchgang durch den möglichst enggestellten Walzenschlitz *20* geleistet. Das Trockengut nehmen längsseits geführte Walzenmesser *21* in Schuppenform von den Walzen ab. In freiem Fall gelangt es auf das Siebblech *22*, über das ein Flügelrad *23* streift, und fällt von da als feinschuppiges Polymerisat in den Abfüllbunker *24*.

Das Emulsionspolymerisat „Polystyrol EF" hat eine sehr hohe Viscosität (k-Wert 120) und ein dementsprechend hohes Molekulargewicht von $800\,000-1\,000\,000$.

Bei dieser einfachsten Art der Aufarbeitung enthält das Polystyrol einen Teil des angewandten Emulgators und der sonstigen Zusatzstoffe, so daß Fertigartikel daraus eine leichte Trübung besitzen.

Das *Elektrolytfällungsverfahren* liefert in dieser Hinsicht verbesserte Polymerisate, die jedoch auch nicht die optische Klarheit der Blockpolymerisate erreichen. Hierbei wird die aus dem emaillierten Sammelbehälter *14* dem Fällkessel *25* zugeführte Emulsion bei Raumtemperatur kontinuierlich mit 0,5%iger Ameisensäure gefällt (*26*). Der Fällkessel ist ein mit Edelstahl plattierter Rührbehälter von 1000 l Inhalt, aus dem die feinverteilte Suspension durch einen Überlauf *27* in einen weiteren emaillierten Kessel *28* einläuft. Hier erfolgt bei 60—90° C eine Vergrößerung der ausgefällten Polymerisatteilchen. Nachdem die Suspension beim Überlauf *29* in einen dritten emaillierten Rührbehälter *30* mit wässeriger Ammoniaklösung *31* neutral gestellt ist, vollzieht sich in diesem Behälter eine weitere Nachreife des ausgefällten Korns. Schließlich wird in einem vierten Rührbehälter *32* die Emulsion auf etwa 30° C abgekühlt, der leicht suspendierbare Fällschlamm mittels einer Kreiselpumpe *33* kontinuierlich in die Überlaufwanne *34* eines mit Wasser berieselten Saugzellenfilters *35* übergeführt und der Filterkuchen durch Schnüren abgenommen. In einer darauffolgenden Anschlämmrinne *36* schlämmt man das Filtergut nochmals mit entsalztem Wasser unter Durchrühren mit einem horizontal liegenden Flügelrührer *37* auf und läßt es einem zweiten mit Wasser berieselten Saugzellenfilter *38* zulaufen. Der kontinuierlich abgenommene Filterkuchen fällt durch einen Kanal *39* und wird von einer Andrückwalze *40* in die Rillen einer aus Edelstahl gefertigten, mit 5 atü Dampf beheizten Trockenwalze *41* eingepreßt. Das durch eingreifende Kammzinken *42* den Rillen in Form von Stäbchen entnommene Trockengut wird anschließend auf Trockenhorden *43* in einem Umlufttrockenschrank *44* im Verlauf von 4 Stunden bei 80° C zu absolut wasserfreiem Produkt nachgetrocknet.

δ) Wirkungsweise der einzelnen Zusatzstoffe. Die Emulsionspolymerisation arbeitet, wie oben erwähnt, mit verschiedenen Hilfsmitteln, deren Art und Wirkungsweise im folgenden näher erläutert werden.

1. Emulgatoren. In der technisch durchgeführten Emulsionspolymerisation kamen bei der BASF Ludwigshafen a. Rh. eine größere Anzahl von Emulgatoren zum Einsatz. Als besonders geeignet haben sich erwiesen: Natrium- oder Ammoniumoleat oder die entsprechenden Stearate, ebenso die Natriumsalze höherer Paraffinfettsäuren ab C_{12}, oder Mersolat (aus C_{14}-Paraffinen durch Sulfochlorierung und anschließende Verseifung hergestellt) sowie Amphoseife (oxyoctadecansulfosaures Natrium) und Fettalkoholsulfonate (z. B. Leonil LSS).

Eine Verbesserung hinsichtlich der Transparenz und der elektrischen Eigenschaften des Emulsionspolymerisates erzielt man, wenn als Emulgatoren Ester der Sulfophthalsäure in Form ihrer Alkalisalze[1] angewandt werden. Sulfophthalsäure-di-n-butylester z. B. läßt sich durch nachträgliche Verseifung mit Natronlauge in wasserlösliche Bestandteile zerlegen und dadurch aus den Polystyrolteilchen leichter auswaschen.

Über die Wirkungsweise der Emulgatoren, die praktisch alle Verbindungen seifenartigen Charakters und damit grenzflächenaktive Substanzen darstellen, ist bekannt, daß sie zunächst das monomere Styrol in Form feiner Tröpfchen emulgieren und darüber hinaus einen wesentlichen Einfluß auf den Reaktionsverlauf, die Ausbeute und die Qualität des Polymerisates ausüben. So ist zunächst die durchschnittliche Tröpfchengröße abhängig von der Emulgatorkonzentration. Mit steigender Menge Seife nimmt die Tröpfchengröße ab[2]. Bei den technisch angewandten Konzentrationen (etwa 40 g Emulgator je Liter Wasser) liegt sie in der Größenordnung von 0,5—1 μ. Nur ein geringer Teil (0,5%) der grenzflächenaktiven Substanz ist dabei als monomolekularer Film an der Oberfläche der Tröpfchen absorbiert[3]. Außer dieser feinen Aufteilung des Monomeren in kleinste Tröpfchen bewirkt der Emulgator eine Steigerung der Löslichkeit des Styrols in der wässerigen Phase. In 2%iger Kaliumoleatlösung werden beispielsweise 0,88% Styrol gelöst, gegenüber 0,022% in reinem Wasser[4]. Die Vergrößerung der Löslichkeit von an sich wasserunlöslichen organischen Substanzen (z. B. Paraffin oder Benzol) in wässerigen Seifenlösungen war Gegenstand zahlreicher Untersuchungen[5]. Wie aus Röntgenanalysen hervorgeht, bilden sich in Lösungen seifenartiger Stoffe (z. B. Natriumoleat) sogenannte Micellen aus, die als Molekülaggregate von etwa 50 Einzelmolekülen nach einer bestimmten Ordnung zusammengelagert sind. Die einen Forscher schreiben diesen Micellen Kugelgestalt zu, wobei die hydrophilen Molekülteile auf einer Kugelschale liegen und die hydrophoben Reste sich in das Innere der Kugel erstrecken sollen. Andere Autoren plädieren für

[1] FIKENTSCHER, H.: DBP. 803857 (1951), BASF Ludwigshafen a. Rh.

[2] DAVEY, W. P.: J. physik. Chem. **35**, 115 (1931); — S. SIGGIA, W. P. HOHENSTEIN u. H. MARK: India Rubber Wld. **111**, 436 (1945).

[3] HENGSTENBERG, J., BASF Ludwigshafen: Phys.-chem. Unters. über die Emulsionspolym. (1938, unveröffentl.).

[4] FRILETTE, V. J., u. W. P. HOHENSTEIN: J. Polym. Sci. **3**, 22 (1948).

[5] HARTLEY, G. S., u. A. S. C. LAWRENCE, in Wetting and Detergeney. London: A. Harvey 1937, S. 153 u. 203; — K. HESS u. Mitarb.: Ber. dtsch. chem. Ges. **70**, 1800, 1808 (1937); — W. D. HARKINS: J. chem. Physiks **13**, 381 (1945); **14**, 47 u. 215 (1946); J. Amer. chem. Soc. **69**, 1428 (1947); — J. W. MCBAIN u. E. O. KRAEMER: Advances, in J. Colloid Science **1**, 99—142 (1942). New York: Interscience Publishers.

eine Lamellenstruktur. Hiernach bestehen diese Micellen aus lamellaren Doppelschichten der mit ihren endständigen Methylgruppen gegeneinander liegenden Seifenmoleküle, die jeweils außenseitig, also zwischen den hydrophilen Carboxylgruppen benachbarter Schichten von wässerigen Trennschichten umschlossen sind.

Wie dem auch sei, die Micellen sind jedenfalls befähigt (HARTLEY 1936), in ihrem Inneren, also zwischen den Methylgruppen, den Kohlenwasserstoff aufzunehmen, der dann als „gelöst" erscheint.

In stark idealisierter Form hat HARKINS[1] diesen Zustand eines Emulsionssystems gemäß Abb. 18 dargestellt.

Die Micellenstruktur ist an höherkonzentrierten Seifenlösungen auf Grund von Röntgenuntersuchungen ermittelt worden. In der Praxis liegen zwar niedrigere, 3—5%ige Konzentrationen vor, es wird jedoch angenommen, daß in den verdünnten Seifenlösungen dieselben Verhältnisse herrschen, wobei die Micellen durch Wasser stark aufgequollen sind. Die zur Ausbildung eines solchen Micellensystems benötigte Menge Emulgator wird von HARKINS als kritische Konzentration bezeichnet. Erst bei größerer, über dem kritischen Wert liegender Konzentration tritt die bei der Emulsionspolymerisation übliche Erhöhung der Polymerisationsgeschwindigkeit auf, die bis zu 100 mal größer werden kann als die ohne Emulgatorzusatz ermittelte Geschwindigkeit.

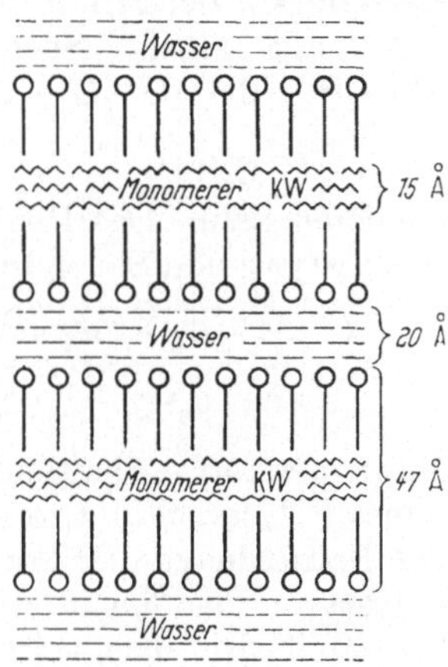

Abb. 18. Querschnitt durch ein Micellsystem gemäß HARKINS.

2. Katalysatoren. Als Beschleuniger der Emulsionspolymerisation finden hauptsächlich organische Peroxyde (z. B. Benzoylperoxyd) oder wasserlösliche Salze von Persäuren (Kaliumpersulfat) Verwendung. Die Auslösung der Polymerisation mit Peroxyden wird durch eine Zerfallsreaktion der Peroxyde bewirkt, wobei neben Radikalen auch Zersetzungsprodukte von saurem Charakter entstehen. Wie bereits bei der Blockpolymerisation ausgeführt wurde, lösen die Radikale die Startreaktionen bei der Polymerisation aus. Bruchstücke des Peroxydzerfalls werden dabei, wie dort beschrieben, in die wachsenden Kettenmoleküle eingebaut. Bei Anwendung von radioaktivem Kaliumpersulfat mit S^{35} als Katalysator haben W. V. SMITH und H. N. CAMPBELL[2] im Polymerisat nach mehrmaliger Umfällung noch radioaktiven Schwefel enthaltende Teilchen nachweisen können.

Einfluß des Sauerstoffs. Da Kohlenstoffradikale bekanntlich sehr sauerstoffempfindlich sind, ist anzunehmen, daß molekularer Sauerstoff

[1] HARKINS, W. D., R. W. MATTOON u. M. L. CORRIN: J. Colloid Science 1, 106 (1946); — vgl. auch W. P. HOHENSTEIN u. H. MARK, in BURK-GRUMMITT: High Molecular weight organic compounds. New York: Interscience Publishers 1949, S. 27.
[2] SMITH, W. V., u. H. N. CAMPBELL: J. chem. Physics 15, 338 (1947); — W. V. SMITH: J. Amer. chem. Soc. 71, 4077 (1949).

bei der Polymerisation zunächst einen negativen Einfluß ausübt, indem er die Kohlenstoffradikale abfängt. STAUDINGER und LAUTENSCHLÄGER[1] haben jedoch gefunden, daß die Polymerisation des Styrols bei 80° C in Gegenwart von Sauerstoff dreimal so rasch als bei dessen Abwesenheit verläuft. In neueren Veröffentlichungen[2] ist bewiesen worden, daß Sauerstoff sich an wachsende Kettenradikale anlagert. J. M. KOLTHOFF und Mitarbeiter[3] fanden, daß bei der mit Persulfat katalysierten Emulsionspolymerisation die Inhibierungsperiode proportional der Menge des anwesenden Sauerstoffs und umgekehrt proportional der Persulfatkonzentration ist. Weiterhin haben sie gezeigt, daß Sauerstoff mit einem Styrolradikal ein peroxydisches Radikal bildet $(R-CH_2-CH-O-O-)$, welches mit monomerem Styrol weiter-

$$C_6H_5$$

reagieren kann. Das Reaktionsprodukt kann als Mischpolymerisat zwischen Styrol und Sauerstoff aufgefaßt werden, entsprechend der Formel:

$$R-CH_2-CH-CH_2-CH-\left[O-O-CH_2-CH-O-O-CH_2-CH-\right]_n \cdot$$
$$\underset{C_6H_5}{|} \quad \underset{C_6H_5}{|} \qquad\qquad \underset{C_6H_5}{|} \qquad\qquad \underset{C_6H_5}{|}$$

Die Sauerstoff enthaltenden Polymerisate sind weniger wärmestabil als reines Polystyrol und zerfallen bei höheren Temperaturen unter Bildung von Benzaldehyd und Formaldehyd. Aldehyde sind in jedem technischen Polystyrol, das nicht unter peinlichstem Ausschluß von Sauerstoff hergestellt ist, nachweisbar. Die normale Polymerisationsreaktion wird jedenfalls bei niederer Temperatur (unter 55° C) so lange unterdrückt, als noch molekularer Sauerstoff vorhanden ist. Dadurch lassen sich die bei Polymerisationen häufig auftretenden Induktionsperioden erklären. Nachdem der Sauerstoff verbraucht ist, verläuft die Polymerisation mit gesteigerter Geschwindigkeit, da die entstandenen peroxydischen Styrol-Sauerstoffverbindungen wie andere Peroxyde auch in Radikale zerfallen können und dabei als Beschleuniger fungieren. Damit findet die von STAUDINGER bei 80° C beobachtete beschleunigende Wirkung des Sauerstoffs eine plausible Erklärung. Auf die Doppelrolle, die der Sauerstoff demnach bei der Polymerisation spielt, hat BARNES als erster hingewiesen, nach dessen Untersuchungen Sauerstoff sowohl als Katalysator als auch als Inhibitor fungieren kann.

3. Puffersubstanzen. Die Emulsionspolymerisation des Styrols ist stark p_H-abhängig, da die Wirksamkeit der Katalysatoren und die Stabilität der Emulsion dem Einfluß der Wasserstoffionenkonzentration unterliegen. Schwach saure und stark alkalische Ansätze (p_H über 10) be-

---

[1] STAUDINGER, H., u. LAUTENSCHLÄGER: Liebigs Ann. Chem. **488**, 1 (1931).

[2] BARNES, C. E.: J. Amer. chem. Soc. **67**, 217 (1945); — W. KERN: Makromol. Chem. **1**, 199 (1947); — C. E. BARNES u. Mitarb.: J. Amer. chem. Soc. **72**, 210 bis 215 (1950).

[3] KOLTHOFF, J. M., u. W. J. DALE: J. Amer. chem. Soc. **69**, 441 (1947); — F. A. BOVEY u. J. M. KOLTHOFF: J. Amer. chem. Soc. **69**, 2143 (1947); Chem. Reviews **42**, 491 (1948); — J. M. KOLTHOFF u. F. A. BOVEY: J. Amer. chem. Soc. **70**, 791 (1948).

einträchtigen die Polymerisation und die Stabilität der Emulsion. Es ist daher wichtig, daß während der Polymerisation stets ein konstanter p_H-Wert aufrechterhalten bleibt. Da die oben genannten Beschleuniger in saure Zersetzungsprodukte zerfallen — Benzoylperoxyd liefert beispielsweise Benzoesäure — und das Kaliumpersulfat wird in Kaliumbisulfat umgewandelt, so wird jeweils eine entsprechende Veränderung des p_H-Bereiches und damit ein ungleichmäßiger Polymerisationsverlauf auftreten. Dieser Vergrößerung der Wasserstoffionenkonzentration begegnet man mit Zusätzen von Puffersubstanzen wie Natriumpyrophosphat oder Carbonaten, Acetaten usw., die ein konstantes p_H von etwa 8,5 aufrechterhalten.

Bei der technischen Durchführung der Emulsionspolymerisation ist darüber hinaus festzustellen, daß die Aciditätszunahme noch größer ist als der Wert, den man aus dem Beschleunigerzerfall errechnet. Dies kann auf oxydative, durch Sauerstoff verursachte Nebenreaktionen zurückgeführt werden.

4. Reglersubstanzen. Eine hauptsächlich bei der Emulsionspolymerisation angewandte Methode, die Molekülgröße der Polymerisate zu beeinflussen, beruht auf dem Zusatz von „Reglersubstanzen". Als solche Verbindungen, die leicht Atome oder Atomgruppen mit dem wachsenden Polymeren austauschen und dadurch die Bildung zu hochpolymerer Produkte verhindern, wurden u. a. die Mercaptane erkannt[1]. Auch halogenierte Kohlenwasserstoffe[2] und Xanthogenate[3] zeigen ähnliche Wirkungen. Diese Reaktionsvorgänge lassen sich ebenfalls auf Grund des radikalartigen Charakters des Polymerisationsablaufes erklären. Die Reglersubstanzen wirken dabei als Kettenüberträger, indem sie mit polymeren Radikalen reagieren und dabei neue Radikale aus den Reglern entstehen lassen.

SNYDER[1] hat die mit Dodecylmercaptan geregelte Polymerisation von Styrol im Emulsions- und Blockverfahren untersucht und festgestellt, daß das Mol.-Gew. des gebildeten Polystyrols umgekehrt proportional ist der Reglerkonzentration und daß in einem Mol Polymerem annähernd 1 Atom Schwefel eingebaut ist. Dieser Vorgang wird folgendermaßen erklärt:

$$\overset{\text{(Radikal)}}{R-CH-CH_2-} + HS \cdot C_{12}H_{25} \longrightarrow R \cdot CH-CH_3 + \underset{\text{(Radikal)}}{-S \cdot C_{12}H_{25}} \cdot$$
$$\quad\ \ |\qquad\qquad\qquad\qquad\qquad\qquad\qquad |$$
$$\quad C_6H_5 \qquad\qquad\qquad\qquad\qquad\quad C_6H_5$$

Das Wachstum des polymeren Radikals ist zum Abschluß gekommen. Das gebildete Reglerradikal kann entweder mit weiteren Monomeren

---

[1] CAROTHERS, W. H., u. J. E. KIRBY: US.P. 1950439 (1934); DRP. 641468 (1937); E.P. 387363 (1933), E. I. du Pont de Nemours; — H. R. SNYDER u. Mitarb.: J. Amer. chem. Soc. **68**, 1422 (1946); — W. V. SMITH: J. Amer. chem. Soc. **68**, 2059, 2064, 2069 (1946).

[2] BREITENBACH, J. W., u. A. MASCHIN: Z. physik. Chem., Abt. A **187**, 175 (1940); — A. SPRINGER: Kautschuk **14**, 217 (1938).

[3] E.P. 513416, I. G. Farbenindustrie A.G.; Fr.P. 853479 (1940), E. I. du Pont de Nemours.

reagieren, wobei das Wachstum weitergeht und ein Einbau in das wachsende Molekül erfolgt:

$$C_{12}H_{25}-S- \ + \ \underset{\underset{C_6H_5}{|}}{CH}=CH_2 \ \longrightarrow \ C_{12}H_{25}-S-\underset{\underset{C_6H_5}{|}}{CH}-CH_2- \quad usw.$$

Es kann aber auch durch Disproportionierung oder Vereinigung mit einem polymeren Radikal inaktiviert werden. Auch hierbei erfolgt Kettenabbruch.

Je höher die Konzentration von Mercaptan oder sonstigen Reglern ist, desto häufiger wird die Kettenübertragung stattfinden und um so niedriger wird das entstehende Mol.-Gew. des Polymeren sein.

Polystyrol, das in Gegenwart von Tetrachlorkohlenstoff gewonnen wird[1], enthält ungefähr 4 Chloratome im Molekül. Bei Annahme einer Kettenübertragung ergibt sich nach MAYO folgender Reaktionsmechanismus[2]

$$\underset{(Radikal)}{R \cdot \underset{\underset{C_6H_5}{|}}{CH}-CH_2-} + CCl_4 \ \cdots\cdots\longrightarrow \ R \cdot \underset{\underset{C_6H_5}{|}}{CH}-CH_2 \cdot Cl + CCl_3- \ . \qquad (Radikal)$$

Das entstandene freie Radikal reagiert mit Monostyrol und startet eine neue Kette:

$$CCl_3- \ + \ x\underset{\underset{C_6H_5}{|}}{CH}=CH_2 \ \longrightarrow \ Cl_3C-\underset{\underset{\underset{(Radikal)}{C_6H_5}}{|}}{(CH}-CH_2)_x- \ .$$

In einer weiteren Übertragung kann ein viertes Chloratom in das wachsende Radikal eingebaut werden:

$$\underset{(Radikal)}{Cl_3 \cdot C-\underset{\underset{C_6H_5}{|}}{(CH}-CH_2)_x-} + CCl_4 \ \longrightarrow \ Cl_3 \cdot C-\underset{\underset{C_6H_5}{|}}{(CH}-CH_2)_x-Cl + \underset{(Radikal)}{Cl_3C-}$$

und der Prozeß geht von neuem weiter.

ε) **Mechanismus der Emulsionspolymerisation.** Sowohl bei der Blockpolymerisation als auch bei der Lösungspolymerisation spielen sich die einzelnen Teilvorgänge wie Aktivierung, Kettenwachstum und Kettenabbruch in *einer*, und zwar homogenen Phase ab. Polymerisationen mit Katalysatorzusatz führen zu niedrigermolekularen Produkten als solche, die ohne Katalysatorzusatz unter sonst gleichen Bedingungen durchgeführt werden. Bei der Emulsionspolymerisation erhält man indes trotz der Anwendung von Katalysatoren und dadurch bedingter hoher Polymerisationsgeschwindigkeit sehr hochmolekulare Produkte. Diese Tatsache war lange Zeit ungeklärt und beschäftigte zahlreiche Forscher. Sie deutete jedenfalls darauf hin, daß bei der heterogenen Aufteilung der Emulsionspolymerisation die verschiedenen Teilvorgänge anderweitig ablaufen als bei der Blockpolymerisation.

---

[1] BREITENBACH, J. W., u. A. MASCHIN: Z. physik. Chem., Abt. A **187**, 175 (1940).
[2] MAYO, F. R.: J. Amer. chem. Soc. **65**, 2324 (1945).

Fikentscher[1] hat 1938 auf Grund experimenteller Befunde die Ansicht geäußert, daß bei der Emulsionspolymerisation nicht, wie vielfach angenommen, der als Tröpfchen emulgierte Anteil der Vinylverbindung, sondern der im Emulgierwasser gelöste Anteil polymerisiert. Letzterer ergänzt sich stetig aus den flüssigen emulgierten Tröpfchen und bleibt daher während der ganzen Polymerisationszeit konstant, solange noch solche monomere Tröpfchen vorhanden sind.

Physikalisch-chemische Messungen über die Emulsionspolymerisation von J. Hengstenberg (unveröffentlicht) aus dem Jahre 1937 bewiesen

1. die Abhängigkeit der Polymerisationsgeschwindigkeit von der Emulgatormenge. Je höher die Emulgatorkonzentration, desto größer die „gelöste" Menge an Monomerem, desto größer die Polymerisationsgeschwindigkeit;

2. die Konstanz der Reaktionsgeschwindigkeit bei gleichbleibender Emulgatorkonzentration, erklärlich durch einen konstanten Prozentsatz an „gelöstem" Monomeren;

3. die Abhängigkeit der Teilchengröße des Polymerisates vom p_H-Wert und das Anwachsen der Polymerteilchen mit wachsendem Polymerisatgehalt (ermittelt durch Messungen in der Ultrazentrifuge).

Diese Befunde veranlaßten die Auffassung, daß die Polymerisation von den in den Emulgatormicellen gelösten Monomerenanteilen ausgeht.

Im Jahre 1947 hat Harkins[2] eine ausführliche Theorie über den Mechanismus der Emulsionspolymerisation aufgestellt und durch experimentelle Befunde unterbaut.

Danach stehen in einem in Reaktion befindlichen Emulsionssystem des Styrols folgende 4 Phasen unter gegenseitiger Einwirkung:

1. Das in Tröpfchenform vorliegende reine Styrol,

2. die wäßrige Lösung,

3. die Emulgatormicellen mit eingeschlossenem Monomerem,

4. die mit Monostyrol aufgequollenen Polymerteilchen, die in der wäßrigen Phase und in den Micellen unlöslich sind.

Nach Harkins ermöglichen die mit Wasser stark aufgequollenen Micellen dem wasserlöslichen Beschleuniger (Kaliumpersulfat) durch Diffusion eine breite und wirkungsvolle Einwirkungsfläche auf die in ihrem Inneren befindlichen Monomerschichten, weshalb sie in erster Linie als Ort des Primäraktes, wo die Keimbildung stattfindet, angesehen werden. Als Aktivierungsenergie wurden 17000—20000 cal je Mol bestimmt[3], also erheblich weniger als bei der Blockpolymerisation. In den Micellen beginnt anschließend das Wachstum der aktivierten Moleküle bis zu einer bestimmten Größe, nach deren Erreichung die polymeren Moleküle aus den Micellen herauswachsen bzw. diese sprengen. In den aus-

---

[1] Fikentscher, H.: Angew. Chem. 51, 433 (1938).

[2] Harkins, W. D., u. Mitarb.: J. Amer. chem. Soc. 68, 220 (1946); 69, 1428 (1947); — W. D. Harkins: J. Polym. Sci. 5, 217—251 (1950).

[3] Hohenstein, W. P., S. Siggia u. H. Mark: India Rubber Wld. 111, 113 (1944) u. 111, 436 (1945); — C. C. Price u. C. E. Adams: J. Amer. chem. Soc. 67, 1679 (1945); — V. J. Frilette u. W. P. Hohenstein: J. Polym. Sci. 3, 22 (1948).

geschiedenen Latexteilchen, welche mit Monostyrol aufgequollene Polymere darstellen, erfolgt dann hauptsächlich das Wachstum zu den endgültigen Makromolekülen[1]. Gerade letztere Feststellung wird als Hauptargument für die bei der Emulsionspolymerisation resultierenden hohen Molekulargewichte des Polymerisates angesehen und damit erklärt, daß bei einer Polymerisation in einer mit Monostyrol gequollenen polymeren Phase die Styrolmoleküle noch genügend beweglich sind, um mit den aktiven Zentren der wachsenden Kette zusammenzutreffen, während die langen Makromoleküle infolge der vorliegenden Zähigkeit der gequollenen Masse nur viel seltener mit ihren aktiven Endgruppen zusammenkommen können. Daraus ergibt sich eine Steigerung des Kettenwachstums und eine Behinderung des Kettenabbruches.

Die Nachlieferung des Styrols für diese Vorgänge, die in den Micellen und den Polymerteilchen ablaufen, erfolgt dabei durch Diffusion über die wäßrige Phase aus den emulgierten monomeren Tröpfchen, die mit fortschreitender Polymerisation ständig an Größe verlieren[2].

Neben den von HARKINS veröffentlichten Ergebnissen existieren aber auch noch andere Untersuchungen, nach denen die Keimbildung bei der Emulsionspolymerisation in der wäßrigen Phase[3] oder Aktivierung und Wachstum in den monomeren Tröpfchen vor sich gehen sollen[4]. Eine eindeutige Entscheidung über Ort und Ablauf der verschiedenen Reaktionsstufen ist demnach heute mit Sicherheit noch nicht möglich. Die bis jetzt vorliegenden Forschungsergebnisse brachten jedoch für die komplizierten Verhältnisse der Emulsionspolymerisation bereits eine sehr weitgehende Aufklärung, mit deren Hilfe die Besonderheiten dieser Polymerisationsart verständlich werden.

d) Die Suspensions- oder Perlpolymerisation des Styrols.

Bei dieser Polymerisationsart stellt man eine Suspension der monomeren Substanz in Wasser her, d. h., das monomere Styrol wird in einem Überschuß von Wasser durch kräftiges Rühren unter Zusatz von Verteilungsmitteln in eine Unzahl kleiner Kügelchen aufgeteilt und in diesem Zustand der Polymerisation unterworfen. Als Katalysatoren verwendet man hierbei hauptsächlich organische Peroxyde, die in der monomeren Substanz löslich sind. Die Polymerisation läßt sich in einem solchen System beim Erhitzen auf 80—90° C im Verlauf einiger Stunden durchführen.

Die Suspensionspolymerisation besitzt einerseits den Vorteil der Emulsionspolymerisation, daß die Reaktionswärme gut abzuführen ist.

---

[1] HARKINS, W. D.: J. chem. Physics **13**, 381 (1945); **14**, 47 (1946); J. Amer. chem. Soc. **69**, 1428 (1947); — S. H. HERZFELD, A. ROGINSKY, M. L. CORRIN u. W. D. HARKINS: J. Polym. Sci. **4**, 207 (1950); — F. T. WALL u. Mitarb.: J. Amer. chem. Soc. **72**, 4769 (1950).

[2] BREITENBACH, J. W.: Kolloid-Z. **109**, 119 (1945); — S. SIGGIA, W. P. HOHENSTEIN u. H. MARK: India Rubber Wld. **111**, 436 (1946); — E. MONTROLL: J. chem. Physics **13**, 337 (1945).

[3] KOLTHOFF, J. M., u. W. J. DALE: J. Amer. chem. Soc. **69**, 441 (1947); — R. WINTGEN u. G. SINN: Kolloid-Z. **122**, 103 (1951).

[4] FORDYCE, R. G., u. Mitarb.: J. Amer. chem. Soc. **69**, 581 u. 695 (1947); **73**, 1186—1189 (1951); — V. J. FRILETTE u. W. P. HOHENSTEIN: J. Polym. Sci. **3**, 22 (1948); — vgl. hierzu W. V. SMITH: J. Amer. chem. Soc. **70**, 2177 (1948).

Die Polymerisation kann technisch — auch mit großen Mengen — innerhalb eines engen Temperaturbereiches leicht gesteuert werden. Andererseits fallen die Kügelchen in hoher Reinheit an und gleichen in dieser Hinsicht mehr den Blockpolymerisaten. Da von Anfang an eine feine Aufteilung des Monomeren gegeben ist und diese während der Reaktion aufrechterhalten bleibt, so entfällt die bei der Blockpolymerisation notwendige Zerkleinerung des Polymerisates.

α) Die Entwicklung dieser Polymerisationsart. Das erste Verfahren der Perlpolymerisation wurde von CRAWFORD und GRATH[1] am Beispiel der Vinylester und Acrylsäureester ausgearbeitet. Als Verteilungsmittel wurden wasserlösliche Kolloide von Kohlehydraten oder Aminosäuren, z. B. wasserlösliche Stärke, Methylcellulose und Hydroxyäthylcellulose, Gummi arabicum, Natriumalginate, Agar-Agar und Gelatine angewandt, die in Mengen von 1—2% in Wasser wirksam sind. In einem weiteren Patent der I.C.I. werden wasserlösliche Polymere von Polyvinylalkohol bzw. Amide oder Salze der Polyacrylsäure als Verteilerstoffe angegeben[2]. W. BAUER und H. LAUTH[3] benützten neutrale lösliche Salze oder organische Lösungsmittel zur Herstellung und Aufrechterhaltung der Suspension bei der Polymerisation von Acrylsäureestern. Sie stellten fest, daß die Größe der Perlen weitgehend von der Drehzahl, der Form und der Größe des Rührers sowie dessen Verhältnis zum Reaktionsgefäß abhängig ist. Konzentrierte Lösungen von Elektrolyten (z. B. 25%ige Kochsalzlösungen) wurden in einem Verfahren der I.G. Farbenindustrie A.G.[4] als Suspensionsmittel vorgeschlagen. RÖHM und TROMMSDORFF[5] benützten pulverförmige, in der monomeren Verbindung und in Wasser unlösliche Substanzen als Verteilerstoffe bei der Perlpolymerisation von Methacrylsäureestern und Vinylverbindungen. Kaolin, Talkum, Bariumsulfat, Kieselgur, Aluminiumoxyd und selbst pulverisierter Methacrylsäuremethylester bewirken in Form von 0,5—10%igen Aufschlämmungen in Wasser eine kugelförmige Aufteilung der Monomeren. Erstmalig wird hierbei auch die Perlpolymerisation des Styrols beschrieben:

In 400 Teilen einer wäßrigen Aufschlämmung von 2 g getrocknetem Aluminiumhydroxyd werden 50 Teile Styrol, in welchem 0,5% Benzoylperoxyd gelöst sind, eingerührt. Die Mischung wird unter Rühren auf 80—90° C erwärmt. Nach etwa 8 Stunden ist die Polymerisation beendet. Letzte Spuren von monomerem Material können durch stärkeres Erhitzen der Mischung abdestilliert oder polymerisiert werden. Das Polymerisat bildet kleine, regelmäßige, glasklare Perlen, welche von anhaftendem Aluminiumhydroxyd durch Dekantieren mit Wasser oder Behandeln mit verdünnter Salzsäure befreit werden.

---

[1] CRAWFORD, W. C., u. J. M. GRATH: E.P. 427494 (1935); US.P. 2108044 (1938).
[2] RENFREW, A., J. M. WALTER u. W. E. F. GATES: E.P. 444257 (1936).
[3] BAUER, W., u. H. LAUTH: DRP. 656134 (1938), Röhm & Haas, Darmstadt.
[4] DRP. 664351 (1938), I. G. Farbenindustrie A.G.
[5] RÖHM, O., u. TROMMSDORFF: DRP. 735284 (1943; dtsch. Prior. 1. 1. 35); US.P. 2171765 (1939), Röhm & Haas, Darmstadt.

B. M. Marks[1] ersetzte den als Schutzkolloid verwandten Polymeth-
acrylsäuremethylester durch Polymethacryl- oder Polyacrylsäure und
konnte die polymere Säure nachträglich leicht durch eine Nachbehandlung mit 0,5%iger Natriumhexametaphosphatlösung von dem Perl-
polymerisat entfernen, wodurch die Transparenz des Perlpolymerisates
erheblich zu verbessern ist.

H. T. Neher und Mitarbeiter[2] haben wasserhaltige, komplexe Magne-
siumsilicate (z. B. $2MgO \cdot 3SiO_2 \cdot nH_2O$), die in Wasser quellen und
Gele bilden, für die Suspensionspolymerisation eingesetzt.

Gemäß einem neueren Verfahren hat sich auch Polyvinylpyrrolidon
in äußerst geringen Mengen als Schutzkolloid für die Perlpolymerisation
als brauchbar erwiesen[3].

R. Nobbs und W. P. Hohenstein[4] polymerisieren Styrol und andere
Vinylverbindungen in wäßriger Suspension in Anwesenheit äußerst
feiner Teilchen eines praktisch neutralen Calciumphosphates, welches
ein CaO/P_2O_5-Verhältnis von mindestens 1,35 aufweist und in sehr geringer Konzentration von 0,05—0,5% bezogen auf das Gesamtsystem
wirksam ist. Dabei wird ein Volumverhältnis Monostyrol:Wasser von
1:3 bis 3:2 als anwendbar bezeichnet. Mit 0,25% Benzoylperoxyd
polymerisiert das in kleinste Perlen aufgeteilte Styrol unter N_2-Atmo-
sphäre bei 90° C innerhalb von 12 Stunden zu einem harten, wasserklaren Polymerisat. Ein Zusatz bis zu 0,01% Kaliumpersulfat bezogen
auf das Gesamtsystem begünstigt die Ausbildung besonders feiner und
gleichmäßiger Perlen. Die fertigen Perlen werden mit verdünnter Salzsäure behandelt, um anhaftendes Calciumphosphat aufzulösen, mit
Wasser neutral gewaschen und getrocknet.

Bei der technischen Durchführung des Suspensionsverfahrens beobachtet man jedoch, daß häufig ein mehr oder weniger großer Anteil des
Polymerisates nicht in Form von Perlen, sondern in fein dispergiertem
Zustand oder in Flockenform anfällt. Diese Erscheinung, die neben Aus-
beuteverlusten auch eine Beeinträchtigung des äußeren Aussehens der
Perlpolymerisate mit sich bringt, läßt sich vermeiden, wenn gemäß
einem von Herrle[5] angemeldeten Verfahren vor der Polymerisation
geringe Mengen (0,01—1%) Inhibitoren, die in Wasser löslich, in Styrol
aber schwer bzw. unlöslich sind, zugesetzt werden. So bewirken Spuren
von Hydrochinon oder wasserlöslichen Kupferverbindungen, daß jedwede Polymerisation des in Wasser gelösten Anteils unterbleibt, während ·
die Polymerisation in der organischen Phase ungehindert abläuft.

Die technische Durchführung der Perlpolymerisation kann nach dem
in Abb. 19 gezeigten Schema erfolgen.

---

[1] Marks, B. M.: US.P. 2122886 (1938), 2265242 (1941), E. I. du Pont de
Nemours; — D. E. Strain: US.P. 2133257 (1938), E. I. du Pont de Nemours.
[2] Neher, H. T., u. Mitarb.: US.P. 2440808 (1948), Röhm & Haas, Philadelphia.
[3] Fikentscher, H., H. Herrle, J. Jousset, BASF Ludwigshafen: D.P.
801233 (1950).
[4] Nobbs, R., u. W. P. Hohenstein: D.P.-Anmeldung H 1193. 39c, 25 (1950);
E.P. 638527, D.P.-Anmeldung p 5531/39c, 25/01 (1951).
[5] Herrle, K.: D.P. 810812 (1951), BASF Ludwigshafen.

In einem Polymerisationskessel *1* (Inhalt 5—20 m³) aus nichtrostendem Material wird Monostyrol aus dem Lagertank *2* und reines Wasser durch die Leitung *3* im Verhältnis 1 : 3 eingebracht. Die Suspension

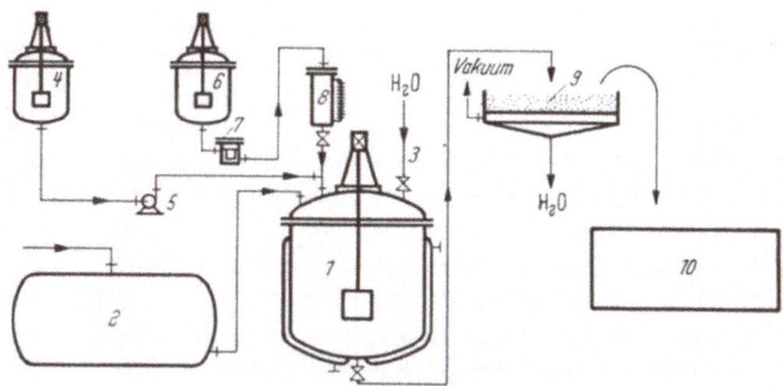

Abb. 19. Schema der Perlpolymerisation.

des Schutzkolloids bereitet man zweckmäßig in einem eigenen Rührbehälter *4* vor. Zur Erzielung bestimmter Teilchengrößen bei Verwen

Abb. 20. Polymerisationskessel für Perlpolymerisation der BASF Ludwigshafen a. Rh.

dung anorganischer Schutzkolloide kann das schwerlösliche Salz durch Fällung bei bestimmten Rührgeschwindigkeiten in diesem Bottich hergestellt werden. Die Förderung des Dispergiermittels in den Polymerisationskessel erfolgt mittels Schlammpumpe *5*. Die Katalysatorlösung, meist die Lösung eines organischen Peroxyds in dem Monomeren, wird in einem kleinen Rührbehälter *6* angesetzt und über ein Filter *7* und Dosiergefäß *8* portionsweise während der Polymerisation in den Kessel zugegeben. Die für die Aufrechterhaltung der Styrolsuspension erforderliche Rührgeschwindigkeit muß der Bauart des Kessels und der Rührerart angepaßt werden. Sie kann in der Größenordnung von 60 U/min liegen.

Nach dem Anwärmen der Kesselfüllung mit Dampf auf etwa 80° hält sich mit beginnender Polymerisation infolge der exothermen Reaktion die Temperatur von selbst und es muß sogar bei 90° C zu gegebener Zeit die Wasserkühlung eingeschaltet werden, um die frei werdende Wärme abzuführen. Unter ständigem Rühren wird anschließend noch 12—16 Stunden bei 90° C nachpolymerisiert. Die gekühlte Suspension der Polystyrolperlen wird alsdann auf eine Nutsche *9* gedrückt, daselbst mehrmals gewaschen und nach dem Absaugen in geeigneten Trocknern *10* wasserfrei getrocknet.

Polystyrol V der BASF und Vestyron der Chemischen Werke Hüls sind Polystyrole, die auf dem Wege der Suspensionspolymerisation gewonnen werden.

Die Mol.-Gew. liegen bei etwa 150000—180000 osmometrisch gemessen.

β) **Vorgänge und Mechanismus bei der Perlpolymerisation.** In einer ausführlichen Abhandlung von W. P. HOHENSTEIN und H. MARK[1] ist die Suspensionspolymerisation von Styrol, chlorierten Styrolen und anderen Monomeren eingehend beschrieben. Auch Mischpolymerisate mit Diolefinen werden angeführt, deren Darstellung durch thermische Polymerisation durchführbar ist.

Die Verfasser berichten, daß die durchschnittliche Größe der Kügelchen nicht durch einen stationären Zustand, sondern durch ein dynamisches Gleichgewicht bedingt ist. Solange das monomere Styrol noch als solches in dünnflüssigem Zustand vorliegt, erfolgt ein ständiger Austausch zwischen den einzelnen Perlen. Die Kügelchen kollidieren miteinander unter Bildung von größeren Kugeln, die dann rasch wieder in kleinere Perlen zerfallen. Man kann diese Tatsache leicht veranschaulichen, wenn man einem in Bewegung befindlichen Suspensionssystem von wasserhellem monomerem Styrol eine kleine Menge eines gefärbten Monostyrols zufließen läßt. Der zunächst in Form einzelner gefärbter Styrolkügelchen deutlich erkennbare Zusatz verschwindet nach einer gewissen Zeit, und schließlich sind alle Perlen gleichmäßig gefärbt.

Ein bei der Suspensionspolymerisation gefährliches Stadium tritt nach einem Umsatz von etwa 30% ein. Das im Monostyrol gelöste Polymere verändert die Viscosität und die Perlen bekommen eine gummiartige Konsistenz, wobei leicht Agglomeration zu größeren Partikeln und schließlich vollständige Verklumpung eintreten kann. Die Aufrechterhaltung einer passenden Rührgeschwindigkeit ist während dieser Zeit-

---

[1] Frontiers in chemistry, Bd. 6, High Molecular Weight Organic Compounds. Herausgeber R. E. BURK u. O. GRUMMITT, New York 1950, S. 1—19.

periode von ausschlaggebender Bedeutung. Wenn dagegen die Perlen nach einem Polymerisationsumsatz von 70—80% eine gewisse Festigkeit erreicht haben, verschwindet die Tendenz zur gegenseitigen Vereinigung. In diesem Zeitpunkt kann sogar auf weiteres Rühren verzichtet werden.

Das Hauptproblem bei der Perlpolymerisation ist demnach, das Bestreben der einzelnen Perlen zur Agglomeration herabzusetzen, was durch die bereits erwähnten Zusätze bewirkt wird. HOHENSTEIN und MARK bezeichnen diese Dispergiermittel als Suspensionsstabilisatoren oder Agglomerationsverhinderer.

Ein Zusatz von 1% Bentonit genügt beispielsweise zur Aufrechterhaltung der Suspension, aber selbst bei dieser geringen Menge ist die Oberfläche der polymerisierten Perlen mit dem anorganischen Kolloid bedeckt und einzelne Kügelchen zeigen auch innere Einschlüsse, welche schwer zu entfernen sind. Um klare und elektrisch einwandfreie Polymerisate zu erzielen, muß man bei den Kolloidzusätzen auf 0,5% und weniger zurückgehen. Noch vorteilhafter soll eine Kombination von verschiedenartigen Dispergiermitteln sein. Wenn z. B. die Viscosität der wäßrigen Phase durch Zugabe von 25—30% Glycerin erhöht und 0,2% Talkum zugesetzt werden, so enthalten die Perlen nach dem Waschen nur noch Spuren von Fremdsubstanz.

Bei Anwendung von unlöslichen Salzen wie Erdalkaliphosphaten, Sulfaten, Carbonaten oder Silicaten wird ein Zusatz von 0,01% als ausreichend bezeichnet. Das hierbei erhaltene Polystyrol erreicht die elektrischen Eigenschaften des Blockpolystyrols (tg = 0,00025 und Dielektrizitätskonstante 2,5).

Zur Aufklärung des Verlaufs der Perlpolymerisation haben HOHENSTEIN und MARK exakte Bestimmungen der Reaktionsgeschwindigkeit und des mittleren Molekulargewichts nach der Vicositätsmethode durchgeführt. Sie fanden, daß sorgfältig gereinigtes Styrol bei Abwesenheit von Sauerstoff in Suspension ohne Induktionsperiode polymerisiert und daß das aus der spezifischen Viscosität ermittelte Molekulargewicht praktisch übereinstimmt mit den Mol.-Gew. von Blockpolymerisaten, die unter vergleichbaren Bedingungen hergestellt waren.

Ähnlich wie bei der thermischen Polymerisation wurde eine Aktivierungswärme von 23000 cal je Mol festgestellt und bei Katalysatorzusatz (Benzoylperoxyd) die Anfangsgeschwindigkeit des monomeren Umsatzes proportional der Quadratwurzel der Katalysatorkonzentration[1] gefunden.

Alle diese Tatsachen berechtigen zu der Schlußfolgerung, daß die Perlpolymerisation unter den gegebenen Bedingungen denselben Verlauf zeigt wie die Blockpolymerisation. Sie ist also als eine, in unzählige kleine Kugeln aufgeteilte Massepolymerisation aufzufassen[2].

---

[1] SCHULZ, G. V.: Z. physik. Chem., Abt. B **39**, 246 (1938); — J. ABERE, G. GOLDFINGER, H. NAIDUS u. H. MARK: Ann. N. Y. Acad. Sci. **44**, 267 (1943).

[2] HOHENSTEIN, W. P.: Polym. Bull. **1**, 13 (1945); — W. P. HOHENSTEIN u. H. MARK: J. Polym. Sci. **1**, 127 (1946); — E. TROMMSDORFF u. Mitarb.: Makromol. Chem. **1**, 169 (1947).

Tabelle 10.
Physikalische Eigenschaften der durch Emulsions- bzw. Suspensionspolymerisation gewonnenen Polystyrole (BASF Ludwigshafen).

	Polystyrol EF	Polystyrol EH	Polystyrol EN	Polystyrol V	Polystyrol EB
Molekulargewicht (osmotisch) . .	870000	—	—	190000	700000
k-Wert (nach FIKENTSCHER) . .	110—120	75—90	110—130	75	100
Spez. Gewicht (g/cm³)	1,05	1,09	1,08	1,05	1,06
Biegefestigkeit[1] (kg/cm²)	1100	1200	1100	1050	750
Schlagbiegefestigkeit[2] (cm kg/cm²)	28	30	30	25	75
Kerbschlagzähigkeit (cm kg/cm²)	3	4	4	2,5	7
Druckfestigkeit (kg/cm²)	1000	1000	1000	1000	—
Zugfestigkeit (kg/cm²)	500	300	—	500	550
Kugeldruckhärte (kg/cm²)[3] . . .	1000	1300	1100	1000	—
Wärmefestigkeit					
nach MARTENS (°C)	75	95	85	70	71
nach VICAT (°C)	100	125	110	100	92
Wärmeleitzahl (cal/cm·sek °C) .	$38 \cdot 10^{-5}$	$41 \cdot 10^{-5}$	—	$38 \cdot 10^{-5}$	—
Lin. Wärmedehnzahl (1/°C) . .	$102 \cdot 10^{-6}$	$60 \cdot 10^{-6}$	$80 \cdot 10^{-6}$	$102 \cdot 10^{-6}$	—
Brechungsindex n_D^{20}	—	—	—	1,59	—
Eigenfarbe	milchig durchscheinend	bräunlich durchscheinend	bräunlich durchscheinend	klar durchsichtig	milchig getrübt
Dielektrizitätskonstante bei 10^6Hz	2,5	2,8	2,8	2,5	2,9
Dielektrischer Verlustfaktor					
(tg δ) (800 Hz)	$8 \cdot 10^{-4}$	$7 \cdot 10^{-4}$	$7 \cdot 10^{-4}$	$8 \cdot 10^{-4}$	10^{-2}
Spez. Widerstand (Ω cm)	$>10^{16}$	$>10^{14}$	$>10^{14}$	$>10^{16}$	10^{15}
Innerer Widerstand (Ω)[4]	$>3 \cdot 10^{12}$	—	—	$>10^{12}$	—
Oberflächenwiderstand (Ω)[4] . .	$>3 \cdot 10^{12}$	—	—	$>10^{12}$	—
Durchschlagsfestigkeit kV/mm .	50	25	20	55	—
Wasseraufnahme nach 7 Tagen mg/100 cm²	30	70	—	10	1,5%

e) Mischpolymerisation des Styrols.

α) Die Möglichkeiten dieser Polymerisationsmethode. Es wurde bereits erwähnt, daß das Styrol die Fähigkeit besitzt, mit anderen polymerisierbaren monomeren Verbindungen nach jeder der beschriebenen Polymerisationsmethoden Mischpolymerisate zu bilden. Diese stellen keine Gemische der einzelnen polymeren Komponenten dar, sondern sie sind als neue, aus den verschiedenen Monomeren zusammengebaute Makromoleküle aufzufassen[5], die sich in ihren Eigenschaften von den reinen polymeren Grundsubstanzen oft wesentlich unterscheiden oder auch charakteristische Merkmale der einzelnen Polymeren als solche in kombinierter Abwandlung aufweisen.

Man spricht von normaler Mischpolymerisation, wenn die einzelnen, für sich allein polymerisierbaren Komponenten zu einem neuen gemeinsamen Makromolekül in einem bestimmten Verhältnis zusammen polymerisieren. Es gibt jedoch auch Fälle, bei denen aus einer polymerisierbaren Substanz (z. B.) Styrol mit einer anderen für sich allein nicht oder

---

[1] Nach DIN 53452.   [2] Nach DIN 53453.   [3] Nach VDE 0302.
[4] Nach VDE 0303.
[5] DOSTAL, H.: Mh. Chem. **69**, 424 (1936); — H. HOPFF: Angew. Chem. **51**, 432 (1938) und Kunststoffe **1938**, 289.

nur schwer polymerisierbaren Verbindung (Maleinsäureanhydrid[1] bzw. α-Methylstyrol) ein aus beiden Komponenten aufgebautes Mischpolymerisat entsteht. Für diese Vorgänge wurde die Bezeichnung „Heteropolymerisation"[2] vorgeschlagen. Bei Monomerenpaaren, die in jedem Verhältnis mischpolymerisieren, liegen nahezu gleiche Reaktionsgeschwindigkeiten der Einzelkomponenten vor. Die Zusammensetzung des Mischpolymerisates ist dann dieselbe wie die der Monomerenmischung. Dieser Idealfall ist jedoch nicht immer gegeben. Bei der Polymerisation von Styrol mit Acrylnitril[3] entspricht die Zusammensetzung des Mischpolymerisates nicht dem angewandten Monomerenverhältnis, sie ändert sich während der Reaktion ständig, weil das rascher polymerisierende Styrol vorauseilt. Man kann jedoch auch hierbei zu Mischpolymerisaten mit größerer Einheitlichkeit gelangen, wenn das Styrol als rascher polymerisierende Komponente der anfangs vorhandenen acrylnitrilreicheren Mischung portionsweise zugesetzt wird[4].

Im Laufe der Jahre hat sich auf Grund rein empirischer Forschung eine große Variationsmöglichkeit hinsichtlich der Herstellung von Mischpolymerisaten des Styrols mit anderen Monomeren ergeben, die in zahlreichen Patenten und Veröffentlichungen niedergelegt sind. Es würde zu weit führen, diese Ergebnisse alle einzeln zu behandeln, zumal bis jetzt aus der Vielzahl der Möglichkeiten nur einige wenige zu einer technischen Auswertung geführt haben. Diese sollen später eingehender beschrieben werden. Eine bis in das Jahr 1939 reichende Zusammenstellung der Mischpolymerisate des Styrols findet sich im „Kleinen Handbuch der Polymerisationstechnik" von FR. KRCZIL, Bd. I und II. Es sind dort beschrieben: Mischpolymerisate mit Chloropren, Vinylchlorid, Vinylphenol, Vinyläther, Thiovinyläther, Vinylketon, Acrylsäure, α-Phenylacrylsäure, Crotonsäure, Ölsäure, Maleinsäure, Fumarsäure, deren Estern und Anhydriden, ungesättigten Fettsäureestern, Leinöl, Standöl, Zimtsäureestern, Vinylestern, Acrylsäureestern, Methacrylsäureestern, Acrylsäureamid, Maleinsäureimid, Methacrylnitril, Butadien, Divinylacetylen, Cyclopentadien, Dimethylstyrol, Methylstyrol, Vinylnaphthalin, Cyclohexen, Vinylfuran, Vinylpyrrol, Vinylindol, Vinylcarbazol und Divinylbenzol.

β) Styrol-Divinylbenzolmischpolymerisate. Die Mischpolymerisation Styrol–Divinylbenzol sei ihrer Besonderheit wegen etwas näher erläutert, weil sie bei der Herstellung und Polymerisation des Styrols allen Technikern, die damit zu tun hatten, in der Anfangszeit viel Sorge und Widerwärtigkeiten bereitet hat.

Bereits bei der Monostyrolbeschreibung ist erwähnt, daß Mengen über 0,03% Divinylbenzol im Monostyrol mit Sicherheit ausgeschlossen blei-

---

[1] Voss, A., u. Mitarb.: DRP. 540 101 (1931), DRP. 598 732 (1934), I. G. Farbenindustrie A.G.; — vgl. auch E. TROMMSDORFF u. R. HOUWINK: Chemie und Technologie der Kunststoffe, Bd. II, S. 141 (1942).

[2] WAGNER-JAUREGG, TH.: Ber. dtsch. chem. Ges. **63**, 3213 (1930).

[3] FIKENTSCHER, H., u. C. HEUCK: DRP. 654 989 (1937) und DRP. 672 021 (1939), I. G. Farbenindustrie A.G.

[4] FIKENTSCHER, H., u. J. HENGSTENBERG: DRP. 629 220 (1936), I. G. Farbenindustrie A.G.

ben müssen. Wie STAUDINGER[1] gefunden und beschrieben hat, bildet
Styrol bereits mit äußerst geringen Mengen Divinylbenzol (0,01%) bei
der Polymerisation unlösliche Mischpolymerisate, die bis zu 1% Divinylbenzolgehalt in Lösungsmitteln stark aufquellen und bei höherem Gehalt
weniger quellbar werden. Gleichlaufend damit geht die thermoplastische
Eigenschaft des Polymeren mehr und mehr verloren, und in kaltem Zustand ist eine Versprödung der Polymerisate zu beobachten. Der Grund
für diese Veränderungen liegt darin, daß die langgestreckten, fadenförmigen Polystyrolketten durch einpolymerisiertes Divinylbenzol auch
in der Querrichtung unter Brückenbildung verbunden sind. Dadurch
entstehen dreidimensionale, sogenannte vernetzte Makromoleküle gemäß folgender Formulierung:

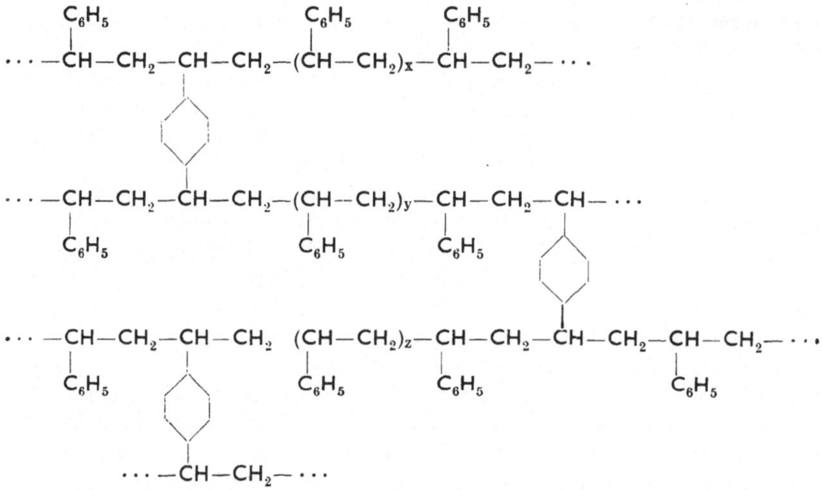

$$
\begin{aligned}
&\ \ \ \ C_6H_5 \qquad\qquad\qquad C_6H_5 \qquad\ \ C_6H_5 \\
&\ \ \ \ \ | \qquad\qquad\qquad\qquad | \qquad\qquad\ | \\
\cdots\,-&CH-CH_2-CH-CH_2-(CH-CH_2)_x-CH-CH_2-\cdots
\end{aligned}
$$

$$
\begin{aligned}
\cdots\,-&CH-CH_2-CH-CH_2-(CH-CH_2)_y-CH-CH_2-CH-\cdots \\
&\ \ | \qquad\qquad\qquad\qquad | \qquad\qquad\ | \\
&\ C_6H_5 \qquad\qquad\qquad C_6H_5 \qquad\ \ C_6H_5
\end{aligned}
$$

$$
\begin{aligned}
\cdots\,-&CH-CH_2-CH-CH_2 \quad (CH-CH_2)_z-CH-CH_2-CH-CH_2-CH-CH_2-\cdots \\
&\ C_6H_5 \qquad\qquad\quad\ \ C_6H_5 \qquad\ C_6H_5 \qquad\qquad\qquad\quad C_6H_5
\end{aligned}
$$

$$
\cdots\,-CH-CH_2-\cdots
$$

Mit wachsendem Divinylbenzolzusatz wird diese Vernetzung immer
stärker und die Quellbarkeit geringer. Unter bestimmten Bedingungen,
bei denen Temperatur und Konzentration eine Rolle spielen, werden
neben klaren Polymerisaten auch weiße undurchsichtige Gebilde mit
blumenkohlartigem Aussehen erhalten[2]. Auf analoge Weise ergeben
Zusätze von 4,4′-Divinylbiphenyl[3], 2,5, 2′,5′-Tetrachlor-4,4′-Divinyl-
biphenyl[4] oder Allylester der Zimtsäure, Diallylester der Oxal-, Malein-
und Fumarsäure[5] vernetzte Polymerisate.

Das Divinylbenzol ist die gefürchtetste Substanz des Styrol- und
Polystyrolprozesses, da die Möglichkeit der Bildung solcher unlöslicher
quellbarer Polymerisate, die letzten Endes von Spuren Diäthylbenzol

[1] STAUDINGER, H., u. W. HEUER: Ber. dtsch. chem. Ges. **67**, 1164 (1934); —
H. STAUDINGER u. E. HUSEMANN: Ber. dtsch. chem. Ges. **68**, 1618 (1935).
[2] BREITENBACH, J. W., u. H. P. FRANK: Mh. Chem. **78**, 293 (1948).
[3] ROSENTHAL, FR.: US.P. 2462555 (1949), Feder. Teleph. et Radio Corp.
[4] US.P. 2465122 (1949), Radio Corp.
[5] BRITTON, E. C., u. Mitarb.: US.P. 2331263 (1943), 2341175 (1944), Dow
Chemical Comp.

in nicht scharf genug fraktioniertem Äthylbenzol herrühren, die schlimmsten Betriebsstörungen bei der Destillation und Polymerisation des Styrols verursachen können. In den zurückliegenden Jahren haben Mischpolymerisate aus Styrol–Divinylbenzol keine große Bedeutung erlangt. Neuerdings werden jedoch aus USA einzelne interessante Anwendungen des Divinylbenzols bekannt. So beeinflußt beispielsweise eine geringe Menge Divinylbenzol die Mischpolymerisation von Butadien-Styrol dahingehend, daß ein teilweise vernetzter synthetischer Kautschuk „GRS-X-285" erhalten wird, der bessere Verarbeitbarkeit, geringere Schrumpfung und größere Härte besitzt[1]. Ferner wird Divinylbenzol bei der Herstellung kationenaustauschender Kunstharze eingesetzt[2]. Das durch Mischpolymerisation von Styrol und Divinylbenzol entstehende vernetzte Polymere wird bei 100° mit konz. Schwefelsäure in Gegenwart von Silbersulfat sulfoniert. Die dabei resultierende Monosulfosäure stellt ein hygroskopisches Gel dar, das in Wasser quillt und eine starke Austauschwirkung gegen Kationen aufweist.

γ) **Weitere neue Mischpolymerisate.** In den letzten Jahren hat man vor allem in Amerika versucht, auf dem Wege der Mischpolymerisation die Wärmebeständigkeit des Polystyrols zu erhöhen, wobei gleichzeitig Eigenschaftsveränderungen in positiver und negativer Richtung auftreten. DREISBACH[3] erhielt optimale Verbesserungen hinsichtlich Temperaturbeständigkeit und Biegefestigkeit bei Zusatz von 1% p-Chlorstyrol bzw. 0,03—0,5% o-Dichlorstyrol zum Styrol.

Tabelle 11.

Polymeres aus		h. d. p. (A.S.T.M.) ° C	Biegefestigkeit (lbs p. sq. i.)	Schlagbiegefestigkeit (lbs)	Verlustfaktor tg δ
Styrol %	+ p-Chlorstyrol %				
100	—	76—80	4500—5400	0,7—0,9	0,03
99	1	84	6600	1,0	0,07
95	5	82	6100	0,9	0,035
75	25	79	6500	1,1	0,09
50	50	82	6700	1,2	0,103
25	75	85	7800	0,5	0,1
—	100	95	9100	1,1	0,1
	o-Dichlorstyrol				
99,95	0,05	106	7700	1,3	0,092
99,9	0,1	104	8300	1,2	0,8
99,5	0,5	104	5600	1,0	0,1
95	5	71	4700	0,7	0,15
75	25	71	6000	0,7	0,47
0	100	72	2100	0,5	1,38

Nach CARSWELL und HAYES[4] haben Mischpolymerisate aus Styrol und 2,5-Dichlorstyrol einen niedrigeren Grad von Entflammbarkeit, höhere Wärmebeständigkeit und Härte.

---

[1] SCHOENE, D. L., u. Mitarb.: Ind. Engng. Chem. **38**, 1246—1249 (1946).
[2] PEPPER, K. W.: J. appl. Chem. Nr. 3, S. 124 (1951).
[3] DREISBACH, R. R.: US.P. 2398736 (1946), Dow Chemical Comp.
[4] CARSWELL, TH. S., u. R. F. HAYES: US.P. 2484753 (1949).

Tabelle 12.

Styrol %	Polymeres aus + 2,5-Dichlorstyrol %	h. d. p. (A.S.T.M.) ° C	Härte
100	—	78	85
—	100	113	103
20	80	97	—
25	75	94	94
50	50	80	87
Poly-p-Chlorstyrol		108	96

Poly-2,5-Dichlorstyrol (Handelsname Styramic HT[1]) ist zwar noch brennbar, wenn es in eine Flamme gehalten wird; es erlischt jedoch beim Herausnehmen aus der Flamme. Es unterhält die Verbrennung nicht mehr.

Durch Zumischen von chloriertem Diphenyl können solchen Polymeren bis zu 70% Chlor einverleibt werden, wodurch vollkommene Unbrennbarkeit erreicht wird. Wärmefeste, klare und farblose Mischpolymerisate erhielten KISPERSKI und SEYMOUR[2] durch Blockpolymerisation bei 90—140° unter Zusatz von 0,2% Ditert.-butylperoxyd und nachträglichem Umfällen der Polymeren aus

Styrol und	p-Chlor-α-methylstyrol	h. d. p. (A.S.T.M.)
95%	5%	85° C
60%	40 %	107° C
40 %	60%	115° C

Mischpolymere aus Styrol und Vinylbiphenyl[3] zeigen verbesserte thermische Eigenschaften und leichtere Plastifizierbarkeit als Polystyrol.

Styrol und α-Phenylvinylacetat bzw. (p-Chlorphenyl)-vinylacetat ergeben klare, transparente Mischpolymerisate mit etwa 10° höherem Erweichungspunkt[4].

Auch bei der Tieftemperaturpolymerisation (—100 bis —165°) in niedrigsiedenden Lösungsmitteln (Chlormethyl, Chloräthyl oder Äthylen) mit Katalysatoren vom Friedel-Crafts-Typ ($AlCl_3$, BF_3) entstehen aus Styrol und p-Chlorstyrol bzw. 2,4-Dichlorstyrol Mischpolymerisate mit höheren Erweichungspunkten[5].

Darüber hinaus noch gesteigerte Temperaturbeständigkeit, allerdings unter Einbuße der Farblosigkeit, zeigen Mischpolymerisate aus Styrol oder substituierten Styrolen mit Fumarsäuredinitril[6] bzw. Maleinsäuredinitril. Diese Nitrile polymerisieren für sich allein nicht. Mischungen

---

[1] Mod. Plastics, August 1944, S. 62.

[2] KISPERSKI, J. P., u. R. B. SEYMOUR: US.P. 2439213 (1948), Monsanto Chemical Comp.

[3] SEYMOUR, R. B., u. J. M. BUTLER: US.P. 2471785 (1949), Monsanto Chemical Comp.

[4] MOWRY, D. T., u. CH. L. MILLS: US.P. 2471766 (1949), Monsanto Chemical Comp.

[5] GARBIER, J. D.: Fr.P. 926955 (1947), Standard Oil Development.

[6] MOWRY, D. T.: US.P. 2417607 (1947) und R. B. SEYMOUR: US.P. 2439226 (1948), Monsanto Chemical Comp; — vgl. auch US.P. 2447810 bis 2447813 (1948).

Styrol–Dinitril polymerisieren jedoch rascher als reines Styrol bei Temperaturen zwischen 50 und 120° C, wobei jede der beschriebenen Polymerisationsarten anwendbar ist. Bei Mischungen bis zu 30% Dinitril bilden sich anfänglich Mischpolymerisate mit einem höheren Gehalt an Dinitril, als dieser in der Mischung vorhanden ist, während bei einem über 30% liegenden Dinitrilzusatz ein umgekehrtes Verhältnis eintritt. Überschüssiges Dinitril bleibt dabei unverändert, ohne einzupolymerisieren.

Tabelle 13.

| Zusammensetzung der Monomeren | | Mischpolymerisat | h. d. p. |
Fumarsäuredinitril %	Styrol %	Dinitril %	(A.S.T.M.) ° C
0,15	99,85	2,5	84
0,4	99,6	5,5	94
2	98	14,3	107
5	95	19,5	124
30	70	30	140
50	50	34,5	—

Solche Polymerisate sind gelb bis rötlich gefärbt und sollen hinsichtlich Schlagzähigkeit verbessert sein.

Ähnliche, aber weniger starke Effekte in der Erhöhung der Temperaturbeständigkeit bewirken Zusätze von Benzalphthalid[1], substit. Benzalacetophenonen[2]

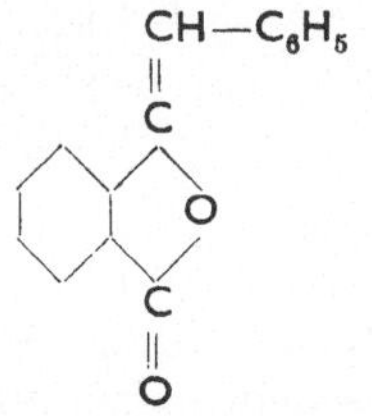

$$CH-C_6H_5$$

und Benzalphthalimid[3]

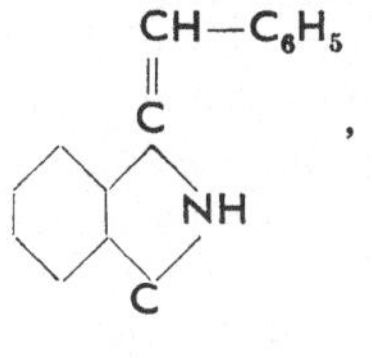

$$CH-C_6H_5$$

wobei jedoch die Polymeren durch Lösen und Umfällen mit Alkohol von alkohollöslichen Anteilen befreit werden müssen.

δ) Mischpolymerisate von technischer Bedeutung. Mischpolymerisate mit hoher Schlagzähigkeit[4] stellen die von der U.S. Rubber Comp. unter der Bezeichnung „Royalite" oder „Crylastic" in Handel gebrach-

---

[1] MOWRY, D. T.: US.P. 2475150 (1949), Monsanto Chemical Comp.
[2] CHAPIN, E. C.: US.P. 2496697 (1950), Monsanto Chemical Comp.
[3] SZMANT, H. H.: US.P. 2475161 (1949), Monsanto Chemical Comp.
[4] KLINE, G. M.: Kunststoffe **40**, 59 (1950); US.P. 2439202 (1948), U.S. Rubber Comp.

ten Polymerisate dar. Sie sind als Gemenge von Polymeren mit verschiedenen Mischpolymerisaten aufzufassen, z. B. Polystyrol, Styrol–Acrylnitril-Mischpolymerisat, Butadien–Acrylnitril-Mischpolymerisat und Polyacrylnitril. Sie zeichnen sich durch große Zähigkeit aus, lassen sich leicht verformen, sägen, bohren, schweißen und verkleben. Je nach Menge der einzelnen Komponenten lassen sich die Eigenschaften stark variieren. Verbesserte Schlagzähigkeit zeigen Polystyrole mit Zusätzen von 5—10% eines Isobutylen-Styrol-Mischpolymerisates, das durch Tieftemperaturpolymerisation mit Friedel-Craftschen Katalysatoren gewonnen wird[1].

Solche Einstellungen sind die als S-Polymers[2] von der Enjay Co. herausgebrachten Produkte, die thermoplastische Kunststoffe mit kautschukelastischem Verhalten darstellen. Als gleichfalls zähfestere Polymere gelten die von Röhm & Haas, USA, entwickelten Produkte „Plexen M" und „Plexen TA"[3], die als Kombinationen von Styrol-Acrylnitril-Mischpolymerisaten mit synthetischem Kautschuk (Buna N oder Buna S) zu bezeichnen sind.

Polystyrol EN. Seit Jahren hat die BASF Ludwigshafen ein Mischpolymerisat aus 70% Styrol und 30% Acrylnitril entwickelt, das sich durch erhöhte Lösungsmittelbeständigkeit, insbesondere Benzinfestigkeit, auszeichnet und als Austauschstoff für Druckletternmetall mit Erfolg eingesetzt wurde. Seine Herstellung erfolgt durch Emulsionspolymerisation des folgenden Ansatzes:

2000 kg entsalztes Wasser,	815 kg Styrol
19,5 kg ölsaures Natrium,	350 kg Acrylnitril,
5,7 kg Natronlauge, 50%ig,	1,2 kg Kaliumpersulfat,
1,3 kg Natriumpyrophosphat,	3 kg Maleinsäurediallylester.

Dieses mit Natronlauge auf p_H 9 eingestellte Gemisch wird unter Rühren in einem Druckkessel auf 60° C aufgeheizt. Bei etwa 70° Innentemperatur beginnt die Polymerisation. Während des Polymerisationsverlaufes wird durch entsprechende Kühlung dafür Sorge getragen, daß die Temperatur nicht über 70—72° C hinausgeht. Ungefähr 2½ Stunden nach Beginn der Polymerisation wird auf 95—100° aufgeheizt und anschließend der Rest von Monomeren im Verlauf einer halben Stunde ausgedämpft. Die weitere Aufarbeitung der polymerisierten Dispersion kann nach den bei der Emulsionspolymerisation geschilderten Verfahren vorgenommen werden.

Polystyrol EN hat einen k-Wert von 110—130 Einheiten (gemessen in 1%iger Lösung in Tetrahydrofuran) und einen N-Gehalt von 7,5 bis 8,4%. Mischpolymerisate von Styrol und Acrylnitril scheinen auch die amerikanischen Produkte der Bakelite Corporation zu sein, und zwar Bakelite C 11 und Bakelite BMC 11, die einen N-Gehalt von 7,5% aufweisen.

---

[1] SPARKS, W. J., u. D. V. YOUNG: US.P. 2491525 (1949); US.P. 2519092 (1950), Standard Oil Development.

[2] Mod. Plastics, Encyclopedia 1949; — R. G. NEWBERG: India Rubber Wld. 120, 204 (1949); Chem. Zbl. 1950 I, 798; — E. C. VAN BUSKIRK: India Rubber Wld. 122, 184 (1950).

[3] Kunststoffe 40, 38 (1950); Mod. Plastics 26, Nr. 11, S. 68 (Juli 1949).

Polystyrol EH. Ein weiteres Mischpolymerisat der BASF, das sich durch absolute Kochbeständigkeit auszeichnet und einen Erweichungspunkt von 115—120° C besitzt, ist das als Polystyrol EH bezeichnete Handelsprodukt. Geformte Gegenstände aus diesem Polymerisat zeigen selbst nach mehrstündigem Erhitzen in siedendem Wasser keinerlei Deformation. Es wird ebenfalls auf dem Wege der Emulsionspolymerisation aus 50% Styrol, 25% Acrylnitril und 25% Vinylcarbazol gewonnen, wobei jedoch die Monomerenmischung kontinuierlich in das Polymerisationssystem eingebracht wird.

> 2400 kg entsalztes Wasser,
> 24 kg Emulgator (Mersolat MK als 70%ige Paste),
> 14,8 kg Natriumpyrophosphat

werden in einem 5-m³-Kessel vorgelegt, auf 60° aufgeheizt und 5,3 kg Kaliumpersulfat eingerührt. Sobald die Temperatur der wäßrigen Phase auf 70° angelangt ist, beginnt man mit der Zufuhr der Monomerenmischung aus

> 520 kg Styrol,
> 260 kg Acrylnitril und
> 260 kg Vinylcarbazol, 100%ig, gereinigt.

Während der 2½ Stunden dauernden Einlaufzeit läßt man die Temperatur allmählich von 70° auf 90° C ansteigen, hält diese Temperatur ½ Stunde aufrecht und dampft dabei restliche Monomere durch Ausblasen mit Stickstoff aus.

Das aus der polymerisierten Dispersion durch Zerstäubungstrocknung oder auf dem Wege der Elektrolytfällung gewonnene Mischpolymerisat hat einen k-Wert von 75—90 Einheiten (gemessen mit 1%iger Lösung in Tetrahydrofuran) und einen N-Gehalt von 7,5—8,5%.

Polystyrol EB. Durch Emulsionspolymerisation von Styrol mit geringen Butadienzusätzen (5—15%) können bei etwas modifizierter Betriebsweise gegebenenfalls unter Verwendung weiterer polymerisationsfähiger Verbindungen Mischpolymerisate von großer Zähigkeit gewonnen werden. Ein schlagfestes Polystyrol dieses Typs stellt das von der BASF Ludwigshafen hergestellte Polystyrol EB dar[1], dessen Schlagzähigkeit mit 75 cm kg/cm² dem Polystyrol weitere Einsatzgebiete erschlossen hat.

In USA sind butadienhaltige Mischpolymerisate des Styrols und der Typenbezeichnung „high impact polystyrene" von den verschiedenen Polystyrolerzeugern entwickelt worden, z. B. Styron 475 (Dow), Lustrex LHN (Monsanto) und Koppers MC 301, 401 und 409. ·

Mischpolymerisat „Cerex 250". Das in USA von der Dow Chemical Comp. hergestellte Polymere „Cerex 250", das nach Literaturangaben[2] ein Mischpolymerisat aus Styrol mit einer zweiten ungenannten Komponente darstellt, hat einen Erweichungspunkt von 114—115° C (h.d.p. gemäß A.S.T.M.) und ist als nahezu kochfestes Produkt zu bezeichnen. Die bei 300° durchführbare Depolymerisation liefert zu 95% ein flüssiges

---

[1] MAIR, H.: Kunststoffe **43**, H. 10, S. 397 (1953).

[2] KLINE, G. M.: Ind. Engng. Chem. **39**, 1234 (1947); Angew. Chem. **20** (B), 326 (1948).

Kohlenwasserstoffgemisch, das durch Fraktionierung in Styrol und α-Methylstyrol zerlegt werden kann. Beide Kohlenwasserstoffe sind durch vergleichende Ultrarotspektren mit den entsprechenden reinen Monomeren einwandfrei zu charakterisieren. Cerex 250 hat einen k-Wert von 73,2 Einheiten und schwach gelbes, milchiges Aussehen.

Mischpolymerisat ,,Styron 700". Dieses amerikanische Produkt der Dow Chemical Comp. ist absolut glasklar und mit einem Erweichungspunkt von 105° C als nahezu kochfest zu bezeichnen. Auch hierbei liegt ein Mischpolymerisat von Styrol (etwa 75 Teile) mit α-Methylstyrol (25 Teile) vor. Letzteres Monomere, das für sich allein nur nach der Methode der Tieftemperaturpolymerisation[1] mit Friedel-Craftschen Katalysatoren in hochmolekulare Polymere verwandelt werden kann, ergibt zusammen mit Styrol nach den technisch üblichen Polymerisationsmethoden[2] unter Verwendung peroxydischer Katalysatoren Mischpolymerisate mit erhöhter Wärmebeständigkeit, die jedoch erst nach Entfernung der restlichen, flüchtigen monomeren Anteile aus den Polymerisaten voll in Erscheinung tritt.

ε) **Mischpolymerisate von Styrol und Butadien.** *Buna S*. Das Mischpolymerisat des Styrols, welches die größte technische und wirtschaftliche Bedeutung erlangt hat, ist der als ,,Buna S" bezeichnete Typ des synthetischen Kautschuks. Dieses wichtige synthetische Produkt hat während des zweiten Weltkrieges den Naturkautschuk sowohl in Deutschland als auch in Amerika weitgehend ersetzt. Es wird durch Emulsionspolymerisation eines Kohlenwasserstoffgemisches aus 70 Teilen Butadien und 30 Teilen Styrol gewonnen. Der Zusatz der Styrolkomponente verfolgt den Zweck, bei der Polymerisation die Molekülverzweigung, zu der das Butadien besonders neigt, zu vermeiden. An der Ausarbeitung der Bunapolymerisation waren hauptsächlich die Werke Leverkusen und Ludwigshafen der I. G. Farbenindustrie A. G. beteiligt, die in umfangreicher, seit 1926 eingeleiteter Forschungsarbeit die Grundlagen für die technische Großproduktion geschaffen und wissenschaftlich unterbaut haben.

Die ersten Patente zur Herstellung eines synthetischen Kautschuks aus Butadien bzw. Butadien–Styrol-Gemischen in Latexform durch Polymerisation in wäßriger Phase mit seifenartigen Emulgiermitteln[3] (fettsaure Salze und ,,Nekal") unter Verwendung von Peroxyden[4] als Beschleuniger datieren aus den Jahren 1927/1928. Auch bei diesem Prozeß war man bestrebt, den Reaktionsverlauf kontinuierlich zu gestalten, wobei es sich aus Qualitätsgründen als zweckmäßig erwies, die

---

[1] HERSBERGER, A. B., u. Mitarb.: Ind. Engng. Chem. **37**, 1073 (1945); — T. ALFREY u. H. WECHSLER: J. Amer. chem. Soc. **70**, 4266 (1948); — F. R. MAYO u. CH. WALLING: Chem. Reviews 46, 277 (1950); — CH. WALLING u. Mitarb.: J. Amer. chem. Soc. **72**, 48—51 (1950).

[2] WESP, G. L.: A.P. 2556459 (1951), Monsanto Chemical Comp.

[3] LUTHER, M., u. C. HEUCK: DRP. 558890 (1932); US.P. 1864078 (1932); — E. TSCHUNKUR u. W. BOCK: DRP. 532271 (1931); F.P. 848184; DRP. 542646 (1932), DRP. 542647 (1932), DRP. 570980 (1933), DRP. 588785 (1933).

[4] BOCK, W., u. E. TSCHUNKUR: DRP. 511145 (1930); US.P. 1935733 (1933); — C. HEUCK: E.P. 312201 (1928).

Polymerisation bei etwa 60% Umsatz abzubrechen[1] sowie durch Zusatz von Reglersubstanzen die Molekülgröße zu begrenzen[2] und den Verzweigungsgrad des Polymerisates herabzusetzen. Die regelnde Wirkung einer ganzen Reihe von Stoffen, darunter auch die technisch benützten Verbindungen, wie Mercaptane, Disulfide usw., war von du Pont bei der Emulsionspolymerisation des Chloroprens[3] gefunden und später auch auf die Butadienpolymerisation[4] übertragen worden. Ausführliche Arbeiten über Reglersubstanzen liegen von seiten der I.G. Farbenindustrie A.G. vor[5]. Für die Herstellung eines möglichst wenig verzweigten, stets typgerechten Polymerisates mit guter Plastizität ist die Regelung des Polymerisationsverlaufes von entscheidender Bedeutung. In Deutschland wurde bei dem technischen Herstellungsprozeß ausschließlich das Diproxid (Diisopropylxanthogendisulfid,

$$(CH_3)_2CH-O-\underset{\underset{S}{\parallel}}{C}-S-S-\underset{\underset{S}{\parallel}}{C}-O-CH(CH_3)_2 \, ,$$

benützt[6], dessen durch hydrolytischen Zerfall entstehende Spaltprodukte mit den wachsenden Molekülketten unter Kettenabbruch reagieren. Das Ansatzverhältnis zur Herstellung von Buna S 3 sah folgendermaßen aus[7]:

Nekal BX	3,5	Teile
Wasser	115,0	,,
Paraffinfettsäure	0,5	,,
Ätznatron	0,38	,, (davon 0,08 Teil zur Neutralisation der PFS)
Kaliumpersulfat	0,25	,,
Butadien	75,0	,,
Styrol	25,0	,,
Diproxid	0,09	,, (portionsweise Zugabe)
Phenyl-β-Naphthylamin	3,0	,, (Stabilisator)

Technische Buna S III-Polymerisation. Zur Veranschaulichung des Fabrikationsprozesses von synthetischem Kautschuk soll die in der Buna-Abteilung der BASF Ludwigshafen bis zum Herstellungsverbot seitens der Alliierten betriebene Buna S III-Produktion dienen. Der Typ Buna S III war eine Weiterentwicklung von Buna S I und Buna S II. Er wurde in kontinuierlicher Emulsionspolymerisation von Butadien und Styrol mit gestaffelter Regelung gewonnen. Man erreichte dabei, daß der k-Wert des Polymerisates während des gesamten Polymerisationsverlaufes ziemlich konstant blieb. Die Verarbeitbarkeit war infolge verminderter Verzweigung verbessert. Trotz der eingetretenen Molekülverkleinerung war keine Qualitätsverschlechterung eingetreten.

[1] Heuck, C.: DRP. 596769 (1934).

[2] E.P. 512479 (1939); Fr.P. 843903 (1939), I. G. Farbenindustrie A.G.

[3] E.P. 384363; E.P. 387363 (1931); DRP. 641468 (1931); US.P. 1950439; E.P. 497420 (1937), E. I. du Pont de Nemours; E.P. 497638 (1937), E. I. du Pont de Nemours.

[4] Fr.P. 853479 (1939). E. I. du Pont de Nemours.

[5] Graulich, W., u. W. Becker: Makromol. Chem. 3, 53—77 (1949).

[6] Meisenburg, K.: J. Dennstedt u. E. Zemcker: DRP. 751604 (1937).

[7] Graulich, W., u. W. Becker: Makromol. Chem. 3, 70 (1949).

Die Polymerisationsanlage (vgl. Abb. 21) umfaßt fünf parallel arbeitende Kesselreihen, von denen jede aus acht hintereinandergeschalteten remanitplattierten Rührkesseln von je 20 m³ Inhalt besteht. Ein

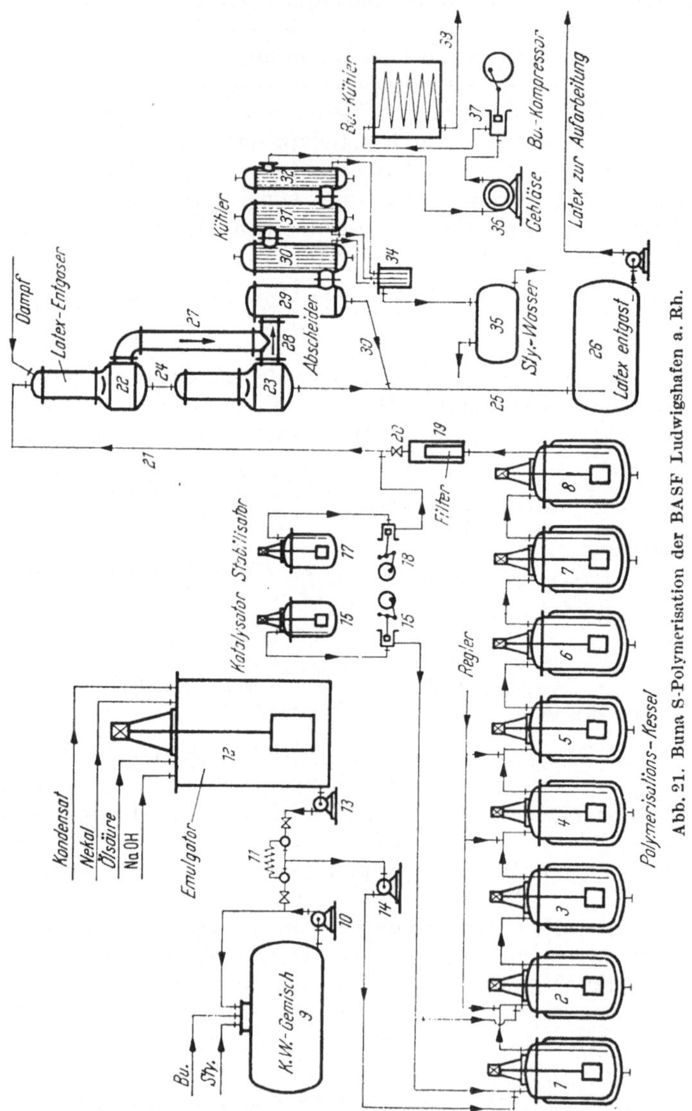

Abb. 21. Buna S-Polymerisation der BASF Ludwigshafen a. Rh.

Kessel jeder Reihe wird stets in Reserve gehalten. Der Polymerisationsvorgang ist stark exotherm, weshalb die Kessel mit einem Kühlmantel versehen sind. Die Monomeren werden nur zu 55—60% des Kohlenwasserstoffeinsatzes umgesetzt. Der restliche Monomerenanteil wird zum Schluß im Vakuum aus dem Latex ausgetrieben und als rückgewonnenes Butadien und Styrol erneut eingesetzt.

Den einzelnen Kesselreihen werden folgende Lösungen zugeführt:

1. Das Kohlenwasserstoffgemisch aus 70 Gew.-% Butadien und 30 Gew.-% Styrol wird im Tanklager durch Umpumpen hergestellt (9). Die reinen Monomeren werden gemeinsam mit dem zurückgewonnenen Kohlenwasserstoffgemisch eingesetzt, z. B. 65 Teile Reinbutadien + 35 Teile Rückbutadien; 55 Teile Reinstyrol + 45 Teile Rückstyrol. Das Verhältnis kann je nach den vorliegenden Betriebsverhältnissen variiert werden. Das fertige Kohlenwasserstoffgemisch wird mittels Pumpe 10 über Meßeinrichtungen nach der Einfahrstation 11 gepumpt.

2. Die Emulgatorlösung wird in einem heizbaren Rührbehälter 12 angesetzt aus

$\quad$ 40000 l $\quad$ Kondenswasser,
$\quad$ 2070 kg $\quad$ Emulgator E 1000 (butylnaphthalinsulfosaures Natrium),
$\quad$ 370 kg $\quad$ Natronlauge (50%ig),
$\quad$ 345 kg $\quad$ Paraffinfettsäure (möglichst geradkettig C_{10}—C_{14}), anschließend auf insgesamt
$\quad$ 64500 l $\quad$ mit Kondenswasser aufgefüllt

und nach vollständiger Homogenisierung mittels Pumpe 13 über Meßuhren nach 11 gefördert.

Die Einregulierung des richtigen Phasenverhältnisses, also des Verhältnisses von einzufahrendem Kohlenwasserstoffgemisch und Emulgatorlösung, geschieht durch eine automatische Steuerung mit Membranventilen. Bei Störungen an der Automatik kann die Zuführung auch von Hand reguliert werden. Das Gewichtsverhältnis Kohlenwasserstoff: wäßrige Phase wird auf 100:110 eingestellt. Diese Einfahrstation ist das Herz der gesamten Polymerisationsanlage und von ihrer richtigen Funktion hängt im wesentlichen die Qualität des erzeugten Endproduktes ab.

Hinter der Einfahrstation fließen Kohlenwasserstoffgemisch und Emulgatorflüssigkeit in einer gemeinsamen Rohrleitung einer schnell rotierenden Kreiselpumpe 14 zu, werden hier emulgiert und auf den erforderlichen Druck von 8 atü gebracht. Aus der Emulsionssammelleitung werden jeweils über Meßblenden und Ringwaagen die ersten Kessel der einzelnen Reihen beschickt, in denen ein Druck von etwa 7,5 atü herrscht.

Die Führung der Emulsion von Kessel zu Kessel erfolgt durch Steigrohre bis zum Boden der Behälter und aus den Kesseln durch die am Deckel befindlichen Stutzen oder umgekehrt.

3. Die Katalysatorlösung. Das als Beschleuniger für die Polymerisation benützte Kaliumpersulfat wird in Form einer 4%igen wäßrigen Lösung aus dem Ansatzbehälter 15 mittels Schwinghebelpumpe 16 in die Zuführungsleitung der Emulsion zum ersten Kessel eingedrückt. Je 100 kg Kohlenwasserstoffgemisch werden 0,5% Kaliumpersulfat (100%ig) zugegeben.

4. Die Diproxidlösung. Zur Regelung der Polymerisation wird das Diproxid als 5—10%ige Lösung in Styrol angewandt und mittels Bosch-

pumpen an drei Stellen in die Übergangsleitungen zum 2., 4. und 5. Kessel eingedrückt. Die am fertigen Bunaband ermittelten Defowerte (Soll = 3500 g Rohdefowert und 800 g Abbaudefowert) bestimmen dabei die Menge und den Ort des Reglereinsatzes. Im allgemeinen erreicht man die genannten Werte mit 0,065—0,080% Diproxid, auf Kohlenwasserstoff gerechnet.

Für jeden Kessel wird eine Zunahme der Polymerisatmenge um etwa 8% angestrebt:

Im 1. Kessel	8—10%	im 5. Kessel	39—42%
„ 2. „	16—19%	„ 6. „	47—50%
„ 3. „	23—25%	„ 7. „	56—58%
„ 4. „	31—34%		

Zur Erzielung dieser Umsatzwerte müssen die Kessel bei bestimmten Temperaturen gefahren werden. Bei normalem Zulauf von 2700 l/h Kohlenwasserstoffgemisch laufen alle Kessel bei 48—50° C, wobei lediglich der erste Kessel um 1—2° höher zu halten ist. Bei geringerem Durchsatz von Kohlenwasserstoffgemisch, also schwächerer Belastung, sind die Temperaturen entsprechend niedriger.

Die Durchmischung des Kesselinhaltes geschieht durch langsam laufende Rührer, die gerade so weit wirksam sein müssen, daß keine Entmischung der Emulsion eintritt. Stärkere Bewegung der Masse beeinflußt die Polymerisation in negativem Sinne. Die Polymerisation verläuft am besten bei langsamem, schichtweisem Vorschieben der gesamten Masse. Zur Verwirklichung dieses Effektes sind die Rührer in drei schmale Leisten aufgeteilt. Die Drehzahl beträgt 20 U/min.

5. Der Stabilisator in Dispersionsform. Zur Fixierung des erreichten Umsatzes wird der Latexmischung nach dem Austritt aus dem letzten Kessel eine 20%ige wäßrige Dispersion von Phenyl-β-Naphthylamin zugepumpt. Die Menge beträgt 3% Amin, berechnet auf Polymerisat. Die Dispersion wird durch Verrühren von gemahlenem Phenyl-β-Naphthylamin mit 0,1%iger Emulgatorlösung und etwas Natronlauge hergestellt und muß dauernd in Bewegung bleiben, um ein Absetzen des Amins zu vermeiden. Aus dem Rührgefäß 17 wird sie mittels Pumpe 18 hinter dem Entspannungsventil 20 in den Latex eingebracht. Neben der Verhinderung weiterer Polymerisation im Latex dient das Phenyl-β-Naphthylamin später in dem fertigen Kautschuk zur Stabilisierung gegen Luftoxydation sowie als Alterungsschutzmittel des Vulkanisates.

Durch den Abbruch der Polymerisation bei einem Umsatz von 56 bis 60% soll eine zu weitgehende Vernetzung der Kautschukmoleküle untereinander unterbunden werden, die hauptsächlich gegen Ende der Polymerisation bei Verarmung an Monomerem hervortritt.

Rückgewinnung der nicht umgesetzten Monomeren. Nach dem letzten Kessel verläßt der Latex mit etwa 6 atü Druck die Batterie, passiert ein Filter 19 zwecks Aussiebung evtl. vorhandener Polymerisatbrocken und gelangt über das Entspannungsventil 20 in die etwa 10 m hohe Steigleitung 21 zur Rückgewinnungsanlage. Diese arbeitet unter Vakuum, wobei die nicht polymerisierten Kohlenwasserstoffe mit Wasserdampf aus dem Latex ausgetrieben werden. Zur Vakuumerzeugung dienen

Wasserring-Hochvakuumpumpen (Elmopumpen) (*36*). Die ganze Anlage muß absolut vakuumdicht sein, damit keine Luft, also Sauerstoff, in das Butadien gelangt. Man arbeitet daher sowohl beim Zulauf als auch bei den Abläufen von Latex und Kondensat hinter den Kühlern mit barometrischer Fallhöhe.

Um das Styrol so weitgehend als möglich aus dem Polymerisat zu entfernen, ist es zweckmäßig, die Entgasung in zwei hintereinandergeschalteten Entstyrolisierungstürmen (*22* und *23*) vorzunehmen. Beim Eintritt am Kopf von *22* wird der Latex mit gesättigtem Wasserdampf gemischt und durchstreicht mit ihm im Gleichstrom die Entgasungstürme. Einbauten von Prallblechen sorgen für eine intensive Durchmischung des stark schäumenden Gutes. In einer wie eine Düse wirkenden Verengung *24* wird die Geschwindigkeit so groß, daß der Schaum in Tröpfchen zerschlagen wird. Schaumfrei und von den Monomeren bis auf 0,1—0,2% entgast, verläßt der Latex den unteren Teil des zweiten Turmes *23* durch das barometrische Fallrohr *25* und sammelt sich in dem Latextank *26*. Von hier wird er zur Aufarbeitungsanlage gepumpt.

Die aus den Entstyrolisierungstürmen durch die Rohre *27* und *28* abziehenden Dämpfe werden zwecks Abscheidung geringer Mengen nebelförmiger Latextröpfchen in die Prallabscheider *29* geführt. Hier noch niedergeschlagener Latex vereinigt sich durch das Rohr *30* mit dem Hauptstrom *25*. Anschließend werden die Gase in den Kühlern *30, 31, 32* fraktioniert kondensiert.

Die Temperaturen des Kühlwassers werden so gehalten, daß im ersten Kühler ausschließlich Wasser bei 50°, im zweiten das restliche Wasser und das gesamte Styrol verflüssigt werden. Der dritte Kühler kühlt das übriggebliebene gasförmige Butadien möglichst tief herunter (+10 bis 15°C), wofür in der wärmeren Jahreszeit Wasser mit einigen Grad über 0 aus einer Dampfstrahlkälteanlage benützt wird.

Die Kondensate aus den drei Kühlern vereinigen sich in einem Sammelgefäß *34* und werden in einem größeren Absetzbehälter *35* in Wasser und Styrol getrennt, welches als Rückstyrol wieder in die Polymerisation eingeht. Das Butadien wird bei einem Druck von 110—120 mm Hg von der Elmopumpe *36* abgesaugt und mit 0,5 atü an einen Kompressor *37* weitergeleitet. Nach erfolgter Verflüssigung und Kühlung *38* fließt es unter 5 atü Druck zurück in den Lagerbehälter.

Im Reinbutadien ist etwa 1% Butylen enthalten, das sich bei dem Kreislaufprozeß im Rückbutadien anreichert. Der Butylengehalt soll aber nicht über 10% ansteigen, da sonst die Raumzeitausbeuten in der Polymerisation heruntergehen. Deswegen wird von Zeit zu Zeit Rückbutadien zusammen mit Styrol in diskontinuierlichen Ansätzen polymerisiert und das nicht polymerisierte Restgas, das zum größten Teil aus Butylen besteht, über Dach entspannt.

Die Leistung einer solchen Batterie von (7 + 1) Kesseln beträgt 500 bis 650 t Buna S im Monat.

In Deutschland wurden in den Jahren 1936—1942 drei Anlagen zur Herstellung von synthetischem Kautschuk aus Butadien und Styrol errichtet:

Das Buna-Werk Schkopau bei Merseburg . . . mit 70000 Jato Kapazität,
die Chemischen Werke Hüls (Ruhrgebiet) . . . mit 40000 Jato Kapazität,
die Buna-Anlage der I. G. Farbenindustrie A.G.
  Ludwigshafen a. Rh. . . . . mit 30000 Jato Kapazität.

Ein viertes Werk in Ostdeutschland war 1945 noch nicht fertiggestellt.

Kautschuktechnische Eigenschaften des Buna S III: Der in dem beschriebenen Herstellungsverfahren gewonnene Buna S III hatte im Durchschnitt folgende charakteristische Eigenschaften:

k-Wert 107,
Mol.-Gew. etwa 350000,

Plastizität: 2500—3000 Defo-Einheiten,
Abbaufreudigkeit: mechanisch (Mastizierbarkeit): gering,
                     thermisch: Abbauzeit auf Defo 1000 bei 130° C und
                     4 atü Druckluft 40 Minuten.
Reißfestigkeit: ohne Füllstoff 20—30 kg/cm²,
                     mit Aktivruß (40%) bis 250 kg/cm².
Rückprallelastizität: ohne Füllstoff: 60,
                     mit Aktivruß: 45,
Abrieb: (nach DVM) mit Aktivruß: 50—70 mm³.

Über Größe und Gestalt sowie die anderen physikalischen, chemischen und gummitechnischen Eigenschaften ist von GARTEN und BECKER[1] in einer ausführlichen Abhandlung referiert.

Neben dieser Standardtype wurden noch folgende Kautschukspezialsorten[2] aus Butadien und Styrol fabriziert:

Buna SS mit 40% Styrolgehalt für die Kabelindustrie. Er zeigte bessere Verarbeitbarkeit, war aber weniger elastisch und weniger kältebeständig.

Buna SW mit 10% Styrol, unter hohem Reglerzusatz hergestellt, war gut verarbeitbar und ausgezeichnet kältefest.

Buna SSGF diente zum Einsatz für Gummiwaren der Lebensmittelindustrie, da er durch Ausgasung der Monomeren bei höherer Temperatur geruchsfrei gemacht war.

Buna SSE wurde nach besonderen Polymerisations- und Aufarbeitungsmethoden vollkommen eisenfrei erhalten, besonders stabilisiert mit Oxykresylcamphan und kam in der pharmazeutischen Industrie zum Einsatz.

Weitere Butadien–Styrol-Mischpolymerisate mit hohem Styrolgehalt wurden in USA entwickelt[3] und unter dem Namen „Pliolite S3, S5, S6" oder in Mischung mit Kautschuk und Vulkanisationsbeschleunigern als „Tuflite"-Preßmassen[4] in Handel gebracht. Pliolite S3 der Firma Goodyear Tire & Rubber Comp. besteht aus etwa 15 Teilen Butadien und 85 Teilen Styrol und stellt ein thermoplastisches Produkt dar. Diese Mischpolymerisate dienen als Kautschukhilfsstoffe, indem sie in Beimischung zu natürlichen und künstlichen Kautschuksorten deren Eigen-

---

[1] GARTEN, V., u. W. BECKER: Makromol. Chem. **3**, 78—110 (1949).

[2] KONRAD, E.: Angew. Chem. **62**, 491—518 (1950).

[3] STOREY, E. B., u. H. L. WILLIAMS: Rubber Age **68**, 571—577 (1951).

[4] BORDERS, A. M., u. Mitarb.: Ind. Engng. Chem. **38**, 955—958 (1946); — W. H. AIKEN: Mod. Plastics **26**, 99—108 (Oktober 1948); **27**, 72—74 (Februar 1950); Kunststoffe **40**, H. 7, S. 237 (1950); — J. D. D'JANNI u. Mitarb.: Ind. Engng. Chem. **43**, 319 (1951).

schaften, wie Zugfestigkeit, Dehnung, Härte, Strukturfestigkeit, Abnutzungswiderstand, Biegefestigkeit und Verarbeitbarkeit, erheblich verbessern. Auch als Lackrohstoff angewandt ergibt Pliolite S5 gut haftende, elastische Lacke mit guter Chemikalienbeständigkeit. Ähnliche Erzeugnisse sind die als „Darex 2, 3, 34 und 35" bezeichneten Produkte der Dewey & Almy Chem. Co. Die „Emulsion 1073" der Chemischen Werke Hüls[1], ein Mischpolymerisat aus 70 Teilen Styrol und 30 Teilen Butadien, findet Verwendung in der Kunst- und Faserlederherstellung sowie bei der Papier- und Textilbeschichtung. Das aus der Emulsion gewonnene feste Polymerisat kommt unter der Bezeichnung „Lipolit" als Fußbodenbelagmasse und als „Duranit" zur Verbesserung der Standfestigkeit in der Gummiindustrie zum Einsatz.

Die Vereinigten Staaten von Amerika waren gezwungen, nachdem die Versorgung mit Naturkautschuk während des Krieges unterbrochen war, den riesigen Bedarf des Landes ebenfalls durch synthetische Erzeugung zu decken. Neben anderen synthetischen Kautschuksorten hat auch dort das Mischpolymerisat aus Butadien und Styrol, der Typ GRS, die größte Bedeutung erlangt[2]. Für seine Herstellung wurde neben anderen Variationen folgendes Standardrezept benützt[3]:

Wasser	180 Teile	Styrol	25 Teile
Seife	5 „	Kaliumpersulfat	0,3 „
Butadien	75 „	Dodecylmercaptan	0,3—0,5 Teile

Die Polymerisation wurde in USA bis zum Jahre 1945/46 diskontinuierlich durchgeführt. Erst dann hat die in Deutschland von Anfang an betriebene kontinuierliche Fahrweise auch dort Anwendung gefunden.

Die Produktionskapazität der USA an synthetischem Kautschuk GRS war im Jahre 1945 auf rd. 1000000 t angewachsen, wovon der GRS-Typ den größten Anteil einnahm.

ζ) Redoxpolymerisation. Bei der Emulsionspolymerisation wurde bereits ausgeführt, daß die als Katalysatoren benützten, organischen oder anorganischen Derivate des Wasserstoffsuperoxyds (z. B. Benzoylperoxyd oder Kaliumpersulfat) durch Zerfall in Radikale die Keimbildung und das Wachstum der Kettenmoleküle auslösen.

Von der Zerfallsgeschwindigkeit des Beschleunigers wird daher der Prozeß der Keimbildung und damit die gesamte Reaktionsgeschwindigkeit entscheidend beeinflußt. PATAT[4] und LOGEMANN[5] haben nun 1938/39 gefunden, daß die peroxydisch katalysierte Emulsionspolymerisation von 2-Chlorbutadien-1,3 oder Styrol durch Eliminierung des molekularen Sauerstoffes mittels eines Inertgases oder durch Zusatz von Reduktionsmitteln, wie Natriumsulfit, Hydrosulfit, Pyrogallol, Chromochlorid, noch weiterhin erheblich beschleunigt werden kann.

[1] Kunststoffe **40**, H. 2, S. 79 (1950); DBP. 839716 (1952), Chem. Werke Hüls.

[2] SHEAWON, McKENZIE u. SAMUELS: Ind. Engng. Chem. **40**, 769 (1948).

[3] OWEN, J. J., C. T. STEELE u. P. T. PARKER: Ind. Engng. Chem. **39**, 110 (1947).

[4] PATAT, F.: DRP.-Anmeldung J 61252 (1938), I. G. Farbenindustrie A.G.

[5] LOGEMANN, H.: DRP.-Anmeldung J 64104 (1939), I. G. Farbenindustrie A.G., Leverkusen.

Solche Agentien, die zusammen mit einer peroxydischen Substanz die Polymerisationsgeschwindigkeit erhöhen, werden als Aktivatoren bezeichnet. Für die unter gleichzeitiger Anwendung von Oxydations- und Reduktionsmitteln durchgeführte Polymerisation wurde der Name „Redoxpolymerisation" geprägt.

W. KERN[1] berichtet über eine Anzahl von Redoxsystemen, die in den Laboratorien der I. G. Farbenindustrie Höchst, Leverkusen und Ludwigshafen im Zusammenhang mit der Bunapolymerisation ausgearbeitet wurden. Nebenstehende Stoffe wurden hierbei als wirksame Agentien erkannt.

Oxydationsmittel	Reduktionsmittel
Wasserstoffsuperoxyd	Sulfit
Persulfate	Hydrosulfit
Peroxyde	Hydroxylamin
Chlorate	Hydrazin
Hypochlorit	Thiosulfat
Molekularer Sauerstoff	Mercaptane
Kaliumpermanganat	Amine
Braunstein	Zucker
	Fe^{++} (Pyrophosphat)
	Cr^{++}

Es ist dabei zu beachten, daß man nicht beliebige Oxydations- und Reduktionsmittel miteinander kombinieren kann. Außerdem erfordern die verschiedenen ungesättigten Verbindungen jeweils besonders für sie geeignete Kombinationen. Durch Einsatz spezieller Redoxsysteme wurden bei der Butadien–Styrol-Polymerisation etwa 60fache Beschleunigungen der Polymerisationsgeschwindigkeit erzielt[2]. Das Optimum an Beschleunigung wird erreicht bei einem Mol-Verhältnis von 1 : 1 zwischen oxydierender und reduzierender Substanz. Als besonders wirksam haben sich die als „Metallredoxsysteme" bezeichneten Zusammenstellungen erwiesen, bei denen neben Oxydations- und Reduktionsmittel noch gewisse, in verschiedenen Wertigkeitsstufen auftretende „Metallionen" vorhanden sind. Die Vorgänge, die sich bei dieser interessanten Reaktion abspielen, sind ebenfalls am besten durch einen Radikalkettenmechanismus zu erklären. Nach Versuchen von LOGEMANN kann man den Zerfall des Kaliumpersulfates folgendermaßen auffassen:

$$O{-}SO_3K \atop O{-}SO_3K \ {+}\ H_2O \rightleftharpoons KHSO_4 + {OH \atop O{-}SO_3K} + H_2O \rightleftharpoons KHSO_4 + {O{-}H \atop O{-}H}\,.$$

Polymerisationsauslösend wirken hierbei die als kurzlebige Zwischenstufen auftretenden $-OSO_3K$- oder $-OH$-Radikale.

Beim Zerfall von Benzoylperoxyd wird primär ebenfalls ein Radikalzerfall angenommen

$$R{\cdot}O{-}O{\cdot}R \rightleftharpoons 2\,R{\cdot}O{-}\,.$$

Die Aktivatoren der Redoxpolymerisation sind nun Stoffe, die mit den Peroxydkatalysatoren in Reaktion treten und das Persulfat oder Peroxyd stetig unter Bildung radikalartiger Körper zerfallen lassen. Man unterscheidet dabei:

[1] KERN, W.: Makromol. Chem. 1, 209, 249 (1947); 2, 48—63 (1948); Angew. Chem. 59, 168 (1947) und 61, 471—474 (1949).

[2] LOGEMANN, H., u. W. BECKER: Makromol. Chem. 3, 31—52 (1949).

a) Irreversible Redoxsysteme, die das Monomere mit Peroxyden und Reduktionsmitteln kombinieren, z. B.

$$R \cdot O \cdot OR + Fe(OH)_2 + H_2O \longrightarrow Fe(OH)_3 + RO^- + H^+ + RO \cdots$$
(Radikal)

$$R \cdot O \cdots + CH_2 = \overset{\displaystyle |}{\underset{\displaystyle X}{CH}} \longrightarrow R \cdot O - CH_2 - \overset{\displaystyle |}{\underset{\displaystyle X}{CH}} \cdots \longrightarrow Polym.$$

(Radikal) (Monomeres) (C-Radikal)

oder

$$O_2 + RSO_2H + H_2O \longrightarrow RSO_3H + 2 \cdots OH$$
(Sulfinsäure) (Radikal)

$$\cdots OH + CH_2 = \overset{\displaystyle |}{\underset{\displaystyle X}{CH}} \longrightarrow HO - CH_2 - \overset{\displaystyle |}{\underset{\displaystyle X}{CH}} \cdots \longrightarrow Polym.$$

(Radikal) (Monomeres) (C-Radikal)

b) Reversible Redoxsysteme, bei denen Oxydations- und Reduktionsmittel in Gegenwart von Metallionen variabler Wertigkeitsstufen angewandt werden:

$$C_6H_5 \cdot CO - O - O - CO \cdot C_6H_5 + Fe^{II} \longrightarrow C_6H_5 \cdot CO \cdot O^- + Fe^{III} + C_6H_5 \cdot CO - O \cdots$$
(Ion) (Radikal)

$$Fe^{III} + R \cdot H \longrightarrow Fe^{II} + H^+ + R.$$
(Reduktionsmittel)

Die dabei auftretende Benzoesäure kann als Substanz nachgewiesen werden und macht sich in einer Verschiebung des p_H-Bereiches bemerkbar. In diesem speziellen Fall der reversiblen Metallredoxkatalyse schaltet sich das Metallion zwischen Peroxyd und Reduktionsmittel als Elektronenträger ein und ist hierbei schon in niedrigen Konzentrationen wirksam.

Einige Beispiele der im Laufe der Jahre 1940—1944 bei der I. G. Farbenindustrie A. G. gefundenen zahlreichen Redoxsysteme veranschaulichen den hohen Wirkungsgrad bei der Beschleunigung der Butadien–Styrol-Mischpolymerisation.

Tabelle 14.

Emulsionspolymerisation von Buna S bei 40° C bis 60% Umsatz. Nach W. Kern[1].

Wäßrige Phase	Oxydationsmittel	Reduktionsmittel	Polymerisationszeit in Stunden
alkalisch	Ammoniumpersulfat	—	40
,,	Benzoylperoxyd	—	80
,,	Benzoylperoxyd	Dioxyaceton	6
,,	Benzoylperoxyd	Dioxyaceton Fe^{++}	1,5
,,	Sauerstoff	Dioxyaceton	20
,,	Sauerstoff	Dioxyaceton Fe^{++}	2,5
sauer	Ammoniumpersulfat	—	25
	Sauerstoff	Paraffinsulfinat	1

Auf Grund dieser erzielten Beschleunigungseffekte war die Möglichkeit gegeben, die Bunapolymerisation bei wesentlich tieferen Tempera-

---

[1] Kern, W.: Angew. Chem. **61**, 474 (1949).

turen (z. B. unterhalb $+10°$ C oder mit Glykolzusatz bei $-10°$ C [1]) auszuführen, ohne daß dabei ungünstige Raumzeitausbeuten auftraten. Dabei gewann man Polymerisate, die den nach den bisherigen technischen Methoden hergestellten Buna S in mancherlei Hinsicht übertrafen. Ein bei $+5°$ C mit dem Redoxsystem — Benzoylperoxyd, Fe^{++}-Pyrophosphat, Dioxyaceton — von W. BECKER und H. LOGEMANN[2] im Jahre 1942 hergestellter Buna S-Typ zeigte bessere Verarbeitbarkeit, größere Elastizität, Reißfestigkeit und Härte.

Die während der Kriegsjahre bei der I. G. Farbenindustrie A. G. gesammelten Erkenntnisse über die Redoxpolymerisation sind in vielen internen Berichten und Patentanmeldungen niedergelegt, deren Veröffentlichung aus begreiflichen Gründen damals nicht möglich war.

Aus zahlreichen, seit dem Jahre 1945 und später datierenden Veröffentlichungen[3] aus Amerika und England geht hervor, welch großes Interesse heute dort die Redoxpolymerisation gefunden hat. Im Jahre 1949 waren ungefähr die Hälfte der GRS-Anlagen in USA auf diese Methode umgestellt.

BAXENDALE stellt für ein Redoxsystem — H_2O_2, Fe^{++}, Acrylnitril — folgendes Schema auf

$$H_2O_2 + Fe^{++} \longrightarrow \cdots OH + Fe^{+++} + OH^-,$$
$$\text{(Radikal)} \qquad \text{(Ion)}$$

die $\cdots$ OH-Radikale aktivieren das Monomere

$$\cdots OH + CH_2{=}CH \longrightarrow HO{-}CH_2{-}CH \cdots \longrightarrow \text{Polymer.}$$
$$\qquad\qquad | \qquad\qquad\qquad | $$
$$\qquad\qquad X \qquad\qquad\qquad X $$
$$\qquad\qquad\qquad\qquad \text{(C-Radikal)}$$

oder sie oxydieren das Ferro–Ion

$$Fe^{++} + \cdots OH \longrightarrow Fe^{+++} + OH^-,$$

wobei sich ein Hydroxylion bildet. Letztere Reaktion erfolgt jedoch nur in untergeordnetem Maße.

Als Aktivierungsenergie für die Bildung der $\cdots$ OH-Radikale errechnen BAXENDALE und Mitarbeiter den niedrigen Wert von 10000 cal/Mol. Dadurch erklärt sich die Fähigkeit der Redoxsysteme zur Radikalbildung bei relativ tiefen Temperaturen.

In Amerika ist heute die Methode der Redoxpolymerisation technisch bei der Emulsionspolymerisation des Butadien–Styrol-Gemisches zur Herstellung des synthetischen Kautschuks vom Typ GRS in Benützung (Temperatur $+5°$ C) und dafür die Bezeichnung „Tieftemperaturkautschuk" bzw. „Cold-Rubber" oder „Ultipara" eingeführt[4]. MARVEL

[1] BECKER, W., u. J. DENNSTEDT: Pat.-Anm. J 69969 (1941).

[2] KERN, W.: Angew. Chem. **61**, 474 (1949).

[3] JOSEFOWITZ, D., u. H. MARK: Polym. Bull. 1, 140 (1945); — W. P. HOHENSTEIN u. H. MARK: J. Polym. Sci. 1, 159 (1946); — R. O. R. BACON: Trans. Faraday Soc. **42**, 140 (1946); — J. H. BAXENDALE u. Mitarb.: Trans. Faraday Soc. **42**, 155 (1946); — L. B. MORGAN: Trans. Faraday Soc. **42**, 169 (1946); — J. M. KOLTHOFF u. W. J. DALE: J. Polym. Sci. **3**, 400 (1948).

[4] MITCHELSON, J. B., u. D. H. FRANCIS: Chem. Engng. **57**, Nr. 4, S. 102, 176 (1950); — H. L. FISHER: Ind. Engng. Chem. **42**, 1978 (1950).

und Mitarbeiter[1] haben die Wirkung des deutschen Redoxsystems bestätigt, indem sie nach dem „Becker-Rezept" mit Benzoylperoxyd–Sorbose–Fe^{++}-Pyrophosphat als Redoxkombination bei 50° C nach 3 Stunden einen 100%igen Umsatz bekamen. Nach VANDENBERG und HULSE[2] ergibt das Redoxsystem „Cumolhydroperoxyd–Fructose–Eisenpyrophosphat" einen Umsatz von 72% nach 2 Stunden bei 40° C und nach 23 Stunden bei 15° C, d. i. eine etwa 16fache Beschleunigung gegenüber der mit Persulfat katalysierten Polymerisation. Folgende Mengenverhältnisse wurden hierbei angewandt:

Butadien	75	Teile
Styrol	25	,,
Wasser	180	,,
Seife (Dresinat 731)	5	,,
Natriumhydroxyd	0,06	,,
Dodecylmercaptan	0,5	,,
Cumolhydroperoxyd (Katalysator)	0,17	,,
Fructose (Reduktionsmittel)	0,5	,,
Eisensulfat (Aktivator)	0,017	,,
Natriumpyrophosphat	1,5	,,

Nach KOLTHOFF[3] wird mit einer ähnlichen, aber verbesserten Methode ein 60%iger Umsatz nach 11—12 Stunden erreicht.

Eine bis — 20° C wirksame Redoxkombination von organischen Hydroperoxyden oder Kaliumferricyanid mit Diazothioäthern wird von FRYLING und Mitarbeitern[4] beschrieben. Bei Temperaturen unter 0° werden Methanol oder Glycerin als Gefrierschutzmittel benützt. Die Produkte Philprene A und Philprene B sind nach dieser Methode bei +5° C bzw. —10° C hergestellte Tieftemperaturkautschuke. An Stelle von Butadien wurde in USA auch das Isopren als Mischpolymerisatkomponente bei der GRS-Herstellung eingesetzt[5] und hierbei ein Kautschuk mit besseren Eigenschaften gewonnen, als sie das Butadien-Styrol-Produkt aufweist.

η) **Styrol-Mischpolymerisate als Lackrohstoffe.** Reines Polystyrol hat auf lacktechnischem Gebiet nur einen stark begrenzten Anwendungsbereich gefunden (vgl. Kap. Polystyrol LG S. 64ff.). Dies ist bedingt durch die schlechte Löslichkeit in den üblichen Lösungsmitteln der Lackindustrie (Lackbenzin, Terpentinöl und trocknende Öle), in der geringen Verträglichkeit mit anderen Lackrohstoffen und in der relativ großen Sprödigkeit. Es wurden daher immer wieder Versuche unternommen, das Styrol bzw. modifizierte Polystyrole für die Lackindustrie dienstbar zu machen.

Styresinharze. Die Herstellung der in den Jahren 1936—1938 von der I.G. Farbenindustrie A.G., Leverkusen, entwickelten und in Handel gebrachten Styresinharze beruht auf der Beobachtung, daß aromatische

<hr>

[1] MARVEL, C. S., u. Mitarb.: J. Polym. Sci. **3**, 128—137 (1948).

[2] VANDENBERG, E. J., u. C. E. HULSE: Ind. Engng. Chem. **40**, 932 (1948).

[3] KOLTHOFF, J. M., u. Mitarb.: J. Polym. Sci. **6**, 189 (1951).

[4] FRYLING, C. F., u. Mitarb.: Ind. Engng. Chem. **41**, 986—991 (1949); J. Polym. Sci. **6**, 59—72 (1951).

[5] WILLIS, J. M., u. Mitarb.: Ind. Engng. Chem. **40**, 2210 (1948); — A. J. JOHANSON u. L. A. GOLDBLATT: Ind. Engng. Chem. **40**, 2086 (1948).

Vinylverbindungen (insbesondere Styrol) mit aromatischen Oxyverbindungen (Phenol, Kresol, Naphthol) oder Alkyläthern (Anisol) unter der Einwirkung sauerer Katalysatorsubstanzen, wie Borfluorid, Zinntetrachlorid und aktiver Tonerden, eine kondensierende Polymerisation eingehen und je nach den Reaktionsbedingungen helle, zähflüssige Öle oder niedrig schmelzende Harze ergeben, die in trocknenden Ölen, Standölen, Terpentinöl und Lackbenzin gut löslich sind[1]. Die flüssigen Produkte sind als Weichmacher für Lackfilme, die festen Harze auch direkt als Grundstoffe für Öllacke geeignet. Da in den Ölen und Harzen noch freie Hydroxylgruppen enthalten sind, unterliegen sie der Einwirkung von Formaldehyd und können dementsprechend auch als Zwischenprodukte für selbsthärtende Harze verwendet werden. Selbst mit Divinylbenzol werden bei dieser Reaktionsweise mit freien Oxyverbindungen ebenfalls benzinlösliche Harze gewonnen[2].

Styresin H, der Handelstyp eines solchen synthetischen öllöslichen Styrolharzes, hat einen Erweichungspunkt von 63—68° C und läßt sich mit Holzöl bei 240° zu einem hellfarbigen Lackharz verkochen, das gasdichte, schnell und gleichmäßig trocknende Filme von hoher Lichtbeständigkeit, Wasserfestigkeit usw. ergibt.

Styrolisierte Öle und Alkydharze. Unter dieser Bezeichnung versteht man Mischpolymerisate von Styrol mit trocknenden oder halbtrocknenden Ölen, die während und nach dem zweiten Weltkriege als Grundstoffe der Lackindustrie vor allem in USA und England steigende Bedeutung erlangt haben.

Als Öle sind verwendbar: Dehydratisiertes Ricinusöl, Leinöl, Sojaöl, Holzöl, Perillaöl, Oiticicaöl usw., zum Teil in vorpolymerisierter und anoxydierter Form. Als monomere Vinylverbindung fungiert in erster Linie das in großen Mengen zugängliche Styrol oder substituierte Styrole, z. B. α-Methylstyrol. An Stelle der Öle können auch die entsprechenden Ölsäuren einpolymerisiert und anschließend mit Polyalkoholen verestert werden. Ferner kann die Ölsäure in alkydartiger Form, z. B. als Glycerin-Phthalsäure–Ölsäure-Ester oder auch als Vinylester (z. B. Ricinenvinylester) angewandt werden.

Die Tatsache, daß trocknende Öle mit Styrol reagieren, hat bereits KRONSTEIN im Jahre 1900 gefunden[3]. Er beschreibt die Herstellung von Lacken, Harzen und balsamartigen Substanzen durch Polymerisation von trocknenden Ölen und anderen ungesättigten Verbindungen (darunter Styrol) unter Ausschluß von Sauerstoff und anderen Oxydationsmitteln bei Temperaturen von 200° und höher. Für die Herstellung von Mischpolymerisaten aus anderen Vinylverbindungen als Styrol und aus trocknenden oder halbtrocknenden Ölen gibt es einige Schutzrechte[4]. Patentiert wurde der I.G. Farbenindustrie A.G. 1932 auch das Ver-

---

[1] ROSENTHAL, L., u. H. MEIS: DRP. 674984 (1939), DRP. 695178 (1940), DRP. 695488 (1940), DRP. 719674 (1942), alle I. G. Farbenindustrie A.G.

[2] ROSENTHAL, L., u. H. MEIS: DRP. 696109 (1940), DRP. 696287 (1940), beide I. G. Farbenindustrie A.G.

[3] KRONSTEIN, A.: E.P. 13378 (1900).

[4] DRP. 580234 (1933), DRP. 588306 (1933) und DRP. 588307 (1933), I. G. Farbenindustrie A.G.

fahren der Mischpolymerisation solcher ungesättigter Öle oder Fettsäureester mit Styrol in Emulsionsform[1]: Eine Mischung von 100 Teilen chinesischem Holzöl, 100 Teilen Styrol und 20 Teilen Ölsäure wird in 500 Teilen 1%igem wäßrigem Ammoniak unter Zusatz von 10 Teilen Türkischrotöl emulgiert und bei 80° polymerisiert. Als Polymerisationsbeschleuniger werden 15 Teile 30%iges Wasserstoffsuperoxyd zugegeben.

In USA erhielt 1934 die du Pont Comp. ein Patent[2] zur Herstellung gut löslicher Polymerisate aus Vinylverbindungen — darunter Styrol — und filmbildenden Stoffen, wie natürlichen oder synthetischen trocknenden Ölen sowie Cellulosederivaten, wobei in allen Fällen mit Lösungsmitteln (Toluol, Äthylbenzol, Xylol) gearbeitet wird. Das Styrol ist hierbei stets im Überschuß gegenüber den anderen polymerisationsfähigen Komponenten eingesetzt. Man erhält beispielsweise aus einer Lösung von 110 Teilen Styrol, 10 Teilen mit Alkali raffiniertem Leinöl und 140 Teilen Äthylbenzol nach 48stündigem Erhitzen auf 140° klare, rasch trocknende Filme. Es kommt jedoch bei dieser Herstellungsmethode vor, daß die Reaktionsmischung während der Polymerisation oder auch beim Lagern geliert bzw. trübe wird. Gegossene Filme werden manchmal matt und faltig.

In dieser Hinsicht verbesserte Mischpolymerisate erhält man, wenn an Stelle des reinen natürlichen Öls eine Mischung von hitzegebleichtem Öl mit 5—30% eines natürlichen oder synthetischen Harzes — Kolophonium oder „Amberol" — zubereitet und diese dann mit Styrol mischpolymerisiert wird[3]. So werden z. B. 1200 Teile Styrol, 400 Teile einer Mischung aus 90% chinesischem Holzöl + 10% „Amberol" (öllösliches Phenolformaldehydharz), 1000 Teile Xylol und 12 Teile Benzoylperoxyd unter Rühren mehrere Stunden auf 125° erhitzt. Danach aus dieser polymerisierten Lösung gegossene Filme zeigen keine Rißbildung oder Schrumpfungen weder beim Trocknen an der Luft noch beim Erwärmen auf 100°.

Aus den zahlreichen, auf diesem Gebiet erteilten Patenten ist zu ersehen, wie diese Polymerisationsreaktion fortlaufend unter Ausnutzung jeder sich bietenden Variationsmöglichkeit bearbeitet wurde.

Die Mischpolymerisation des Styrols mit kleinen Zusätzen von Oiticicaöl[4] und Tungöl[5] sind der Dow Chemical Comp. geschützt. Eine Kombination von Styrol, öllöslichem Phenolharz und trocknendem Öl wurde der Bakelite Corp. und I.C.I. patentiert[6]. Die du Pont Comp. und I.C.I. führen die Reaktion unter Beigabe von Maleinsäurediallylestern durch[7].

---

[1] HEUCK, C.: DRP. 563202 (1932); E.P. 362845, I. G. Farbenindustrie A.G.

[2] LAWSON, W. E., u. L. T. SANDBORN: US.P. 1975959 (1934), E. I. du Pont de Nemours.

[3] FLINT, R. B., u. H. S. ROTHROCK: US.P. 2225534 (1940), E. I. du Pont de Nemours; — J. A. ARVIN u. W. B. GITCHEL: US.P. 2457768 (1948), Sherwin-Williams Comp.

[4] BASS, S. L., u. Mitarb.: US.P. 2190915 (1940), Dow Chemical Comp.

[5] STOESSER, S. M., u. A. R. GABEL: US.P. 2190906 (1940), Dow Chemical Comp.

[6] WHITING, L. R.: US.P. 2374316 (1945), Bakelite Corp.; — H. S. LILLEY: E. P. 541938 (1941), I.C.I. London.

[7] SORENSON, B. E.: US.P. 2343483 (1944), E. I. du Pont de Nemours; E.P. 552096 (1943), I.C.I. London.

Ferner wurden oxydierte trocknende Öle ohne konjugierte Doppelbindungen (Tranöl, Sojaöl und Leinöl) mit Styrol und Acrylnitril unter
Anwendung peroxydischer Katalysatoren zusammen polymerisiert[1].

Auch geringe Zusätze von Polymerisationsverzögerern vor der Durchführung der Reaktion werden als vorteilhaft beschrieben[2].

Die Arco Comp.[3] hat ölmodifizierte Alkydharze durch Umsetzung
folgender Komponenten aufgebaut:

a) eines Mischpolymerisates aus Styrol (10—60%), einer einbasischen
ungesättigten Fettsäure (Crotonsäure 2—25%) und einem trocknenden
Öl bzw. dessen Fettsäure;

b) eines mehrwertigen Alkohols mit 3—6 Hydroxylgruppen;

c) einer mehrbasischen Säure (Phthalsäure).

Nach einem Verfahren der Dow Chemical Comp. ist es zweckmäßig,
die bei obigen Polymerisationsprozessen benutzten Lösungsmittel durch
α-Methylstyrol zu ersetzen[4]. Letzterer Kohlenwasserstoff, der für sich
allein unter den üblichen Bedingungen keine Polymerisationstendenz
zeigt, läßt sich mit Styrol zusammen polymerisieren, wobei jedoch entsprechend der zugesetzten Menge α-Methylstyrol (bis zu 30%) die Geschwindigkeit des Reaktionsablaufes verlangsamt wird. Infolgedessen
können die drei Komponenten Styrol–α-Methylstyrol–trocknendes Öl
direkt und ohne Zusatz von Lösungsmittel polymerisiert werden, ohne
daß die Reaktion, wie dies sonst bei der Blockpolymerisation der Fall
ist, davonrast. Die mit α-Methylstyrolzusatz hergestellten ternären
Mischpolymerisate besitzen die gleichen guten lacktechnischen Eigenschaften wie die binären Polymerisate aus Styrol und trocknenden Ölen,
darüber hinaus zeichnen sie sich durch gesteigerte Löslichkeit in aliphatischen Lösungsmitteln aus.

Eine Mischung von 48 Teilen dehydratisiertem Ricinusöl (Jodzahl 142,
Verseifungszahl 190, Säurezahl 4,5), 35 Teilen Styrol, 15 Teilen α-Methyl-
styrol und 2 Teilen Benzoylperoxyd wird 50 Stunden auf 150° C erhitzt.
Man erhält ein klares, schwach gelbliches Harz mit etwa 2% flüchtigen
Anteilen.

Ein aus 1 Teil dieses Harzes in 1 Teil Benzin–Xylolgemisch (2 : 1)
hergestellter Lack wird mit 0,02% Co-, 0,005% Mn-, 0,15% Pb-Naph-
thenat und 0,1% Guajacol versetzt. Daraus hergestellte Filme zeigen
gutes Haftvermögen auf Metallen, gute Wasser- und Lichtbeständigkeit.
Die Trockenzeiten auf Glas sind stark verkürzt: nach 3 Minuten auf-
getrocknet, nach 26 Minuten klebfrei, nach 4 Stunden hart.

Die Mischung Styrol–α-Methylstyrol–Kolophonium ergibt Mischpolymerisate, die in aliphatischen Lösungsmitteln gut löslich und mit
anderen Harzen sowie trocknenden Ölen verträglich sind.

---

[1] DUNLAP, L. H.: US.P. 2382213 (1945), Armstrong Cork Comp.

[2] RUBENS, L. C., u. R. F. BOYER: US.P. 2395504 (1946), Dow Chemical Comp.;
US.P. 2466800 (1949).

[3] BOBALEK, E. G.: US.P. 2470752 (1949) und US.P. 2470757 (1949), Arco
Comp.

[4] E.P. 621542 (1949), Dow Chemical Comp.; — G. A. GRIESS u. A. S. TEOT:
US.P. 2468747 (1949), Dow Chemical Comp.; — H. M. HOOGSTEN: US.P. 2521675
(1950), Dow Chemical Comp.

75 Teile Kolophonium, 14,9 Teile Styrol, 6,3 Teile α-Methylstyrol, 3,8 Teile Tungöl werden im Verlauf von 4 Stunden unter Rückfluß erhitzt, wobei die Temperatur allmählich bis auf 200° gesteigert und 19 Stunden dabei gehalten wird. Das entstehende Harz kann mit Leinöl verarbeitet werden.

Neben Styrol und α-Methylstyrol wurden kleine Zusätze von Divinylbenzol in den Polymerisationsprozeß miteinbezogen und dabei Lackharze gewonnen, die in aromatischen Kohlenwasserstoffen noch gut, aber mit höherer Viscosität löslich sind.

Weiterhin behandelt eine Reihe von Patenten der Fa. Lewis Berger, London[1], aus den Jahren 1945—1949 die Mischpolymerisation Styrol-natürliche Öle in verschiedenen Varianten, wodurch Produkte mit verbesserten Eigenschaften erhalten werden sollen. Es wird zunächst als wesentliche Voraussetzung zur Erzielung klarer, nichtgelierender Reaktionsprodukte für notwendig befunden, bei einer Reihe von Ölen (Leinöl, Ricinusöl bzw. Alkydharz aus Glycerin, Phthalsäure und Leinölfettsäure) eine Hitzebehandlung dieser Ausgangsstoffe vorzunehmen und dann erst die teilweise anpolymerisierten Stoffe mit Styrol mischzupolymerisieren. Im Falle des Ricinusöles tritt bei 200—230° eine Wasserabspaltung ein, die teilweise zur Ausbildung eines konjugierten Systems von Doppelbindungen führt und dadurch die Polymerisationsneigung des Moleküls vergrößert. Durch die Vorbehandlung der Öle wird deren Viscosität erhöht (bis zu 11—50 Poise je nach Erhitzungsdauer). Als weiterer Fortschritt im Herstellungsprozeß der styrolisierten Öle hat sich ergeben, das gesamte Styrol nicht auf einmal zuzusetzen, sondern zu Beginn der Mischpolymerisation nur einen Teil (etwa 25%) vorzulegen und den Rest portionsweise oder kontinuierlich während der Reaktion zuzuführen.

Bei Verwendung von Terpenkohlenwasserstoffen als Lösungsmittel kann dem Mischpolymerisat ein höherer Styrolanteil (bis zu 60%) einverleibt werden, ohne daß Trübung oder Gelierung im Reaktionsgut auftreten. In gleicher Richtung sollen vorpolymerisierte dreifach ungesättigte Fettsäureester (z. B. Ester der Eläostearinsäure) wirken[2]. Bei gleichzeitiger Verwendung mehrerer ungesättigter Fettsäureester sowie bei Zusatz geringer Mengen Schwefel[3] resultiert ein mehr gleichmäßiger und leichter kontrollierbarer Reaktionsablauf, wobei Polymerisate mit verbesserten Filmeigenschaften erhalten werden. Die Durchführung der Reaktion unter Druck erbringt bei dadurch bedingter erhöhter Temperatur eine wesentliche Verkürzung der Reaktionszeit[4]. Unter Einsatz eines Umsetzungsproduktes von öllöslichem Phenolformaldehydharz und trocknendem Öl[5], modifizierter Alkydharze aus Sebazin-, Malein- oder Phthalsäure mit mehrwertigen Alkoholen ohne und mit Schwefel-

---

[1] WAKEFORD, L. E., u. Mitarb.: E.P. 573809, 573835 (1945); US.P. 2392710 (1945); E.P. 580912—13 (1946).

[2] WAKEFORD, L. E., u. Mitarb.: E.P. 609750 (1948); — A. COTTRELL u. D. H. HEWITT: E.P. 611109 (1948).

[3] HAMMOND, W. TH. C., u. L. E. WAKEFORD: E.P. 616044 (1949).

[4] WAKEFORD, L. E., D. H. HEWITT u. F. ARMITAGE: E.P. 622948 (1949).

[5] WAKEFORD, L. E., D. H. HEWITT u. F. ARMITAGE: E.P. 622949 (1949).

zusatz[1] sind weitere spezielle Verfahrensmethoden für die Mischpolymerisation mit Styrol und substituierten Derivaten ausgearbeitet
worden.

Die Vielzahl der aufgezeigten Verfahren beweist, daß es nicht möglich ist, eine generell gültige Methode zur Herstellung styrolisierter Öle
anzugeben. Je nach Art und Herkunft der Öle müssen individuell gültige
Verfahren empirisch ermittelt werden, und letzten Endes verfolgen all
diese Arbeitsweisen, wie verschiedenartige Zugabe des Styrols, Variierung
der Temperatur, Katalysatoren, Lösungsmittel und Zusätze, den einen
Zweck, zu klaren, verträglichen Reaktionsprodukten zu kommen, die
ihre Homogenität vor und nach der Verarbeitung auf fertige, trockene,
unlösliche Filme beibehalten.

Aus einer Versuchsserie mit dehydratisierten Ricinusölen, die HEWITT
und ARMITAGE[2] durchgeführt haben, geht hervor, daß zur Erzielung
solch homogener Reaktionsprodukte die Hydroxylzahl des Öls so niedrig
wie möglich liegen soll und die durch eine Vorbehandlung zu bewirkende
Viscosität mindestens 15 Poise betragen muß. Je höher die Viscosität,
desto größer ist die Härte des Endproduktes. Dieses Resultat wird bestätigt durch Versuche mit Synourinöl, über die HAMANN[3] und HOOG
STEEN[4] berichten.

Über den inneren Aufbau der styrolisierten Öle haben HEWITT und
ARMITAGE[5] die Vorstellung entwickelt, daß bei Verwendung von nichtkonjugierten ungesättigten Ölen das Ölmolekül am Ende einer Polystyrolkette angebaut wird, während bei konjugiert ungesättigten Ölen zwei
Polystyroläste in 1,4-Stellung des Ölmoleküls über eine Radikalkette
angewachsen sind. Dies wäre eine echte Mischpolymerisation. Bei geblasenen und oxydierten Ölen, welche peroxydischen Sauerstoff enthalten, sollen sich unter Aufspaltung des Peroxydringes ebenfalls zwei
Polystyrolketten über Sauerstoffbrücken mit dem Ölmolekül verbinden.

Andererseits liegen Untersuchungsergebnisse anderer Forscher[6] vor,
nach denen durch verseifende analytische Zerlegung styrolisierter Öle
neben reinen Fettsäuren sowohl Styrolfettsäuren als auch reines Polystyrol gefunden wurde. Daraus geht hervor, daß eine Eigenpolymerisation des Styrols und eine Mischpolymerisation des Styrols mit den
Fettsäureestern der Öle nebeneinander herlaufen.

Die aus styrolisierten Ölen bzw. styrolisierten Alkydharzen hergestellten Lacke zeichnen sich durch eine Reihe wertvoller Eigenschaften

---

[1] WAKEFORD, L. E., D. H. HEWITT u. F. ARMITAGE: E.P. 630022 (1949); —
L. E. WAKEFORD u. W. T. C. HAMMOND: E.P. 640832 (1950); — L. E WAKEFORD
u. Mitarb.: E.P. 640836 (1950).

[2] HEWITT, D. H., u. F. ARMITAGE: J. Oil Colour Chemists' Assoc. **29**, Nr. 312,
S. 109—128 (1946).

[3] HAMANN, K.: Angew. Chem. **62**, 331 (1950).

[4] HOOGSTEEN, H. M., u. A. E. YOUNG: Ind. Engng. Chem. **42**, 1587 (1950).

[5] HEWITT, D. H., u. F. ARMITAGE: J. Oil Colour Chemists' Assoc. **29**, 109—128
(1946).

[6] RIESE, F.: Chem. Weekbl. **44**, 482 (1948); — H. M. SCHRÖDER u. R. L. TER
RILL: J. Amer. Oil chem. Soc. **26**, 153 (1949); — H. BRUNNER u. D. R. TUCKER:
Research **2**, 42 (1949); — O. K. HAMANN: Angew. Chem. **62**, 331—332 (1950).

aus[1]. Sie trocknen besonders mit Soligenzusätzen in wenigen Minuten (10—50′) staubtrocken auf, werden in 2—4 Stunden klebfrei und sind in 3—10 Stunden durchgetrocknet. Die Durchhärtung an der Luft erfolgt über einen längeren Spielraum. Sie besitzen bei mittlerem bis gutem Glanz eine ausgezeichnete Elastizität, gute Haftfestigkeit und Härte, ferner gute Wasser- und Chemikalienbeständigkeit und damit ebenso gute Wetterfestigkeit und Lichtechtheit. Das Pigmentbindevermögen ist gut. Zusätze bis zu 100% Titandioxyd verursachen vielfach keine Beeinträchtigung der Elastizität und Haftfestigkeit. Eine Glanzminderung ist allerdings dabei festzustellen.

ϑ) Ungesättigte Polyester mit Styrolzusatz (Gießharze). Polyesterharze sind langkettige Alkydharze, die durch kondensierende Veresterung aus ungesättigten Dicarbonsäuren (Maleinsäure, Fumarsäure, Itaconsäure) oder deren Anhydriden mit ungesättigten einwertigen oder gesättigten mehrwertigen Alkoholen (Allylalkohol, Äthylenglykol) entstehen; sie haben die Eigenschaft, nach Zusatz peroxydischer Katalysatoren (z. B. Benzoylperoxyd) bei höherer Temperatur in unlösliche und unschmelzbare Harze überzugehen. Eine ganze Serie verschiedener Peroxyde, die bei tiefen, mittleren und hohen Temperaturen wirksam sind, ist in der Zwischenzeit bekanntgeworden[2]. Bei ihrer Herstellung wurde gefunden, daß dieser Vorgang der Nachhärtung oder Vernetzung bei Anwesenheit anderer polymerisierbarer Substanzen (Vinylacetat, Styrol, Acryl- oder Methacrylsäureester usw.) viel rascher verläuft, wobei sich echte additive Mischpolymerisate aus den einzelnen Komponenten bilden[3]. Bei den sonst gebräuchlichen Harzen auf Basis von Polykondensationsprodukten verläuft der Härtungsvorgang stets unter Abspaltung kleiner flüchtiger Moleküle. Bei den Polyesterharzen wird im Gegensatz hierzu die Härtung durch eine Polymerisationsreaktion bewirkt, die zu dreidimensionalen, vernetzten Makromolekülen ohne Abspaltung kleiner Moleküle führt. Die Harze sind infolgedessen gegenüber zahlreichen Lösungsmitteln (z. B. Benzol oder Benzin) beständig und besitzen eine hohe Wärmestabilität.

In Abhängigkeit vom Gehalt an ungesättigten Bindungen in den Carbonsäuren oder Alkoholen, vom Kondensationsgrad des Polyesters, von der Konstitution der angewandten Vinylverbindung und von deren Verhältnis zueinander, resultieren Mischpolymerisate verschiedener Eigenschaften. Dabei ist es möglich, die ungesättigten Dicarbonsäuren zum Teil durch gesättigte, mehrbasische Säuren, wie Phthalsäure, Adipinsäure, Sebacinsäure usw., zu ersetzen, dadurch den Grad der Ungesättigtheit zu vermindern und zu weniger spröden Endprodukten zu kommen. Die Aktivierung der peroxydischen Polymerisation durch Zusätze reduzierender Agentien (vgl. Kapitel der Redoxpolymerisation)

---

[1] BHOW, N. R., u. H. F. PAYNE: Ind. Engng. Chem. **42**, 700 (1950); — POWERS: Ind. Engng. Chem. **42**, 2096 (1950).

[2] PERRY, R. P., u. K. P. SELTZER: Mod. Plastics **25**, Nr. 3, S. 134 (1947); — C. RYBOLT u. T. SWIGERT: Mod. Plastics **26**, 101 (April 1949).

[3] ELLIS, C.: U.S.P. 2195362 (1940), Ellis-Foster Comp.; U.S.P. 2255313 (1941), Ellis-Foster Comp.

ist bei diesem Mischpolymerisationsprozeß besonders auffällig. Sie gestattet, die Reaktion bereits bei normaler Temperatur innerhalb kurzer Zeit ablaufen zu lassen.

HARRIS[1] erzielte mit geringen Beigaben von Metallsalzen niedriger Wertigkeitsstufen ($FeCl_2$, $SnCl_2$) selbst bei niedrigen Temperaturen Gelierungszeiten, die im Bereich einiger Minuten liegen. So werden beispielsweise 1 Teil Styrol und 2 Teile ungesättigtes Alkydharz (Veresterungsprodukt aus Diäthylenglykol, Fumar- und Sebacinsäure) mit 0,01% Hydrochinon zu einer homogenen Mischung verarbeitet. Anschließend werden 2,6% Laurinsäureperoxyd und 0,26% Sn als $SnCl_2 \cdot$ 2 H_2O zugegeben. Die in Formen gegossene Mischung geliert bei 25° nach 8 Minuten und ist nach 12 Minuten erhärtet.

Die Überlegenheit des Styrols gegenüber anderen Vinylverbindungen, die sich in der maximalsten Verkürzung der Reaktionszeit solcher Ansätze äußert, veranschaulichen die von FISK[2] durchgeführten vergleichenden Messungen. Sie basieren auf einem Mischungsverhältnis von 70 Teilen reaktionsfähigem Polyesterharz und 30 Teilen Vinylverbindung mit 2 Teilen Benzoylperoxyd und 0,05 Teilen Dodecylmercaptan.

Tabelle 15.

Vinylverbindung	Gelierungszeit bei 25° C	
	mit Aktivator	ohne Aktivator
Styrol	8 Minuten	42 Minuten
Acrylnitril	28 ,,	3300 ,,
Acrylsäuremethylester	78 ,,	1140 ,,
Methacrylsäuremethylester . .	90 ,,	4020 ,,
Acrylsäurecyclohexylester . .	120 ,,	720 ,,
Vinylacetat	170 ,,	1020 ,,

Die gleiche Wirksamkeit hinsichtlich der Beschleunigung der Polymerisationsgeschwindigkeit zeigt die von HURDIS benützte Kombination Benzoylperoxyd–N–Äthyl-m-toluidin[3].

Ein reaktionsfähiges Alkydharz mit einer Säurezahl von 50 wird durch Einwirkung von 1,05 Mol Diäthylenglykol mit 1,0 Mol Maleinsäureanhydrid bei 170° in einer CO_2-Atmosphäre hergestellt. 2 Teile Benzoylperoxyd werden in 30 Teilen Monostyrol, das 0,01% p-tert.-Butylcatechin enthält, gelöst. 70 Teile des obigen Polyesterharzes werden unter Rühren zu der Styrollösung zugegeben. Sobald Homogenität der Mischung erreicht ist, erfolgt die Zugabe von 0,2 Teilen N-Äthyl-m-toluidin, wonach noch 1 Minute nachgerührt wird. In nachstehender Tabelle ist die durch diese Zusammenstellung erzielte Reaktionsbeschleunigung im Vergleich gesetzt zu den Reaktionszeiten entsprechender Mischungen, die nur mit Benzoylperoxyd ohne Amin bzw. ohne Katalysator und ohne Aktivator zusammengestellt wurden.

---

[1] HARRIS, R. R.: U.S.P. 2467526—27 (1949), Am. Cyanamid Comp.
[2] FISK, CH. F.: U.S.P. 2466800 (1949), U.S. Rubber Comp.
[3] HURDIS, E. C.: U.S.P. 2449299 (1948), U.S. Rubber Comp.

Tabelle 16.

Polyesterharz	70	70	70
Styrol	30	30	30
p-tert.-Butylcatechin	0,01	0,01	0,01
Benzoylperoxyd	2,0	2,0	—
N-Äthyl-m-toluidin	0,2	—	—
Gelierungszeit	4 Minuten	50 Stunden	einige Monate

Andere wirksame Beschleuniger sind aliphatische Polyamine[1] und Triäthanolamine[2] usw.

Eigenschaften und Anwendung der Polyesterharze. Auf Grund des durch katalytisch wirkende Substanzen bewirkten Effektes werden in USA solche Polyestermischpolymerisate als „Kontaktharze" bezeichnet. Die andere, ebenfalls übliche Benennung „low pressure resins" beruht auf der Tatsache, daß die Härtung der ungesättigten Harze auf den meisten Anwendungsgebieten praktisch ohne Druck vorgenommen wird. Zu den Verarbeitern gelangt das Ausgangsmaterial in Form flüssiger, gießfähiger, stabilisierter Gemische aus ungesättigten Alkydharzen und Styrol. Die Zumischung der Katalysatoren und Beschleuniger geschieht unmittelbar vor der Verarbeitung. Bei großen Formstücken ist es nicht ratsam, die oben beschriebenen maximalsten Beschleunigungen anzuwenden, da die in kurzer Zeit frei werdende Polymerisationswärme zu Selbsterhitzung und damit unbrauchbaren Polymerisaten führen würde. Man geht in solchen Fällen von schwächer katalysierten Mischungen aus, die Härtungszeiten von einigen Stunden benötigen und ihre Energie in einem längeren Zeitintervall abgeben. Jedenfalls brachte die Einführung dieser neuen Stoffklasse zunächst auf dem Kunststoffgebiet eine Menge anwendungstechnischer Vorteile. Was mit den bisher üblichen Spritzguß- und Preßmassen nicht zu bewerkstelligen war, z. B. die Herstellung großer Formstücke ohne Anwendung großer Pressen und Drücke in billigen Formen aus Holz, Zement, Gips oder Gummi u. dgl., ist mit obiger Arbeitsweise technisch durchführbar[3]. In USA wurden auf dieser Basis geschichtete Werkstoffe (laminates) entwickelt, in denen Glasfasern oder andere Vliese als Harzträger eingebaut werden[4]. Hohe mechanische Festigkeiten und niedriges spez. Gewicht sind Vorteile, die sich bei der Herstellung aller möglichen Flugzeugteile (Benzintanks, Luftkanäle, Wandverkleidungen usw.) mit Erfolg ausnützen lassen. Ganze Bootsrümpfe können in entsprechenden Formen aus mehreren Lagen aufgebaut werden[5].

Mit starken Füllstoffzusätzen stellen Polyesterharze billige, unter geringem Druck verarbeitbare Preßmassen dar.

---

[1] HURDIS, E. C.: U.S.P. 2450552 (1948), U.S. Rubber Comp.

[2] LEVINE, M. M.: U.S.P. 2452669 (1948), Cornell Aeronat. Lab.

[3] Mod. Plastics **25**, Nr. 12, S. 103—110 (1948); **27**, Nr. 2, S. 68—74 (1949).

[4] GALLAGHER, M., u. Mitarb.: Mod. Plastics **27**, Nr. 7, S. 111 (1950); Kunststoffe **40**, 361 (1950); **41**, 19 (1951).

[5] Kunststoffe **40**, Nr. 8, S. 257 (1950); **42**, Nr. 2, S. 48 (1952); **43**, Nr. 9, S. 341 (1953).

Da sie außerdem ausgezeichnete dielektrische Eigenschaften besitzen, sind Kontaktharze auch in der Elektrotechnik[1] als Imprägnier- und Vergußmassen in Gebrauch.

Ein weiterer, besonders reizvoller Verwendungszweck ist ihr Gebrauch als durchsichtige, klare Einbettmasse für wissenschaftliche Präparate auf anatomischem, botanischem, zoologischem Gebiet.

Ob das weite Feld der lacktechnischen Verwendung für Schutzanstriche durch die modifizierten Polyesterharze, die in ihrer Ausgangsform praktisch lösungsmittelfreie, selbsthärtende Lackrohstoffe darstellen, erobert werden kann, ist noch nicht erwiesen, da der Polymerisationsvorgang der Polyesterharze leider durch Lufteinwirkung verzögert und ungünstig beeinflußt wird. Spezialeinstellungen, die diesen Nachteil überwinden sollen, sind von der Fa. Scott Bader, London, entwickelt worden[2]. Das Marco Harz SB 28 C soll nach einmaligem Aufstrich glatte, kratzfeste und dauerhafte Lackfilme ergeben, die, ohne daß eine Einbrennung notwendig ist, große Härte und Beständigkeit gegen Lösungsmittel, Säuren und Laugen, kochendes Wasser und Witterungseinflüsse aufweisen.

Die Entwicklung auf diesem Gebiet ist noch in vollem Fluß. Die Produktion an Polyesterharzen auf Styrolbasis betrug 1950 in USA bereits 5000 t und wird voraussichtlich in Zukunft noch erheblich ansteigen[3].

ι) **Mechanismus und Reaktionskinetik der Mischpolymerisation.** In zahlreichen, bis in das Jahr 1944 zurückgehenden Arbeiten haben mehrere amerikanische Forscher, wie WALL, MAYO, LEWIS, ALFREY, GOLDFINGER, PRICE, WALLING, BRIGGS u. a., versucht, für die Vielzahl der rein empirisch gefundenen Mischpolymerisate und die dabei beobachteten unterschiedlichen Polymerisationsvorgänge eine allgemeingültige Systematik zu schaffen, mit deren Hilfe die bereits bekannten Ergebnisse zu erklären und neue Möglichkeiten zu erkennen sind.

In einer übersichtlichen Darstellung hat H. MARK[4] die unabhängig und nahezu gleichzeitig von einzelnen Autoren erzielten Fortschritte zum Verständnis der Mischpolymerisation zusammenfassend niedergelegt.

Danach sind bei der durch Radikale katalysierten Polymerisation zweier Vinylverbindungen A und B in irgendeinem Augenblick Kettenmoleküle vorhanden, die entweder ein Radikal A˙ oder ein Radikal B˙ endständig enthalten. Jedes der reaktionsfähigen Kettenenden vermag aber mit beiden Monomeren zu reagieren, so daß vier mögliche Wachstumsvorgänge ablaufen können, die sich je nach den vorliegenden Reaktionsfähigkeiten in ihren Geschwindigkeitskonstanten unterscheiden.

---

[1] PARKYN, B.: Brit. Plast. mould. Prod. Trader **24**, 47—50 (1951).

[2] JARRIJON, A.: Ind. des Plastiques modernes Nr. 1, 33 (1951).

[3] Mod. Plastics **28**, Nr. 5, S. 59 (1951); Kunststoffe **41**, 56 (1951); Mod. Plastics **30**, Nr. 6, S. 75, 85, 97 (1953).

[4] MARK, H.: Angew. Chem. **61**, 313—318 (1949); **63**, 341—345 (1951).

Das Kettenradikal ——A˙ reagiert mit monomerem A mit der Geschwindigkeitskonstante k_{11}.
Das Kettenradikal ——A˙ reagiert mit monomerem B mit der Geschwindigkeitskonstante k_{12}.
Das Kettenradikal —— B˙ reagiert mit monomerem A mit der Geschwindigkeitskonstante k_{21}.
Das Kettenradikal ——B˙ reagiert mit monomerem B mit der Geschwindigkeitskonstante k_{22}.

Das Wahrscheinlichkeitsverhältnis für die Anlagerung von A oder B
an ein Kettenradikal ——A˙ wird durch den Quotienten r_1 der beiden
Reaktionsgeschwindigkeitskonstanten charakterisiert,

$$r_1 = \frac{k_{11}}{k_{12}}.$$

Bei großem r_1 reagiert das Kettenradikal ——A˙ mit monomerem A
rascher als mit monomerem B. Bei gleicher Konzentration der beiden
Monomeren ist r_1 ein direktes Maß der relativen Reaktionsgeschwindigkeit, mit der ein ——A˙ mit monomerem A oder B sich umsetzt. Das
gleiche gilt auch für das Kettenradikal ——B˙ hinsichtlich der Anlagerung von monomerem A oder B und das hierfür gültige Reaktionsgeschwindigkeitsverhältnis lautet entsprechend

$$r_2 = \frac{k_{22}}{k_{21}}.$$

Tabelle 17. *Zusammenstellung einiger Reaktionsgeschwindigkeitsverhältnisse des
Styrols mit anderen Monomeren*[1].

M_1	r_1	M_2	r_2
Styrol	0,52	Methacrylsäuremethylester	0,46
,,	0,74	Acrylsäuremethylester	0,18
,,	6,52	Maleinsäurediäthylester	0,1
,,	0,30	Fumarsäurediäthylester	0,06
,,	0,74	p-Chlorstyrol	1,03
,,	62,0	Vinylacetat	0,015
,,	0,78	Butadien	1,39
,,	0,54	Acrylsäure-β-chloräthylester	0,10
,,	0,30	Methacrylnitril	0,16
,,	0,29	Methylvinylketon	0,35
,,	1,16	p-Methoxystyrol	0,82
,,	1,01	p-Dimethylaminostyrol	0,84
,,	0,69	p-Bromstyrol	0,99
,,	0,64	m-Chlorstyrol	1,09
,,	0,55	m-Bromstyrol	1,05
,,	0,28	p-Cyanstyrol	1,16
,,	0,19	p-Nitrostyrol	1,15

Die Werte von r_1 und r_2 werden bestimmt aus Analysen, die in verschiedenen Zeitabständen an dem entstandenen Mischpolymerisat
durchgeführt werden. Man erhält dabei Aufschluß über die Zusammen-

---

[1] LEWIS, F. M., et al.: J. Amer. chem. Soc. **70**, 1519—1523 (1948); — F. R.
MAYO et al.: J. Amer. chem. Soc. **70**, 1523—1525 (1948); — F. M. LEWIS et al.:
J. Amer. chem. Soc. **70**, 1527—1529 u. 1533—1536 (1948); — CH. WALLING et al.:
J. Amer. chem. Soc. **70**, 1537—1542 u. 1543—1544 (1948).

setzung des Polymerisates. r_1 und r_2 in Beziehung gesetzt zu den vorliegenden Konzentrationen dM_1 und dM_2 der Komponenten im Mischpolymerisat und zu den molaren Konzentrationen M_1 und M_2 des Monomerengemisches führte zur Aufstellung der nachstehenden Gleichung, auf die sich die auf diesem Gebiet tätigen Forschergruppen[1] geeinigt haben, nachdem zuerst unterschiedliche Symbole und Beziehungen angewandt worden waren:

$$\frac{dM_1}{dM_2} = \frac{M_1}{M_2}\frac{r_1 M_1 + M_2}{M_1 + r_2 M_2} *.$$

Daraus lassen sich, wenn mehrere Werte von dM_1 und dM_2 (Konzentrationen im Mischpolymerisat) bestimmt sind, r_1 und r_2 errechnen, da die Monomerenkonzentrationen M_1 und M_2 als gegebene Größen vorliegen. Aus den einmal bekannten Werten für r_1 und r_2 kann umgekehrt der Verlauf der Mischpolymerisation für jedes Mischungsverhältnis eines Monomerenpaares berechnet werden.

Nach MAYO[2] ist das Produkt der Parameter $r_1 r_2 \cong 0$, wenn zwei Monomere alternierend polymerisieren wie Styrol und Maleinsäureanhydrid ($r_1 r_2 \leq 0{,}001$). Liegt bei beiden Monomeren ungefähr die gleiche Reaktionsfähigkeit gegenüber den Radikalen vor, dann ist das Produkt $r_1 r_2 \cong 1$ und ebenfalls alternierende Polymerisation zu erwarten. Dieser Idealfall wird annähernd erreicht bei der Mischpolymerisation von *Styrol* und *Butadien*, wo $r_1 r_2 = 0{,}78 \cdot 1{,}39 = 1{,}08$ beträgt, solange ein geringer Polymerisationsumsatz vorliegt[3].

In der Weiterentwicklung der Theorie über die Mischpolymerisation haben ALFREY und PRICE[4] auf Grund theoretischer Betrachtungen über Art und Charakter der dem Reaktionsgeschwindigkeitsverhältnis zugrunde liegenden Faktoren für jedes einzelne Monomere zwei charakteristische Konstanten Q und e eingeführt, welche das Verhalten eines Monomeren bei der Mischpolymerisation genügend genau definieren sollen. Die Größen Q und e sind aus Exponentialfunktionen unter Anwendung einiger vereinfachender Momente abgeleitet und stehen zu r_1 und r_2 in folgender Beziehung:

$$r_1 = \frac{Q_1}{Q_2} e^{-e_1(e_1-e_2)} \; ;$$

$$r_2 = \frac{Q_2}{Q_1} e^{-e_2(e_1-e_2)} \; .$$

Der e-Wert ist hierbei ein Ausdruck für die positive oder negative Überschußladung, die ein Substituent der reaktionsfähigen Doppel-

---

* J. Polym. Sci. **1**, 581 (1946).

[1] ALFREY, T., u. G. GOLDFINGER: J. chem. Physics **12**, 205 (1944); — F. M. LEWIS u. F. R. MAYO: J. Amer. chem. Soc. **66**, 1594 (1944); — F. T. WALL: J. Amer. chem. Soc. **66**, 2050 (1944); — R. SIMHA u. H. BRANSON: J. chem. Physics **12**, 253 (1944).

[2] MAYO, F. R., F. M. LEWIS u. CH. WALLING: J. Amer. chem. Soc. **70**, 1529 (1948).

[3] WALL, F. T.: J. Amer. chem. Soc. **66**, 2050 (1944).

[4] ALFREY, T., u. C. C. PRICE: J. Polym. Sci. **2**, 101 (1947).

bindung erteilt. Styrol ist nach dieser Definition als negativ geladenes Monomeres anzusehen ($e = -0{,}8$); noch stärker negativ sind *p-Methoxystyrol* ($e = -1$) und α-*Methylstyrol* ($e = -1{,}2$). Der Q-Wert drückt die Reaktionsfähigkeit des Monomeren aus, d. h. die Fähigkeit, mit der ein Substituent an der Doppelbindung ein freies Radikal, das sich bei der Polymerisation bildet, mehr oder weniger erfolgreich stabilisieren kann, indem er dem freien ungepaarten Elektron des Radikals entsprechende Resonanzmöglichkeiten bietet. Nach dieser Klassifizierung besitzen Styrol, *Acrylnitril* und *Butadien* hohe Q-Werte, da die Phenyl- und Cyangruppe das freie Radikal infolge der Ausbildung mehrerer mesomerer Grenzformen stabilisieren können. Dagegen weist *Äthylen* nur einen niedrigen Q-Wert auf. Beispiele:

	e		Q	
Acrylnitril	1,2	stark positiv	0,55	groß
Styrol	—0,8	stark negativ	1,0	groß
Butadien	—0,8	stark negativ	1,33	groß

Ordnet man die verschiedenen Monomeren auf Grund dieser beiden charakteristischen Konstanten in einer e–Q-Ebene an, so erhält man eine Art Landkarte für die Mischpolymerisation[1]. Für jedes darin erfaßte Monomere kann mit Hilfe der obigen Gleichungen vorausberechnet werden, wie es mit einem anderen Monomeren, dessen e- und Q-Werte bestimmt werden, mischpolymerisieren wird.

Bezüglich der zahlreichen, in dieser Hinsicht durchgeführten Arbeiten der amerikanischen Forscher sei auf die ausführliche, das ganze Gebiet umfassende Abhandlung von MAYO und WALLING[2] verwiesen. Die Zukunft wird zeigen, ob diese auf Grund theoretischer Vorstellungen gewonnenen Erkenntnisse in der technischen Auswertung der Mischpolymerisation mit entsprechendem Erfolg zum Tragen kommen.

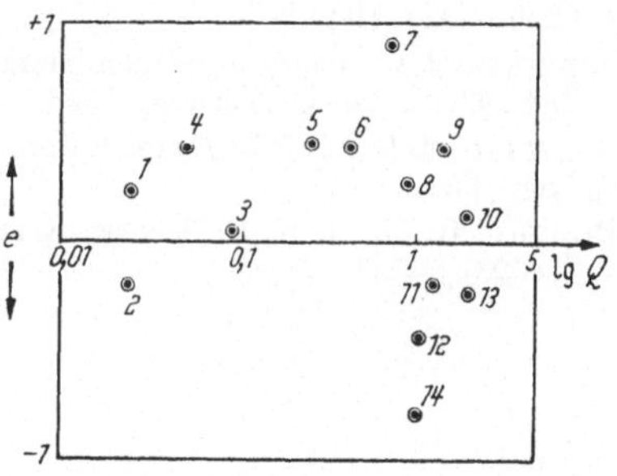

Abb. 22. e–Q-Ebene mit Lage der Monomeren gemäß C. C. PRICE[1].

1 Vinylchlorid; — 2 Vinylacetat; — 3 Vinylbromid; — 4 Allylchlorid; — 5 Vinylidenchlorid; — 6 Methylacrylat; — 7 Acrylonitril; — 8 Methylmethacrylat; — 9 Methylvinylketon; — 10 p-Cynostyrol; — 11 p-Chlorstyrol; — 12 p-Methylstyrol; — 13 a-Vinylpyridin; — 14 Styrol.

[1] PRICE, C. C.: J. Polym. Sci. **3**, 772 (1948).
[2] MAYO, F. R., u. CH. WALLING: Chem. Reviews **46**, 191—287 (1950).

Literatur

auf die bei Abfassung der Monographie zurückgegriffen wurde.

BURK, R. E., u. O. GRUMMITT: Frontiers in chemistry, Bd. 6, High Molecular Weight Organic Compounds. New York: Interscience Publishers, Inc. 1949.

ELLIS, C.: The chemistry of synthetic resins, Bd. I. New York: Reinhold Publishing Corp. 1935.

HOUWINK, R.: Chemie und Technologie der Kunststoffe. Leipzig: Akad. Verlagsgesellschaft 1942.

KRCZIL, F.: Kurzes Handbuch der Polymerisationstechnik, Bd. I u. II. Leipzig: Akad. Verlagsgesellschaft 1940.

MARK, H., u. R. RAFF: High polymers, Bd. III. New York: Interscience Publishers, Inc. 1941.

RÖHRS, W., H. STAUDINGER u. R. VIEWEG: Fortschritte der Chemie, Physik und Technik der makromolekularen Stoffe, Bd. I u. II. München u. Berlin: J. F. Lehmanns 1939.

SCHEIBER, J.: Chemie und Technologie der künstlichen Harze. Stuttgart: Wissenschaftl. Verlagsgesellschaft 1943.

STAUDINGER, H.: Die hochmolekularen organischen Verbindungen. Berlin: Springer 1932.

BOUNDY, R. M., u. R. F. BOYER: Styrene. New York: Reinhold Publishing Corp. 1952.

Namenverzeichnis.

Abbott, T. W. 17.
Abere, J. 109.
Adams, C. E. 103.
Adkins, H. 47, 73.
Adler, A. A. 17.
Advanced Solvents & Chem. Corp. 68.
Agnew, E. P. 48.
Aiken, W. H. 124.
Alder, K. 49.
d'Alelio, G. F. 73.
Alfrey, T. 85, 118, 140.
Allen, J. 60, 69, 70.
Allendorf, P. 20.
American Cyanamid Comp. 42, 136.
Amos, J. L. 10, 11, 42, 69, 70.
Andrews, R. S. 16.
Anschütz, R. 3.
Arco Comp. 132.
Armitage, F. 36, 133, 134.
Armstrong Cork Comp. 132.
Arvin, J. A. 131.
Ashworth, F. 48.
Atlantic Refining Comp. 37.

Bachman, G. B. 39.
Bachmann, E. 77.
Bacon, R. G. R. 128.
Badische Anilin- & Soda-fabrik AG. 3, 4, 5, 7, 8, 9, 21, 22, 25, 28, 29, 39, 54, 56, 57, 58, 60, 62, 63, 64, 65, 66, 67, 70, 89, 95, 96, 97, 106, 107, 108, 110, 117, 119, 120.
Bakelite Corp. 68, 69, 71, 116, 131.
Balsohn, M. 2.
Barnes, C. E. 100.
Bartlett, P. D. 76.
Bartovics, A. 85.
Basler, A. 40.
Bass, S. L. 131.
Baud, J. 77.
Bauer, W. 105.
Baxendale, J. H. 128.
Bayer & Co. 83.

Becker, W. 119, 124, 126, 128.
Béhal, A. 2.
Bender, G. 40.
Berg, L. 31.
Berger, Lewis 156.
Bergmann, E. 39.
Berthelot, M. 16, 17, 18, 48, 50, 89.
Bestian, H. 43.
Bezenah, W. H. 11.
Bhow, N. R. 135.
Binapfel, J. 20.
Birsch, S. F. 16.
Bloomer, W. J. 30.
Blyth, J. 48, 50, 58, 61.
Bobalek, E. G. 132.
Bock, W. 118.
Boedtker, E. 3.
Boer, J. H. de 51.
Boeseken, J. 17, 89.
Bohmfalk, J. F. 35.
Bonastre 16.
Borders, A. M. 124.
Boskirk, R. L. van 60, 71.
Boundy, R. H. 13, 34, 42.
Bourguel, M. 48.
Bovey, F. A. 47, 73, 100.
Boyer, R. F. 13, 34, 42, 132.
Brady, L. J. 15.
Brandt 16.
Branson, H. 140.
Breitenbach, H. L. 46.
Breitenbach, J. W. 45, 46, 73, 74, 85, 89, 101, 102, 104, 112.
Breusch, F. 37, 90.
Bridgman, P. W. 78.
Briggs 138.
Britton, E. C. 112.
Brooks, L. A. 39, 41.
Brown, M. A. 71.
Brown, R. L. 16.
Brunner, H. 134.
Bueche, A. M. 86.
Buna — Werk Schkopau 124.
Burk, R. E. 73, 99, 108.
Burkhardt, G. N. 48.
Burt, C. P. 48.
Buskirk, van E. C. 116.
Butler, J. M. 114.

Campbell, D. L. 32.
Campbell, H. L. 99.
Capell, R. G. 31.
Carbide and Carbon Chem. Corp. 9, 20.
Carothers, W. H. 79, 101.
Carr 49.
Carswell, T. S. 72, 113.
Cass, O. W. 40.
Cellomold Ltd. 71.
Chalmers, W. 79.
Chambers, T. S. 45.
Chambres, V. J. 17.
Chaney, N. K. 16, 36.
Chapin, E. C. 115.
Chapiro, A. 78.
Chem. Werke Hüls 108, 124, 125.
Choay, E. 2.
Ciamician, G. 38.
Clark, C. C. 40, 41.
Cohen, S. G. 76.
Conant, J. B. 78.
Consort. f. elektro. chem. Industrie 17.
Cook, O. W. 17.
Cornell Aeronat. Lab. 137.
Corrin, M. L. 99, 104.
Corson, B. B. 14, 15, 19, 31, 32, 37.
Cottrell, A. 133.
Coulter, K. E. 43.
Crafts, J. M. 6.
Crawford, W. C. 105.
Custers, J. F. H. 51.

Dale, W. J. 100, 104, 128.
Daletzki, G. 45.
Danforth, J. D. 49.
Daumiller, H. 60.
Davey, W. P. 98.
Davidson, J. 9.
Davies, D. N. 71.
Debye, D. J. 86.
Deluchat, M. 43.
Demagistri, A. 58.
Dennstedt, J. 119, 128.
Detoeuf, A. 49.
Dewey & Almy Chem. Co., 125.
Dickey, H. F. 74.

Sachverzeichnis.